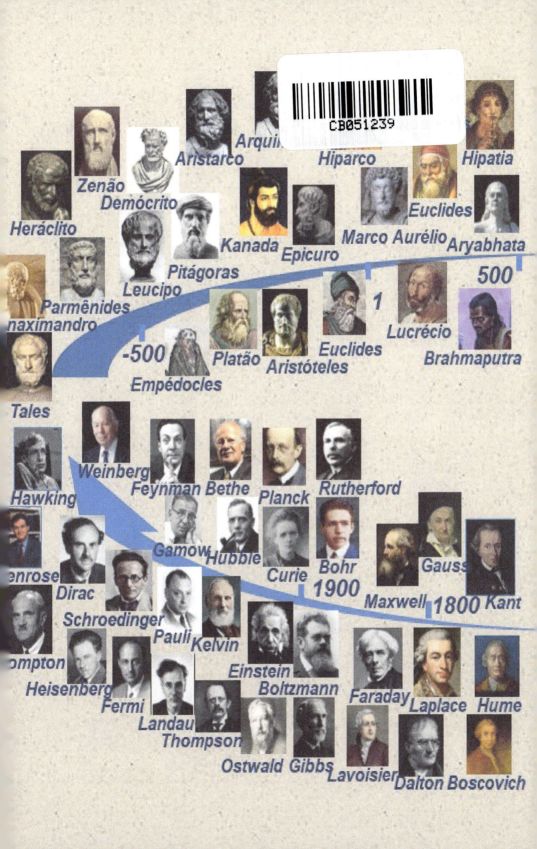

A natureza do mundo físico: do que é feito o Universo?

Do Iluminismo à Ciência contemporânea

Volume 2

Conselho Editorial da Editora Livraria da Física

Amílcar Pinto Martins - Universidade Aberta de Portugal

Arthur Belford Powell - Rutgers University, Newark, USA

Carlos Aldemir Farias da Silva - Universidade Federal do Pará

Emmánuel Lizcano Fernandes - UNED, Madri

Iran Abreu Mendes - Universidade Federal do Pará

José D'Assunção Barros - Universidade Federal Rural do Rio de Janeiro

Luis Radford - Universidade Laurentienne, Canadá

Manoel de Campos Almeida - Pontifícia Universidade Católica do Paraná

Maria Aparecida Viggiani Bicudo - Universidade Estadual Paulista - UNESP/Rio Claro

Maria da Conceição Xavier de Almeida - Universidade Federal do Rio Grande do Norte

Maria do Socorro de Sousa - Universidade Federal do Ceará

Maria Luisa Oliveras - Universidade de Granada, Espanha

Maria Marly de Oliveira - Universidade Federal Rural de Pernambuco

Raquel Gonçalves-Maia - Universidade de Lisboa

Teresa Vergani - Universidade Aberta de Portugal

Jorge Ernesto Horvath
Lucas Marcelo de Sá Marques dos Santos
Rodrigo Rosas Fernandes
Lívia Silva Rocha
Riis Rhavia Assis Bachega
Lucas Gadelha Barão

A natureza do mundo físico: do que é feito o Universo?

Do Iluminismo à Ciência contemporânea

Volume 2

2023

Dedicatórias

Para mi abuela Ana Vogel (*in memoriam*), que me incentivó a leer e así pensar el mundo que nos rodea (J.E.H.)

Aos meus pais, que sempre alimentaram a curiosidade que me trouxe a este livro (L.d.S)

Para todos os meus alunos: não tivemos como estudar todas essas matérias antes... (R.R.F.)

Para meus pais Manoel e Lêda, meus grandes incentivadores (L.S.R.)

Aos meus pais, Adenilson e Zuleide, e aos amigos mais próximos. (L.G.B.)

Copyright © 2023 os autores
1ª Edição

Direção editorial: José Roberto Marinho

Capa: Fabrício Ribeiro
Projeto gráfico e diagramação: Fabrício Ribeiro

Edição revisada segundo o Novo Acordo Ortográfico da Língua Portuguesa

Dados Internacionais de Catalogação na publicação (CIP)
(Câmara Brasileira do Livro, SP, Brasil)

A natureza do mundo físico: do que é feito o Universo? Dos pré-Socráticos à revolução científica: volume 2 / Jorge Ernesto Horvath...[et al.]. – São Paulo: Livraria da Física, 2023.

Outros autores: Lucas Marcelo de Sá Marques dos Santos, Rodrigo Rosas Fernandes, Lívia Silva Rocha, Riis Rhavia Assis Bachega, Lucas Gadelha Barão.
Bibliografia.
ISBN 978-65-5563-398-6

1. Astrologia 2. Astronomia - Filosofia - História 3. Física - História 4. Universo I. Horvath, Jorge Ernesto. II. Santos, Lucas Marcelo de Sá Marques dos. III. Fernandes, Rodrigo Rosas. IV. Rocha, Lívia Silva. V. Bachega, Riis Rhavia Assis. VI. Barão, Lucas Gadelha.

23-181420   CDD-520

Índices para catálogo sistemático:
1. Astronomia   520

Eliane de Freitas Leite - Bibliotecária - CRB 8/8415

Todos os direitos reservados. Nenhuma parte desta obra poderá ser reproduzida sejam quais forem os meios empregados sem a permissão da Editora.
Aos infratores aplicam-se as sanções previstas nos artigos 102, 104, 106 e 107 da Lei Nº 9.610, de 19 de fevereiro de 1998

Editora Livraria da Física
www.livrariadafisica.com.br
(11) 3815-8688 | Loja do Instituto de Física da USP
(11) 3936-3413 | Editora

Agradecimentos

Agradecemos aos membros do GARDEL Pedro H.R.S. Moraes e Antônio Lucas de Castro Bernardo por seu apoio neste projeto. Laura Paulucci Marinho cedeu, junto a Pedro H.R.S. Moraes, material gráfico e texto dos assuntos cosmológicos incorporados no Capítulo 4, pelo qual os agradecemos especialmente.

Agradecemos os todos os seguidores do Grupo GARDEL pelo seu interesse e estímulo nas postagens que nos levaram e escrever este texto.

A receptividade e profissionalismo da Editora Livraria da Física, e em particular seu responsável José Roberto Marinho, fizeram possível esta edição tal como chega agora a suas mãos.

R.R.F. Agradece a todos os colegas do Projeto GARDEL e, especialmente, ao Professor Jorge Horvath pelo convite e oportunidade de participar deste projeto cultural único. Foi um verdadeiro privilégio!

Índice

Prólogo ao Volume 2 17

Capítulo 4. Do Iluminismo até o século XIX 19
Locke, Berkeley e Hume: a percepção do mundo e a realidade 19
John Locke 20
George Berkeley 23
David Hume 26
Depois de Newton: o Iluminismo e a composição da matéria 27
O Mecanicismo e a emergência de suas limitações 29
Kant, Laplace e Boscovich 34
Immanuel Kant 35
Pierre-Simon de Laplace 38
Roger Boscovich e a força unificada 40
O Eletromagnetismo como guia do desenvolvimento da Física 45
O eletromagnetismo "antigo": effluvia e ação à distância 45
A Eletricidade ao longo do Século XVIII 49
O Magnetismo ao longo do Século XVIII 52
A Teoria Ondulatória da Luz do Século XVII ao XIX 55
Ampère, Maxwell, Faraday e o Eletromagnetismo 59
Galvani e Volta: de sapos às pilhas 59
De Eletricidade e Magnetismo a Eletro-magnetismo: Oersted, Ampère e Faraday ... 62
*Entre Faraday e Maxwell: ação à distância **ação contínua*** 68
Eletromagnetismo, campo e éter: Faraday, Thomson e Maxwell 69
Desenvolvimento dos Cálculos Vetorial e Tensorial na saga de Maxwell ... 79
A unificação como o processo "normal" na Física 82
A Termodinâmica como disciplina "guarda-chuva" 84
A temperatura no contexto 86
Calor e trabalho 88
Sadi Carnot 88
Kelvin e Clausius 90
A Mecânica do contínuo: os fluidos e sólidos clássicos e a síntese do século XIX ... 92
A evolução da descrição dos fluidos 92
O summit da Mecânica Analítica (Lagrange, Hamilton, Jacobi) 93
Maxwell, Boltzmann e Gibbs: o desenvolvimento de uma visão microscópica da matéria e o *Energeticismo* rebelde de Ostwald ... 93
James Clerk Maxwell e Ludwig Boltzmann 95

Josiah Willard Gibbs 99
Ostwald, a Energética e o Energeticismo 103
Comte, Mach, Duhem e a Filosofia científica na virada do século XX 107
Auguste Comte 108
Ernst Mach 109
Pierre Duhem 110
Referências ao Capítulo 4 112

Capítulo 5. O século XX, o século da Física 117
A Física na virada do século XIX 117
Lord Kelvin e as nuvens que resultaram em tempestades 117
Max Planck e o quantum 119
A saga do quantum: Einstein, o movimento browniano e o efeito fotoelétrico 123
Uma nova visão do espaço e do tempo: o Eletromagnetismo e a Teoria da Relatividade Restrita 129
A Teoria Eletromagnética de Lorentz 130
Teorias do Elétron 134
A Relatividade de Poincaré e Lorentz 135
A Relatividade Especial de Einstein 138
A Relatividade Especial nas mãos de Minkowski 145
Os experimentos de Kaufmann, Bucherer e Neumann 148
E a Gravitação? 149
Gravitação e a Relatividade Geral 150
A Gravitação antes de Maxwell 150
A "Gravidade Eletromagnética" 152
O Princípio de Equivalência 156
Teorias Relativísticas da Gravitação 161
A Teoria da Relatividade Geral 162
Soluções das Equações de Einstein 167
Ondas Gravitacionais na Relatividade Geral 170
À descoberta do mundo microscópico elementar 172
J.J. Thomson e o elétron 173
Descoberta do núcleo atômico 174
Bohr e a quantização do átomo 177
Radioatividade, estrutura nuclear e muitos prêmios Nobel 180
A construção da Mecânica Quântica 184
Louis de Broglie: é a matéria feita de ondas ou partículas? 184
A busca por uma nova Mecânica 189
Werner Heisenberg 191
O princípio da incerteza 192
Erwin Schrödinger 195

Interpretações da Mecânica Quântica..197
O gato de Schrödinger...202
A visão da Filosofia científica nos começos do século XX 204
Arthur Stanley Eddington..201
Bertrand Russell..206
David Hilbert..209
O Círculo de Viena (1921-1936) 210
O Universo do século XX 212
Medindo e observando o Universo 212
A expansão do Universo 221
A nova Cosmologia 223
Cosmologia Relativística 224
O Lado Escuro do Universo...233
Matéria Escura...234
Energia Escura..239
Um Modelo de Concordância? 243
A visão emergente da microfísica no século XX 245
Física Clássica vs. Física Quântica..245
Os objetos quânticos e o Princípio de Incerteza...246
A Antimatéria de Dirac..250
As Estatísticas Quânticas: bósons e férmions...251
Satyendra Nath Bose..252
Enrico Fermi...255
Um Passo À Frente: Dirac e Pauli...257
Paul Dirac...257
Wolfgang Pauli...259
Pauli, Fermi e o neutrino...261
O que mantém o núcleo coeso? 263
Estendendo o formalismo quântico: a Teoria Quântica de Campos e seus problemas 265
Diagramas de Feynman...269
A elementaridade no século XX e o Modelo Padrão 272
A estrutura interna dos núcleons e os quarks...274
O Modelo Padrão...278
Há uma unificação maior das interações elementares?....................................279
A visão geral da Ciência de Popper, Khun, Lakatos e Feyerabend na segunda metade do século XX 280
Karl Popper...282
Thomas Kuhn...282
Imre Lakatos...283
Paul Feyerabend...284
A Mecânica Quântica e a realidade do mundo físico 285

Realismo e Idealismo 287
A realidade do mundo físico 288
Esmiuçando o conteúdo da Mecânica Quântica e suas consequências 289
Quanta, localidade e teorema de Bell: o cerne do mundo segundo a MQ 292
A Física Clássica e a Quântica em conflito ontológico 296
O (insustentável) dualismo epistemológico da Física atual 298
Referências ao Capítulo 5 299

Capítulo 6. O Século 21 e além 307
O mundo elementar como representação matemática (incluídas as componentes escuras) 307
As categorias do mundo natural 307
Modelando o mundo elementar muito além do Modelo Padrão 311
Teoria de (Super)Cordas 313
O Mundo das Branas 320
Geometria Quântica (também conhecida como Loop Quantum Geometry) 322
Como tudo começou... 324
Neopitagorismo contemporâneo: o mundo como uma estrutura matemática 329
Topologia do Universo 332
Um *Ensemble* de meta-Universos e o Princípio Antrópico 335
Estamos no meio de uma mudança de paradigma? A Matéria Escura e a Energia Escura como anomalias kuhnianas 339
Os novos olhos para enxergar o Universo: a detecção das ondas gravitacionais 344
O quê são as ondas gravitacionais? 344
O pulsar binário PSR 1913+16 e as ondas gravitacionais 348
Detectores de ondas gravitacionais 350
Os dois tipos de detectores: interferômetros e massas ressonantes 350
A detecção de fusões de BHs e NSs: o início da Astronomia de Ondas Gravitacionais 354
O primeiro evento de fusão de buracos negros GW150914 354
A sequência esperada: uma fusão de estrelas de nêutrons em GW170817 357
Os neutrinos na Astrofísica contemporânea 359
Referências ao Capítulo 6 369

Apêndice 1 373
Os físicos e a percepção da Realidade (versão séria, *ma non troppo*) 373

Finale 375
Os autores 377

A natureza do mundo físico: do que é feito o Universo?

Do Iluminismo à Ciência contemporânea

Prólogo ao Vol. 2

Nesta obra em dois volumes, temos declarado nosso propósito e expressado algumas considerações preliminares no começo do Vol. 1, de tal forma que seria redundante repeti-las. No Vol. 1 começamos a descrição e discussão da história e contexto da construção da imagem do mundo físico Ocidental até a chamada Revolução Científica, uma época onde os fundamentos da Ciência, e em especial a descrição matemática, se desenvolvem e adotam uma forma mais similar à contemporânea. Essas práticas da Ciência Ocidental desenvolvidas depois do século XVII, são as que norteiam nossa tradição cultural majoritária, dão prioridade à razão como elemento metodológico e epistemológico, e geralmente *excluem* outras formas de conhecimento como "não científicos" ou "irracionais". Deve-se notar que a moderna Cosmologia e a moderna visão do mundo microfísico pretendem excluir totalmente qualquer perspectiva social ou setorial, e construir um entendimento do Universo utilizando apenas categorias neutras, objetivas, eticamente indiferentes e universais. Desde o século XIX em particular, a Cosmologia e a Física constituem progressivamente disciplinas à parte, cada vez mais aprofundadas e especializadas, embora fortemente ligadas à Matemática, Física e Ciências afins, e totalmente ancoradas na observação e no experimento, mas com influências psicológicas, sociais e extra-científicas inegáveis.

Em este segundo Volume apresentaremos o desenvolvimento das grandes áreas da Ciência, e também, de forma algo especulativa e incerta, o estado-da-arte que permite enxergar ainda mais longe, para o século XXI e além, confrontando os grandes problemas não resolvidos na microfísica e Cosmologia, à procura de um entendimento cada vez mais abrangente. A herança do passado será evidente em cada assunto, assim como as tentativas de inovar e reciclar nossas ideias a respeito do mundo físico onde vivemos.

Os Autores, Setembro de 2023

Capítulo 4

Do Iluminismo até o século XIX

> *"Espaço e tempo são uma estrutura dentro da qual a mente está restrita para construir sua experiência da realidade"*
> Immanuel Kant, 1802

No Capítulo 3 descrevemos e ponderamos os nomes e desenvolvimentos fundamentais da chamada Revolução Científica. Convencionalmente, a Revolução Científica se considera completa quando foram publicados os *Principia* de Newton. Mas o mundo tinha mudado com todos estes fatos, e no século XVIII uma série de movimentos embasados nessa ideia de conhecer o mundo cientificamente floresceu e causou mudanças importantes em todos os países de Ocidente praticamente. Este foi o chamado Iluminismo, do qual geralmente são destacados seus aspectos políticos e sociais, mas que como filho dileto da Revolução Científica, produziu não poucos resultados e firmou e estendeu o conhecimento do Cosmos e do mundo natural. Veremos aqui esta saga do conhecimento, que se propagou até começar o século XX, e que serviu de alicerce às mudanças que serão abordadas no Capítulo 5.

Locke, Berkeley e Hume: a percepção do mundo e a realidade

A Revolução Científica do Século XVII chacoalhou os alicerces do conhecimento. Junto com esta cascata de ideias, se fez imprescindível uma revisão a fundo dos fundamentos epistemológicos da Ciência. A visão do mundo tinha mudado, e novos questionamentos a respeito da Realidade surgiram de forma natural e inevitável.

Figura 4.1. John Locke (esquerda), George Berkeley (centro) e David Hume (direita).

Três grandes nomes discutiram esta questão ao longo de 150 anos e podem ser considerados uma "Trilogia": Locke, Berkeley e Hume, pioneiros da análise dos nossos atuais fundamentos da Ciência e da própria Realidade.

John Locke

John Locke (1632 – 1704) é amplamente conhecido na Filosofia política pela suas ideias liberais, teoria do governo e outras contribuições semelhantes. Porém, não estamos interessados nesses aspectos do pensamento de Locke, e sim no seu papel na fundamentação do *Empirismo* como alicerce para os desenvolvimentos da Revolução Científica [Kochiras 2020].

A educação de Locke em Oxford, onde se formou em Medicina, o pôs em contato com Robert Hooke e Robert Boyle, e posteriormente com o próprio Isaac Newton. Locke desenvolve assim as ideias que o levaram a escrever o célebre *An essay concerning human understanding* (Um ensaio sobre compreensão humana) em 1689.

Locke desenvolve no ensaio a teoria que o ser humano, mais precisamente sua mente, é uma espécie de *folha em branco* ao nascer. Rejeita assim as *ideias inatas* que aparecem desde a Grécia Clássica até Descartes e Leibniz.

Figura 4.2. A casa natal de John Locke próxima de Bristol, UK.

Locke procede no *An essay concerning human understanding* a explicar como é preenchido o conteúdo da mente, somente com as experiências do mundo. Para isso, começa por distinguir as ideias de *sensação* (sensoriais) – as quais, segundo ele, provêm do mundo exterior – das ideias de *reflexão*, que se originam quando a mente "observa a si mesma". Vemos que Locke admite que *existe um mundo exterior*, coisa que será veementemente contestada por seus sucessores.

Posteriormente, vem a classificar as ideias entre *simples* e *complexas*, sem realmente causar um grande convencimento no leitor (as simples são as que não podem ser mais decompostas). Um refinamento posterior das categorias das ideias complexas também não aporta muita luz adicional. Este último tipo de categorização é lugar comum na Filosofia mas nem sempre esclarece as coisas. Para complementar, Locke e seu Empirismo têm problemas sérios para justificar os *universais*, no sentido dado na Grécia Clássica, os quais devem para ele ser necessariamente *produtos da mente humana*.

Figura 4.3. Desenho de John Locke por volta de 1700.

Locke foi fundamental para questionar a ideia tradicional de que a Ciência deve objetivar conhecer a *essência verdadeira* das coisas (logo veremos como Kant lidou com esta questão...). Para Locke, todo conhecimento empírico detem um grau de incerteza, e isso será tudo o que poderemos conhecer.

Ainda assim, Locke não abandona totalmente a tradição secular: insiste que *conhecimento* e *certeza* são equivalentes, e assim consegue uma coexistência entre a tradição Aristotélica e a emergente posição Cartesiana. Mais ainda, Locke admite que há um bom número de enunciados a respeito da natureza do mundo que *nunca* poderão ser confirmados com certeza absoluta. Locke tende a uma ponte com a Antiguidade, a qual estava sob pressão pelo trabalho de Boyle, Newton e outros. Poderíamos dizer que Locke "legaliza" uma forma provisional de conhecimento, tal como Descartes sugeriu, sempre sujeita a revisão e discussão, e que persiste até os dias de hoje como um elemento básico nas Ciências.

George Berkeley

Figura 4.4. O bispo George Berkeley.

O trabalho sequencial do Bispo George Berkeley (1685 - 1753) é visto por muitos como uma extensão lógica da posição empirista de Locke. Berkeley diz que é evidente que, se todas as ideias são produto da percepção da mente, então o *ser* e o *ser percebido* são a mesma coisa, ou em latim:

Esse est percipi

Figura 4.5. O Bispo George Berkeley e o papel central da percepção.

Berkeley formulou assim a ideia de que os objetos percebidos *estão na própria mente* [Duignan 2023]. Os objetos do mundo físico seriam uma espécie de imagem, e nada além disso, se tanto. Esta posição corrige as incoerências de Locke que decorrem da sua epistemologia. Mas o preço a pagar é evidentemente muito alto: precisamos converter o mundo real num produto mental.

O Idealismo formulado por Berkeley *rejeita a priori a matéria*, já que a formulação Empirista que propõe a faz uma abstração desnecessária. Por isto é conhecido com esse nome, e consiste no fundo no reverso do Materialismo (por exemplo, o atomismo helênico), onde as coisas são ao contrário: a mente é produto da matéria (átomos).

Na verdade, Locke, e também Descartes adotaram uma posição menos extrema, onde as duas coisas, a mente e a matéria, existem, o chamado *dualismo*. Berkeley, por outr lado, vê essa posição como contraditória, dado que, seguindo a posição Empirista de Locke,

a) Locke sustenta que a matéria é diferente de uma ideia;

b) Por outro lado, defende que somente pensamos em termos de ideias;

c) Portanto, se pensarmos em uma substância material, esta deve ser uma ideia;

d) Mas isto é contraditório com o primeiro ponto a).

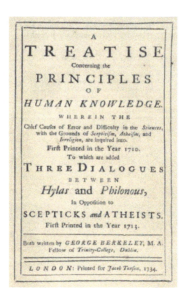

O Idealismo de Berkeley não é nada absurdo, como pode parecer, e não pode ser refutado à maneira do Dr. Samuel Johnson, chutando uma pedra para mostrar seu caráter de objeto real. Além de machucar, nada de concreto pode ser realmente obtido com esse procedimento.

Porém, é verdade que o Idealismo nos leva a sérias dificuldades. Uma das principais é a consideração do que acontece com a mente quando está *inativa*. Para não cair em contradição e justificar sua existência, é necessário introduzir uma Mente constantemente ativa, cuja função é garantir a existência dos indivíduos. Em outras palavras, deve haver um "Deus observador" metafísico que se dedica a esta tarefa continuamente (Figura abaixo), trabalho bastante anódino por sinal.

Em uma pergunta célebre, de autoria do próprio Berkeley, vemos o cerne desta posição filosófica:

> *"Se uma árvore cai numa floresta, e não há ninguém por perto para ouvir, será que a queda produz um som?"*

Veremos como este tipo de questionamento retornará com força na Mecânica Quântica do século XX.

David Hume

Na sequência destas investigações, o Filósofo escocês David Hume (1711 - 1776), já no Século XVIII, se debruçou sobre a questão das limitações da bagagem mental do homem, e examina o caráter último das ideias [Cranston e Jessop 2023].

Hume observa que as experiências sensoriais produzem impressões e ideias, mas estas não podem levar à *identidade* do indivíduo. A mente pode também contribuir com ideias quando imagina coisas que decorrem da "reelaboração" do aprendido. Todavia, em oposição aos racionalistas como Descartes, que sustentam a existência de *conexões* entre impressões, Hume negou que tenham algo a ver umas com as outras. Simplesmente não saberíamos se tais conexões existem, sendo elas uma mera hipótese sem comprovação.

Hume é levado assim a desconfiar do "Eu", que é tido por seguro em muitos sistemas filosóficos. Esta postura é realmente um corolário lógico do Empirismo levado a sério, e o levou a ser denominado "Filósofo Cético". De fato, é dito que Kant foi acordado de um *sono dogmático* justamente pela Filosofia de Hume, como veremos mais adiante.

David Hume

Numa descrição memorável, Hume escreveu: "A mente é uma espécie de teatro, onde várias percepções fazem sua aparição sucessivamente". O pior é que não temos ideia de *onde* estão estas cenas, nem *do que* se compõem.

A análise sem compromisso algum de Hume o levou, da mesma forma que questionou a noção do "Eu", a expressar que as relações *causa-efeito* não podem ser provadas. Não se sustentam logicamente se examinadas com rigor. Como corolário, os raciocínios por *indução* não deviam ser aceitos como prova na Matemática, posição metodológica que causaria um verdadeiro tsunami na disciplina e nas Ciências nela fundamentadas.

Figura 4.6. Um exemplo concreto da falha lógica da indução: na época de Hume todos os cisnes conhecidos na Europa eram brancos. Deduzir indutivamente que *todos os cisnes existentes são brancos* bateria de frente com a descoberta posterior dos *cisnes pretos* na Austrália, depois de 1770. Ninguém garante que o Sol vai sair amanhã. Somente o hábito de ver algo uma e outra vez sustenta a causalidade, não é a lógica que o faz. Deveríamos falar com propriedade de uma alta probabilidade do Sol nascer amanhã (se não houver nenhuma catástrofe que o impeça, por exemplo), mas isto não seria realmente satisfatório e menos ainda nos trabalhos matemáticos.

Depois de Newton: o Iluminismo e a composição da matéria

Os trabalhos de Descartes e Newton simultaneamente marcaram a conclusão do período que conhecemos como Revolução Científica e os princípios daquele que chamamos de Iluminismo. Centrado na felicidade humana e na obtenção de conhecimento por meio da razão e métodos empíricos – onde fica clara a importância do terreno preparado pelos nomes que acabamos de ver –, o Iluminismo representa a solidificação do novo modo de pensar gestado desde a Renascença. A perseguição do conhecimento racional é bem exemplificada por um dos maiores símbolos do período: a Enciclopédia, compilada por Denis Diderot (1713 - 1784) e Jean d'Alembert (1717 - 1783) e publicada entre 1751 e 1772, que almejava conter conter todo o conhecimento existente até então. Nomes como o de Leibniz, Locke, Hume e Kant se encontram no cerne do Iluminismo, cujo fim é tipicamente colocado em torno da explosão da Revolução Francesa, em 1789.

Até o Século XIX, havia certo número de evidências experimentais acumuladas a respeito dos gases atmosféricos e de laboratório que precisavam de uma explicação abrangente. Os modelos vigentes, que descreviam os gases usando um *contínuo*, não possuíam elemento algum para explicar estas regularidades. Foi Antoine-Laurent Lavoisier (1743 – 1794), uma das mais famosas vítimas da Revolução Francesa, que, em trabalhos quantitativos usando balanças, verificou a desnecessidade do flogisto, verificando que a massa de produtos e reagentes se conservava, o que inspirou sua famosa frase "Na natureza nada se cria ou se perde, tudo se transforma". Estava aberta a porta para uma compreensão mais profunda da matéria microscópica [Beretta 1971].

Nos princípios do Século XIX a precisão da Química Analítica havia melhorado tanto que os químicos podiam demonstrar que os compostos com os quais trabalhavam continham quantidades fixas e invariáveis de seus elementos constituintes. Começava o primórdio verificável de uma *discretização* mais básica da matéria. Muitas vezes o mesmo elemento podia formar mais de um composto. Foi o químico e físico francês Joseph Gay-Lussac (1778 - 1850) que demonstrou que os volumes de gases reagentes guardam uma relação de números inteiros simples, o que passou a ser conhecido como a lei das proporções múltiplas. Com a idéia de que um modelo físico viável explicaria de forma natural os fatos, John Dalton (1766 – 1844) finalmente conseguiu a primeira formulação moderna da *teoria atômica*, na qual resgata os conceitos dos atomistas mas agora com base experimental. Dalton trabalhou intensamente em estes assuntos até chegar a concluir que as substâncias se formavam combinando elementos de *diferente* peso atômico (o qual representou um avanço respeito dos gregos), publicando a primeira tabela de pesos atômicos em 1805, e imediatamente chegou à idéia de *molécula*. O reconhecimento geral da hipótese atômica, em grande medida uma realização física das especulações gregas, teve que esperar e enfrentou uma violenta oposição por parte dos que não a viriam com simpatia por mais algumas décadas [Patterson 1970].

A teoria de Dalton não explicava por completo a lei das proporções múltiplas e não distinguia entre átomos e moléculas. Foi o físico italiano Amedeo

Avogadro (1776 – 1856) que propôs a solução a estes problemas em 1811, sugerindo que a uma dada temperatura e pressão o número de partículas em volumes iguais de gases era o mesmo. Assim desenvolveu-se a idéia de mol, e mais adiante uma série de experimentos permitiria a estimativa do número de Avogadro [Crosland 1970].

Outra descoberta no período que viria a ser satisfatoriamente respondida menos de um século depois foi o *movimento Browniano*, descoberto pelo botânico inglês Robert Brown (1773 – 1858). Examinadas ao microscópio, partículas em suspensão num líquido não ficam imóveis, apesar de todas as precauções do cientista para que nenhuma interação com o ambiente externo ocorresse. Havia um incessante movimento desordenado de vaivém destas partículas (constatado primeiramente em grãos de pólen). Brown fez suposições que o movimento devia-se a uma nova forma de vida se manifestando sobre o pólen, e não percebeu que na verdade estava medindo mais um efeito macroscópico do substrato microscópico das partículas que compunham o líquido [Britannica 2023].

Como ainda veremos em detalhes, até a construção da pilha voltaica em 1800, muitas perguntas abertas pareciam ter solução na recém-descoberta Eletroquímica, cuja explicação dependia de modelos da composição da matéria. Alguns anos antes Coulomb já havia escrito seu tratados sobre eletricidade e magnetismo. Com o desenvolvimento das pilhas, experimentos como os de Oersted apontaram para uma relação entre a eletricidade e o magnetismo, a partir do que Ampère formulou suas teorias em consonância com os trabalhos de Biot, Savart e Poisson.

O Mecanicismo e a emergência de suas limitações

A história do desenvolvimento da Ciência a partir da Revolução Científica em torno do século XVI é a história de uma ciência *Mecanicista*. Ainda que repleta de hipóteses conflitantes e discussões acirradas, todas as propostas para a descrição da Natureza levantadas durante esse período trazem em comum a noção de que fenômenos naturais podem ser descritos, em essência, a partir do movimento e colisão entre corpos sólidos – sejam estes átomos ou corpúsculos, separados ou não por vácuo – ou seja, pela *Mecânica*. Para além disso, como discutido por [Bezerra 2006], a forma mais "clássica" do Mecanicismo assume que a descrição mecânica *é* a forma real dos fenômenos naturais, e não só a descrição mais adequada. Ela implica, em particular em uma série de negativas: a matéria não tem propriedades ativas; o mundo físico tem uma única natureza homogênea; toda ação dá-se por contato, não há ação à distância; rejeita-se causas finais (isto é, que a Natureza aja com fins, propósitos); rejeita-se agentes incorpóreos capazes de causar movimento.

O trabalho de Newton, enquanto um ponto culminante do desenvolvimento da Filosofia Mecânica dos dois séculos anteriores, também demonstrou os primeiros reais sinais de que a perspectiva puramente mecânica *não é* capaz de descrever a Natureza como um todo. A lei da Gravitação Universal exposta no Livro 3 do *Principia*, apesar de todo o seu sucesso na descrição de órbitas de corpos massivos, parecia implicar exatamente na existência de um dos elementos rejeitados pelo Mecanicismo: ação à distância. A Gravitação Newtoniana pede ao leitor que aceite que dois corpos, como a Terra e a Lua, claramente separados por uma distância muito maior que suas próprias dimensões, sejam plenamente capazes de exercer uma força atrativa um sobre o outro, sem qualquer mecanismo intermediário. Tal característica foi uma das principais atratoras de críticas ao trabalho de Newton na época de sua publicação, por, por exemplo, Huygens.

Embora isso possa ser visto como um sinal da futura insuficiência da descrição mecanicista, Newton não estava então procurando divorciar-se tão plenamente do pensamento dominante da época, e não argumentava pela realidade física da ação à distância. Como vimos, sua preocupação principal era a descrição matemática dos fenômenos observáveis, *sem fazer hipóteses* sobre os mecanismos subjacentes.

Apesar dessa posição, mesmo Newton acabou por arriscar propôr uma hipótese, exposta na segunda edição do *Opticks*, de 1717. Essa explicação baseou-se na existência de um *éter* de partículas permeando o Universo, e que este éter gravitacional (distinto do *éter luminífero* que veremos mais tarde) se torna menos denso perto dos corpos celestes, de tal forma que a Gravitação surgiria como uma forma de empuxo. Apesar de todas as virtudes da abordagem do "não faço hipóteses", fazer hipóteses sobre o mecanismo da Gravitação, em geral baseada em *meios sutis* como o éter de Newton, continuaria a ser uma das principais preocupações dos físicos que estudariam a Gravitação ao longo dos Século XVIII e XIX.

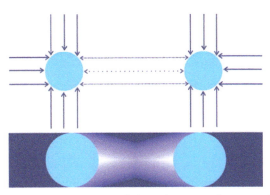

Figura 4.7. Ilustração da teoria de Le Sage. O fluxo de corpúsculos atenuado pela "sombra" de um corpo faz com que o segundo sinta uma força na direção deste.

Um exemplo é a hoje pouco conhecida *teoria cinética da Gravitação* do Físico genebriano George-Louis Le Sage (1724 - 1803), de acordo com a qual a Gravitação é uma forma de efeito de blindagem: a atração entre dois corpos é uma consequência simples de um corpo ocultando parcialmente a face do outro de uma "chuva"constante de partículas vindas de todas as direções, que ele chamou de "*corpúsculos ultramundanos*", com origem além do Universo conhecido [Evans 2006].

Outro problema levantado em torno da ação à distância é o da interação *instantânea*: a teoria Newtoniana parece permitir, se não implicar, que nenhum tempo é necessário para que um corpo sinta a força gravitacional deste. Se, por exemplo, o Sol subitamente desaparece, a Terra imediatamente sairia pela tangente de sua órbita (ignorando a Gravidade dos outros planetas) – ainda que pudéssemos continuar a ver o Sol por 8 minutos, uma vez que a luz não se propaga instantâneamente (outro debate da época, ao qual voltaremos). A questão da "velocidade da gravidade" não seria ignorada, e já durante o Século XVIII a Gravitação Newtoniana começaria a mostrar de forma clara suas limitações.

Halley foi o primeiro a encontrar evidências de alterações seculares no movimento dos astros, isto é, alterações não-periódicas, ao examinar registros feitos pelo astrônomo e matemático árabe al-Battani (c. 858 – 929) de eclipses solares medievais e eclipses antigos por Ptolomeu. A partir de sua análise dos registros de al-Battani, Halley especulou que existiam evidências de uma aceleração do movimento longitudinal da Lua ao longo dos céus, aceleração que tornou-se um fato aceito na Astronomia do Século XVIII. O prêmio da

Academia de Paris de 1773 visava recompensar uma explicação desse movimento secular da lua, e foi ganho pelo Matemático e Astrônomo franco-italiano Joseph-Louis Lagrange (1736 - 1813) por seu trabalho com teoria de perturbação, que concluiu que o efeito *não poderia* ser explicado pela teoria Newtoniana [Kennefick 2007].

Ficava claro que modificar, ou talvez ir além dela, seria necessário para uma descrição completa. Ainda no início de sua carreira, Pierre-Simon de Laplace (1749 - 1827) sugeriu, em um artigo de 1776, quatro frentes nas quais alterações da teoria da gravitação poderiam ser investigadas: a lei do inverso do quadrado; a universalidade; propagação instantânea; e a equivalência entre a atração de corpos em repouso e em movimento. No caso das duas últimas sugestões, Laplace calculou o efeito de uma velocidade de propagação finita em uma órbita simples, assumindo que a interação gravitacional ocorre por meio de corpúsculos trocados entre as massas interagentes. Como a Terra também apresenta um movimento expressivo em torno do centro de gravidade do sistema Terra-Lua, a Lua deve "mirar" um pouco à frente da posição da Terra *no momento do "disparo"* para que o corpúsculo possa atingir a Terra quando a alcançar. Como o "tiro" deve ocorrer ligeiramente contra o sentido do movimento lunar, toda partícula emitida retira um pouco de momento angular da órbita, levando ao encolhimento de seu raio, e, logo, a uma aceleração transversal da Lua, tal como observado por Halley.

Entretanto, para o caso da Lua, Laplace encontrou que seus cálculos implicariam em uma "velocidade da gravidade" sete milhões de vezes a velocidade da luz – para todo efeito prático, propagação instantânea, dando pouca razão para que tal assunto fosse levado em frente na época.

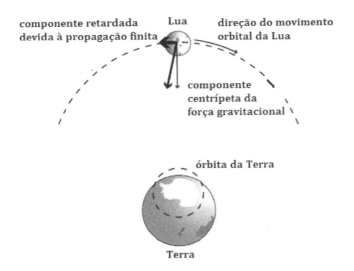

Figura 4.8. Esquema de Laplace para a propagação não-instantânea da gravidade.

Mais tarde, em sua obra *Traité de mécanique céleste* (Tratado de mecânica celeste), Laplace reestudou o problema do movimento da Lua, e estudou o efeito dos outros planetas no movimento da *Terra*, que indiretamente afetavam o movimento da Lua – uma sutileza antes perdida por Lagrange –, a partir do que foi capaz de mostrar que o movimento secular notado por Halley tratava-se na verdade de um movimento periódico na escala de milhões de anos. Essa descrição eliminou qualquer componente não-Newtoniana do movimento lunar, e permitiu a Laplace, já em 1825, estabelecer um limite *mínimo* de 100 milhões de vezes a velocidade da luz para a velocidade da gravidade, concluindo que:

> *"Os geometras podem portanto, como eles tem feito até agora, assumir essa velocidade infinita".*
> [Laplace 1825]

Tais cálculos, ao longo do resto do Século XIX, continuariam a serem "apresentados como um obstáculo (quase) intransponível para todas as explicações da gravidade baseadas na ação de um fluido intermediário" [van Lunteren 1991].

Se as tentativas de propôr explicações puramente mecanicistas confrontavam tais obstáculos, teria sido então a gravitação newtoniana, ao contrário do que dissemos inicialmente, um verdadeiro ponto de ruptura com o Mecanicismo? Não. Ao mesmo tempo em que as tentativas de propor um "meio sutil", um éter gravitacional, tinham tais dificuldades em adequarem-se à Gravitação, uma outra área desenvolveu-se aos saltos para emergir, na segunda metade do Século XIX, como a primeira área da Física que podemos confortavelmente dizer *moderna*: o eletromagnetismo. Seriam sim a Eletricidade e o Magnetismo, e sua eventual unificação, que estabeleceriam o conceito que marca a real quebra da dominância Mecanicista – o de *campo* – e que com isso viriam a guiar o desenvolvimento da Gravitação até o começo do século XX.

Kant, Laplace e Boscovich

Depois de Newton as Ciências físicas tiveram um desenvolvimento extraordinário. Vejamos um pouco de dois personagens fundamentais do Século XVIII: Immanuel Kant e Pierre-Simon de Laplace, e suas ideias a respeito da origem do Sistema Solar.

Figura 4.9. Esquerda: Immanuel Kant retratado por volta dos 40 anos de idade. Direita: O Marquês de Laplace em plena atividade científica.

Immanuel Kant

Immanuel Kant (Königsberg, atual Kaliningrad, 1721 - 1804) foi um filósofo alemão e por muitos considerado como o mais importante da Idade Moderna.

Nascido de uma modesta família de artesãos, Kant tornou-se professor secundário de Geografia, estudou Filosofia, Física e Matemática na Faculdade de Königsberg, onde acabou sendo nomeado professor catedrático. Lá lecionou Direito Natural e Ciências Naturais. Levou uma vida inteiramente voltada aos estudos e ao ensino, nunca tendo saído de sua cidade Natal.

Em termos epistemológicos, Kant questiona o que a Razão conhece *independentemente de qualquer experiência prévia*. Com esse questionamento, Kant efetua uma *síntese* entre o racionalismo Cartesiano e a tradição Empirista inglesa. A priori a Razão conhece "apenas" o tempo, o espaço e as relações de causalidade. Com esse conhecimento *a priori* o homem capta, modela e conhece o mundo. Mas o mundo *em si, não é* como o homem o capta, modela e compreende [Kant 2005].

Kant chama a "coisa em si", o objeto a ser conhecido (*das Ding an sich*), de *noumenon*. Assim, o que nós entendemos não é o mundo *noumenal*, mas o *fenomenal*, suas manifestações. Paradoxalmente (ou não), o primeiro é "real" segundo Kant (Berkeley teria dito o contrário...).

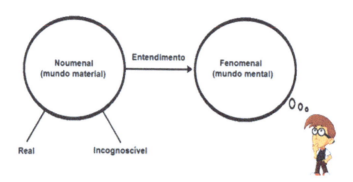

Figura 4.10. Um esquema elementar da Ontologia e Epistemologia Kantianas.

Porém, Kant com a sua formulação dos *juízos sintéticos a priori*, abre a porta para um conhecimento *direto* do noumenal. Para ele, a Matemática era o maior exemplo desta categoria de conhecimento. Note-se o contraste com os Empiristas, e especialmente com as ideias de Hume.

As questões Astronômicas levantadas por Kant são em geral pouco conhecidas. Mas já em 1755, Kant escreve e publica anonimamente *Allgemeine Naturgeschichteund Theorie des Himmels* (História Geral da Natureza e Teoria do Céu – ainda sem tradução para o português). Incrivelmente, nesta obra ele *reprova* Newton por não ter sido *suficientemente Mecanicista (problema que já surgira com os Cartesianos)*, isto é, por ter apelado para uma espécie de intervenção divina. Kant levanta a hipótese da existência de *Universos-Ilha* (que hoje chamamos de *galáxias*), na direção da ideia que Thomas Wright (1711 – 1786), o primeiro a descrever a forma da Via Láctea, tinha apresentado em 1750. Seriam necessários 150 anos, e muito desenvolvimento observacional para comprovar que estava certo.

Mas Kant prossegue ainda argumentando nesse livro que: a) o Universo é formado por leis naturais; (b) aborda a possível origem do Sol e os planetas a partir de uma nebulosa primitiva; (c) esboça uma constituição de um sistema para as estrelas fixas e uma multiplicidade de estrelas fixas; (d) especula acerca do primitivo estado da natureza, (e) da formação dos corpos celestes das causas do seu movimento e da sua relação sistemática tanto no sistema planetário particular como na totalidade da criação; (f) e efetua uma comparação da Natureza com os habitantes dos diversos planetas. Veremos que o ponto b) encontrará forte ressonância em Laplace poucos anos depois.

Essas questões astronômicas eram muito caras a Kant e são frequentemente retomadas ao longo de suas obras, até mesmo na sua obra maior, a *Kritik der reinen Vernunft* (Crítica da Razão Pura).

Kant diz expressamente que sua teoria tem muita semelhança com a dos antigos atomistas, mas, enquanto os atomistas veem o Universo como o resultado do acaso, Kant o imagina como resultado da ordem e das Leis Naturais.

Devido ao trabalho de Newton, Kant estava em condições de declarar que as partículas da matéria

> *"possuem uma força gravitacional, que atrai umas às outras e tende a reuni-las. Embora a matéria esteja inicialmente parada e espalhada pelo espaço, ela logo vai se mover e começar a se concentrar em torno dos pontos que sejam mais densos, pois a atração será maior nesses pontos".*

Trata-se de mais um ponto pouco desenvolvido no estudo do pensamento filosófico de Kant [Martins, 1994].

Pierre-Simon de Laplace

Vinte e oito anos após o nascimento de Kant, nascia na França mais um prodígio filho de família humilde, trabalhadores rurais, de nome Pierre-Simon, futuro Marquês de Laplace, que com a ajuda de vizinhos, amigos e de seu carisma e capacidade intelectual acabou tornando-se o mais brilhante Matemático, Físico e Astrônomo francês do Iluminismo, e que resumiu, organizou e ampliou o conhecimento de seus predecessores, incluindo a Mecânica Clássica de Isaac Newton [Andreotti].

Laplace passou a maior parte de sua vida trabalhando em Astronomia Matemática, na estabilidade dinâmica do Sistema Solar e, de forma independente, calculou a idade do nascimento do Universo, e especulou com a possibilidade de algumas nebulosas serem estrelas/planetas em formação, Podemos dizer também que deu forma concreta à hipótese nebular de Kant, mas rejeitou os "Universos-ilhas". Este dilema reapareceria no fim do Século XIX, no estudo das "nebulosas".

Praticamente todas as questões da Astronomia, todas as leis do Universo passaram pelo seu pensamento. Dentre suas obras, destaca-se *Mecânica Celeste*, que mencionamos antes, e o *Essai Philosophique sur les Probabilités* (Ensaio Filosófico Sobre as Probabilidades), de 1814, no qual dedica uma seção inteira à aplicação do cálculo das probabilidades na Filosofia Natural. Laplace não seguiu cursos formais de Filosofia, apesar de sua história pessoal e acadêmica estar diretamente ligada à d'Alembert. Laplace também foi um determinista extremo. Na introdução de seu referido ensaio, escreveu:

> *"Nós podemos tomar o estado presente do Universo como o efeito do seu passado e a causa do seu futuro. Um intelecto que, em dado momento, conhecesse todas as forças que dirigem a natureza e todas as posições de todos os itens dos quais a natureza é composta, se este intelecto também fosse vasto o suficiente para analisar essas informações, compreenderia numa única fórmula os movimentos dos maiores corpos do Universo e os do menor átomo; para tal intelecto nada seria incerto e o futuro, assim como o passado, seria presente perante seus olhos."*
> [Laplace 1814]

O personagem hipotético deste "intelecto" é chamado de *demônio de Laplace* (ilustre parente do futuro demônio de Maxwell, dedicado a outras tarefas).

Figura 4.11. O demônio de Laplace, ocupadíssimo calculando as posições e velocidades de todos os corpos do Universo.

Parece que Laplace não conhecia as teorias de Kant, que só foram ligadas às suas próprias muitos anos depois, dada a semelhança entre elas. Necessário mencionar que tanto Kant quanto Laplace conheciam a proposta de que o Sistema Solar se originou de uma *nebulosa*, proposta pela primeira vez em 1734 pelo polímata e teólogo sueco Emanuel Swedenborg (1688 - 1772). Mas foi Laplace quem conseguiu formalizar e desenvolver esta idéia, devido a seu alto grau de conhecimento físico e matemático. Seria justo adicionar Swedenborg à dupla.

A expressão "Hipótese Kant-Laplace" foi forjada por Zeller, em 1865, isto é, 38 anos após a morte de Laplace e 61 anos após a morte de Kant. O básico da nossa visão da origem do Sol e os planetas já se encontra nos escritos de Laplace e Kant, embora elaborações posteriores deram a forma definitiva. Podemos dizer que essa hipótese foi a primeira hipótese *cosmogônica* (de origem do cosmo) formulada a partir de leis científicas, precedendo as teorias geológicas de Lyell, da evolução biológica de Darwin e Wallace, e do Big Bang formulada por Friedman e Lemaître. A partir de então, a ciência não passaria apenas a entender os fenômenos e formular leis, mas a buscar o entendimento da *origem* das coisas, o que iria inevitavelmente colocá-la em rota de colisão com as doutrinas religiosas.

Roger Boscovich e a força unificada

Ruđer Bošković (Roger Boscovich) (1711 - 1787) nasceu em Dubrovnik, na atual Croácia. Aos 14 anos, em 1725, entrou no Colégio Jesuíta Romano, onde estudou Lógica, Filosofia, Matemática, Astronomia e Teologia. Durante toda sua vida, viajou para diversos países, como Inglaterra, Alemanha, Polônia, Turquia, Bulgária e outros, trabalhando nos diversos institutos de ciências da Europa.

Figura 4.12. Ruđer Bošković (Roger Boscovich), por R. Edge Pine (1760).

Em 1765, aceitou um convite para gerenciar e ensinar Astronomia e Óptica no *Instituto Astronomico di Brera*, Milão, atual Itália. Em 1773, após encerrar suas atividades no observatório, mudou-se para a França, para trabalhar no Departamento de Óptica de Paris, a pedido do Ministro da Marinha francesa.

Boscovich era uma celebridade em seu tempo, por ser membro de várias Academias de Ciências (inglesa, francesa, russa...), renomado Astrônomo, Físico, Matemático e Filósofo, e sua importância e versatilidade como cientista ainda é lembrada em Milão, onde seu nome pode ser encontrado até mesmo em nomes de ruas.

Em 1758, e após ter escrito muitos artigos e livros científicos, Boscovich redigiu seu trabalho mais importante, o *Theoria Philosophiae Naturalis Redacta ad Unicam Legem Virium in Natura Existentium* (Uma Teoria de Filosofia Natural Reduzida a uma Única Lei de Forças Existente na Natureza) [Anderton e Stoiljkovich 2014].

O título do livro é longo e bem explicativo, e debate a estrutura dos átomos e, principalmente, sua força única e suas consequências para a dinâmica da matéria. O atomismo de Boscovich tinha influências tanto das ideias de Leibniz quanto de Newton: os átomos seriam pequenos pontos (mônadas) sem tamanho (pontuais) e indivisíveis, como acreditava o primeiro; além de compartilharem uma força mútua entre si, como defendia o segundo.

Também existiam características desenvolvidas pelo próprio Boscovich, que divergiam dos outros dois pensadores, como a de que os átomos nunca poderiam se tocar, além de, dependendo da distância entre as partículas, poderiam se manifestar forças tanto *atrativas* quanto *repulsivas*.

Boscovich, dessa forma, apresentou o perfil na Figura 4.13, que exemplificaria como sua força única e geral agiria sobre a matéria [Martins et al. 2019].

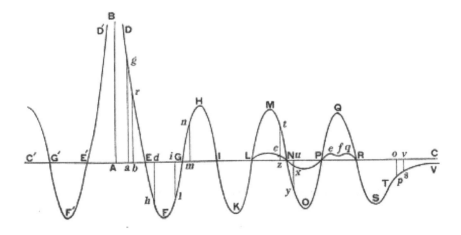

Figura 4.13. Um diagrama de Boscovich, onde vales e topos marcam os limites para o movimento de uma partícula. O eixo vertical é a intensidade da força (não é um "potencial"), e o horizontal a distância entre partículas.

Este gráfico relaciona a força (eixo vertical) em função da distância entre duas partículas (eixo horizontal). As linhas acima do eixo horizontal representam forças repulsivas, enquanto as linhas abaixo do eixo, forças atrativas.

Boscovich considerava que apenas os segmentos extremos (DgrE e TpsV) de sua curva eram garantidos de serem da forma postulada, admitindo ignorância quanto ao verdadeiro formato das curvas intermediárias. A curva TpsV corresponde à própria lei do inverso do quadrado da distância proposta por Newton, se aproximando assintoticamente do eixo horizontal.

Já a aparência da curva DgrE era consequência de seus próprios estudos sobre forças atrativas. Adotando a *Lei de Continuidade*, proposta por Leibniz, como verdadeira, o seguinte exemplo era dado em seus textos: durante uma colisão de dois objetos de mesma massa, um com 6 unidades de velocidade e outro com 12 unidades, para que a impenetrabilidade dos átomos seja conservada, deve existir uma força repulsiva que mantém os objetos separados ao mesmo tempo que seus *momentos* variam, até que ambos atingissem o equilíbrio com 9 unidades de velocidade cada.

Daí, ele concluiu que a força repulsiva deve ser grande o suficiente para que, independente da velocidade com que as partículas se aproximem, elas nunca se toquem, explicando assim o caráter assintótico da curva.

Uma análise mais minuciosa do gráfico da força de Boscovich revela a existência de pontos especiais distribuídos ao longo do eixo horizontal (E, G, I, L, N, P e R): são aqueles em que as forças repulsivas e atrativas se igualam. Há assim *dois tipos* de pontos especiais: nos casos G, L e P, o mínimo aumento da distância fará a partícula ser repelida, enquanto a mínima aproximação a fará ser atraída. Daí, temos um equilíbrio instável - ou *Limite de Não-Coesão*, como foi denominado por Boscovich.

Já nos pontos E, I, N e R, há *Limites de Coesão*, uma vez que a mínima aproximação gera uma força repulsiva e o mínimo afastamento, uma força atrativa. Assim, a partícula permanece estável em torno do ponto.

Boscovich, assim como Newton, acreditava numa *hierarquia* de partículas, isto é, um grande conjunto de átomos formariam partículas de primeira ordem, que reunidas formariam as partículas de segunda ordem e assim por diante, até que todo o Universo estivesse estruturado. Alguns autores o consideram como o primeiro cientista a propor que as macromoléculas seriam constituídas por séries de átomos.

Além disso, com base em sua teoria, Boscovich pôde explicar que todas as características que diferentes substâncias possuem são devido a variadas combinações de partículas em diferentes partes de sua curva. Segundo o próprio:

> *"Dado o número e disposição de pontos (partículas) numa determinada massa, a base de todas suas propriedades, que são inerentes a massa, são dadas; e todas as relações que esta mesma massa pode ter com outras massas..."*
> [Boscovich 1758] (p. 367, tradução própria)

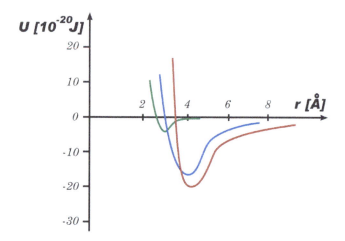

Figura 4.14. Energia potencial intermolecular medida como função da distância entre moléculas (em Angstroms). As curvas correspondem ao criptônio, hélio e argônio respectivamente. Se compararmos com a visão de Boskovich há várias características comuns, pelo menos até o primeiro "vale" ou mínimo. Para maiores distâncias as forças intermoleculares se anulam.

Outra interessante consequência da teoria de Boscovich é numa interação entre três partículas, em que o próprio dizia que surgiu uma

> "Bela teoria sobre o ponto colocado na elipse, enquanto os outros dois pontos ocupam os focos da elipse."
> [Boscovich 1758] (p. 230, tradução própria)

A terceira partícula poderia estar em qualquer posição da elipse, que seria também o limite de coesão resultante da superposição das outras duas partículas.

Ademais, Roger Boscovich foi um dos primeiros pensadores a propor um fenômeno "quantizado" (mesmo que na época ele não usasse esse termo). Isso se dá pelo fato de, em sua teoria, quando uma partícula estivesse transitando de um Limite de Coesão para outro, ela trocaria *uma quantidade exata* de energia. Essa quantidade poderia ser calculada medindo a área sob as curvas do gráfico acima, entre os dois pontos (ou seja, a integral de Newton e Leibniz...).

Do Iluminismo até o século XIX   45

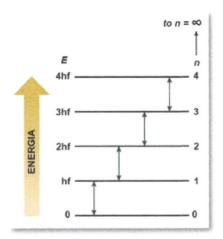

Figura 4.15. Esquema moderno de um sistema com níveis quantizados. As energias somente podem ter os valores permitidos, não os intermediários.

Infelizmente, mesmo tendo essa visão revolucionária mais de *cem anos antes* de Planck, Boscovich foi praticamente esquecido pelo resto da Academia por um longo tempo. Os princípios da Teoria Quântica não teriam parecido tão inaceitáveis, talvez, quando surgiram, se o seu trabalho houvesse permanecido em destaque. Da maneira que a História seguiu, mais um século ainda foi necessário para que a quantização insinuada por Boscovich ganhasse suporte empírico, levando ao rompimento com o quadro clássico de origem. Veremos este importante assunto no próximo Capítulo.

O Eletromagnetismo como guia do desenvolvimento da Física

O eletromagnetismo "antigo": effluvia e ação à distância

Paralelamente aos grandes avanços da Mecânica durante os séculos XVII e XVIII que foram discutidos aqui, intensa atividade científica foi também desenvolvida em outros campos da Física nesse período, dentre estes aqueles da *Eletricidade*, do *Magnetismo* e da *Óptica*, os quais não haviam ainda sido unificados ou conectados na forma moderna. Como já discutido, na Óptica um grande debate existiu durante o século XVII a respeito da natureza fundamental da luz, com o campo da *luz corpuscular* culminando no *Opticks*, por Newton, e o campo da *luz ondulatória* culminando no, *Traité de la Lumière*, por Huygens. Em parte devido à posição de enorme influência adquirida por

Newton a partir de sua Mecânica, a sua perspectiva de uma Óptica corpuscular tornou-se dominante ao longo do século XVIII, mas os dois campos continuaram a falhar em oferecer uma explicação completa sobre a luz, com certos efeitos sendo bem explicados por uma abordagem, mas não a outra; e outros por nenhuma delas. Fenômenos periódicos, como padrões de interferência, e em particular aqueles que mais tarde ficariam conhecidos como "anéis de Newton", não podiam ser explicados plenamente pela teoria de Newton, nem pela de Huygens.

Figura 4.16. O *sinan*, ou "concha que aponta para o sul", era feito de magnetita e usado para divinação na Dinastia Han.

Deixando a Óptica nesse ponto, passamos aos dois fenômenos que viriam a se conectar com desenvolvimentos posteriores dela: a Eletricidade e o Magnetismo. Ainda que por muito tempo misteriosos, tais fenômenos estavam longe de serem novidades no tempo de Newton e Huygens, e em breve vieram a se desenvolver a um tal ritmo acelerado que tomaram papel de liderança na Física como um todo, chegando ao ponto de o Eletromagnetismo tomar a posição da Mecânica como candidata a teoria fundamental. Retornaremos aqui aos primórdios da área, e traçaremos sua rápida evolução ao longo do Século XIX até a teoria de Maxwell, de forma inevitavelmente superficial. Para uma introdução geral à História da área, ainda não há melhor recomendação que o trabalho seminal de [Whittaker 1951].

Figura 4.17. O âmbar também é de grande relevância paleontológica...(mas longe do *Jurassic Park*)

Como fenômenos naturais, a existência da Eletricidade e do Magnetismo já era conhecida desde a Antiguidade como uma propriedade natural de certos elementos, como a magnetita, um tipo de minério de ferro capaz de atrair ferro em geral (magnetismo); e o âmbar ou, no grego antigo, *elektron*, capaz de atrair certos corpos leves após um breve contato ou fricção (hoje chamado de eletricidade estática). As primeiras bússolas magnéticas, feitas com magnetita, já eram usadas na China durante a dinastia Han (nos séculos II a.C. - I d.C.) como instrumentos de divinação; e mais tarde na dinastia Song durante o Século XI em uma forma portátil para navegação, com o primeiro registro conhecido de seu uso na Europa Ocidental sendo do final do século XII.

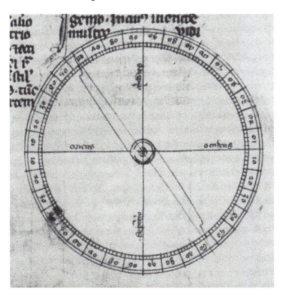

Figura 4.18. Desenho de uma bússola por Pierre de Maricourt (*Peregrinus*).

Ainda durante o século XIII, o francês Pierre de Maricourt (~1269), conhecido como *Peregrinus*, havia utilizado um prego e um pedaço esférico de magnetita para desenhar aquilo que hoje chamamos de *linhas de campo magnético*, e determinar que estas se acumulavam em dois extremos opostos do imã, os quais batizou de *pólos*, notando que as interações, de atração e repulsão, entre imãs era determinada pela orientação relativa de seus polos [Britannica 2022].

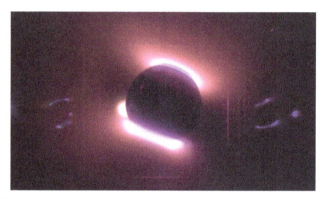

Figura 4.19. Uma *terrella* em uso na simulação de auroras na ionosfera terrestre

Na sequência histórica, William Gilbert (1544 – 1603), físico inglês e autor de um trabalho intitulado *De Magnete, Magneticisque corporibus, et de magno magnete tellure* (*Sobre os imãs, os corpos magnéticos e o grande imã terrestre*), publicado em 1600 extendeu o trabalho de Peregrinus, e realizou vários experimentos – seguindo o novo espírito experimental que nascia nesse período – com uma pequena esfera magnetizada representando a Terra, chamada de *terrela* [Pumfrey e Tilley 2003]. Com base em seus experimentos, explicou a tendência de imãs a assumirem uma orientação específica em relação à Terra como resultado de que a própria Terra fosse um grande imã. Gilbert também realizou experimentos com âmbar, e observou a tendência de objetos esfregados em âmbar de adquirirem propriedades magnéticas como as desse material – isto é, tornarem-se "ambáricos", ou, partindo do grego, *elétricos*, termo que Gilbert foi o primeiro a usar.

Gilbert notou claramente a distinção entre fenômenos magnéticos e elétricos: os primeiros pareciam ter origem em propriedades imanentes de certos materiais, ou "uma vez um imã, sempre um imã"; enquanto a eletricidade depende de estímulos externos para ser "ligada". Várias diferenças em seus efeitos eram evidentes: um imã só atrai certos materiais magnéticos, um corpo eletrificado qualquer outro corpo; o magnetismo parece capaz de atravessar obstáculos, enquanto a eletricidade pode ser bloqueada por telas finas; enquanto o magnetismo gera configurações ordenadas como as "linhas de campo" desenhadas por Peregrinus, a eletricidade parecia atrair corpos para um centro, gerando aglomerados desordenados. Não à toa, o *De Magnete* é usualmente considerado como o começo formal da Eletricidade e do Magnetismo como campos da Física.

Como seus contemporâneos, Gilbert não admitiria que a Eletricidade ou o Magnetismo agissem à distância. Para o Magnetismo, Descartes buscou explicar sua ação por meio de seus vórtices (ou seja, quis estender o éter mecânico para estes fenômenos), enquanto Gilbert propôs que corpos eletrificados emanavam o que chamou de *effluvium*, um fluxo contínuo e sutil de um tipo de substância aquosa. Ao longo do Século XVII, o *De Magnete*, seus resultados e hipóteses continuariam a serem discutidos por nomes como o de Robert Boyle. Gilbert na obra *De Magnete* propõe a existência do campo magnético da Terra e a Terra com um imenso imã e caberia a eles uma menção no próprio *Principia*, onde Newton questionou como seria possível que corpos eletrificados produzissem o *effluvium* sem sofrerem um decréscimo mensurável em sua massa, ainda que o fluxo fosse potente o suficiente para arrastar folhas de metal distantes.

A Eletricidade ao longo do Século XVIII

Dentre desenvolvimentos seguintes, durante o século XVIII, destacamos primeiro o dos britânicos Jean Theophilus Desaguliers (1683 – 1744) e Stephen Gray (1666 – 1736) [Whittaker, 1951]. Gray, então residindo com Desaguliers em Londres, foi responsável pela descoberta da capacidade de certos materiais, em particular metais, de "estenderem" o alcance da atração de corpos eletrificados. Desaguliers batizou esses materiais de *condutores*, e seus opostos de *isolantes*, e tal sinal de que a eletricidade era uma propriedade que podia ser transportada de um corpo para outro contribuiu para enfraquecer a noção do *effluvium*, o qual obrigatoriamente estaria conectado ao corpo de origem. Nesse momento, falou-se pela primeira vez em alguma forma de *fluido elétrico transportável*, precursor do conceito de carga elétrica. Gray também determinou que a eletricidade é *confinada à superfície* de corpos condutores, através de comparações entre as atrações de um cubo eletrificado sólido e outro oco, os dois do mesmo tamanho e material.

Mais tarde a existência de *dois* tipos de fluido elétrico seria proposta pelo químico francês Charles du Fay (1698 – 1739), para explicar sua observação de que uma folha de ouro eletrificada por fricção com um material *vítreo* (como vidro) era repelida por todo material vítreo eletrificado, mas atraída por materiais *resinosos* (como âmbar); e que se eletrificada por material resinoso, seria repelida por outros materiais resinosos mas atraída pelos vítreos. A interação elétrica seria então repulsiva entre fluidos elétricos do mesmo tipo, e atrativa entre fluidos de tipos opostos, antecipando os conceitos de carga elétrica positiva e negativa. Já a eletrificação ocorreria pela transferência de fluido resinoso ou vítreo; quando em contato, os dois se aniquilariam [Raicik & Peduzzi, 2015]. du Fay utilizou a máquina de von Guericke em seus experimentos, e a terminologia de fluidos "resinosos" e "vítreos" provar-se-ia duradoura.

Já em 1747, o britânico William Watson (1715 – 1787), com base em seus próprios experimentos [Whittaker 1951], e o norte-americano Benjamin Franklin (1706 – 1790), inspirado pelos experimentos de Watson [Cohen 1990], independentemente proporiam a existência de um único *éter elétrico, o qual* estaria presente em toda matéria em uma certa proporção natural sob a qual é inerte – ou, em uma analogia moderna, *neutro* –, e que os comportamentos observados por du Fay seriam explicados em termos de um excesso (+) ou falta (-) de éter elétrico em relação à proporção natural. Eletrificação só poderia ocorrer por transferência desse éter entre corpos, tal que, em um sistema fechado, a *quantidade total de éter elétrico é constante*. Exceto pela distinção entre éter e carga elétrica (o fluido era entendido como um fluido elástico de partículas sutis o suficiente para permearem outros corpos), este é o *princípio de conservação de carga elétrica*, que também evita a necessidade de invocar a aniquilação de corpos materiais, como na teoria de du Fay. Por convenção, o fluido vítreo foi associado ao éter elétrico em si, e o resinoso à falta de éter.

Franklin, entretanto, defendia a capacidade das partículas do éter elétrico de repelirem umas as outras mesmo à distância, e de serem atraídas por outro tipo de "matéria ordinária"; dessa maneira, um corpo com deficiência de éter não seria capaz de repelir outro corpo com deficiência. Franklin não pôde explicar portanto, a repulsão mútua entre corpos resinosos (com falta de éter), mas seu trabalho tornou-se bem-conhecido na Europa após seu famoso experimento atraindo raios de nuvens – provando que estes também era fenômenos elétricos.

Figura 4.20. Benjamin Franklin voando pipa no meio de uma tormenta elétrica...sem comentários. Crédito: Shutterstock.

Tanto a teoria de dois fluidos quanto a do *effluvia* seriam finalmente derrubadas, em favor de um único fluido e ação à distância, com o trabalho do alemão Franz Aepinus (1724 – 1802), que incluiu sobre o sistema de Franklin a noção de que partículas de matéria ordinária também se repelem mutualmente; objetos do dia-a-dia, neutros, mantém-se estáveis pelo equilíbrio entre sua matéria ordinária e o éter elétrico que a permeia sob condições naturais. Embora não tenha conseguido determinar a forma matemática da força elétrica entre dois corpos, Aepinus já supunha que a força caía com a distância, e teve sucesso em explicar o fenômeno de indução elétrica [Kojevnikov 2022].

O primeiro a determinar a dependência espacial da força elétrica foi o químico e físico inglês Joseph Priestley (1733 – 1804), também responsável pela descoberta do oxigênio, que observou que a força elétrica se anula no interior de um objeto metálico carregado oco [Whittaker 1951; McEvoy 2023]. Um resultado análogo, o *teorema da casca esférica*, já havia sido determinado por Newton, que mostrara que a gravidade se anulava no interior de uma casca esférica. Priestley inferiu dessa observação, corretamente, que a força elétrica deveria então, assim como a gravidade, seguir uma *lei do inverso do quadrado*, isto é, ser da forma $F \propto 1/r^2$.

Entretanto, o problema da *dependência* com a distância e demais condições desta força elétrica permaneceram em aberto pelos anos seguintes, e mesmo Priestley não foi firme em reinvidicá-la completamente como uma descoberta, talvez em consequência da falta de uma demonstração rigorosa, cuja importância era bem entendida no mundo pós-Newton. O contraste da atitude de Priestley em relação à força elétrica com aquela de Hooke em relação à gravitacional – que ele também em boa parte inferiu, mas não demonstrou rigorosamente – ilustra bem a mudança de paradigma metodológico induzida por Newton.

A analogia com a força gravitacional não se limitou a Priestley enquanto ainda faltava uma demonstração rigorosa. Henry Cavendish (1731 – 1810), o cientista inglês que viria a dar seu nome para o famoso laboratório, elaborou independentemente uma teoria de um fluido muito similar a de Aepinus, e assumiu que a força elétrica seguiria o inverso de alguma potência "menor que o cubo", estando inclinado a acreditar no inverso do quadrado [Jungnickel e McCormmach 1999].

O Magnetismo ao longo do Século XVIII

No mesmo período em que tais avanços na Eletricidade ocorriam, o Magnetismo também progredia em tornar-se uma ciência cada vez mais exata. Naturalmente, uma teoria de *fluido magnético* também foi tentada, seja no modelo de um fluido único, ou de um par de fluidos austral e boreal. Destacamos a contribuição do inglês John Michell (1724 – 1793), que estabeleceu os princípios do Magnetismo em seu *A Treatise of Artificial Magnets; in which is shown an easy and expeditious method of making them superior to the best natural ones* (Um Tratado sobre Imãs Artificiais; no qual é mostrado um método fácil e expediente de fazê-los superiores aos melhores naturais). No *Tratado*, Michell fez afirmações não de todo claras na época, estabelecendo que a atração dos polos é isotrópica e que tanto a atração e repulsão entre imãs tem iguais intensidades; e, significativamente, foi o primeiro a determinar que a lei da atração entre polos magnéticos é uma *lei do inverso do quadrado* [Britannica 2023]. Em algum momento antes de 1783, Michell inventou um tipo extremamente sensível de balança, a *balança de torção*, sem saber que, em 1777, um físico francês chamado Charles-Augustin de Coulomb (1736 – 1806) já havia inventado o mesmo instrumento, o qual veio a usar, em 1785, para medir a repulsão elétrica entre dois globos carregados com o mesmo fluido (carga de mesmo sinal), e verificar com o rigor necessário o resultado de Priestley. Por essa razão, a forma moderna da expressão para a força elétrica entre duas cargas q_1 e q_2, separadas por uma distância r, é

$$F = C \frac{q_1 q_2}{r^2} \quad , \quad (4.1)$$

e leva o nome de *lei de Coulomb*, com C de *constante de Coulomb*. Mais tarde Coulomb estenderia a lei também para a atração entre eletricidades opostas. Coulomb, na contramão do pensamento prevalecente da época, defendia a hipótese de *dois* fluidos elétricos, às vezes comparando sua interação com a interação química entre ácidos e bases [Whittaker 1951].

A grande diferença entre as duas teorias rivais – a teoria de dois fluidos se popularizou na França após Coulomb – girava em torno do movimento da eletricidade: enquanto na teoria de dois fluidos ambos eram móveis, a teoria de um fluido supunha o fluido único móvel em meio à matéria estática. Um experimento que aferisse o deslocamento da eletricidade poderia resolver tal disputa, mas ainda estava muito além das capacidades da época.

No meio tempo, o grande sucesso da gravitação universal Newtoniana e da lei de Coulomb, sem necessitar de postular hipóteses sobre como a força é transmitida, trabalhou para cimentar a confiança em teorias de ação à distância, rompendo definitivamente com o Mecanicismo antes hegemônico.

Os anos seguintes veriam desenvolvimento continuado do rigor matemático tanto na Eletricidade quanto no Magnetismo. Coulomb verificaria também a lei de Michell para a atração entre pólos magnéticos e discutiria a impossibilidade de separar dois pólos, isto é, a inexistência do *mono*polo magnético.

Na gravitação, Lagrange havia mostrado que as componente x,y,z da força sentida por uma massa M a uma distância r de um sistema composto de várias massas m pode ser obtida como a derivada de uma dada função V com respeito às coordenadas x,y,z, respectivamente; V sendo obtida somando o mM/r de todas as massas m. Laplace estendeu esse resultado e mostrou que

$$\frac{d^2 V}{dx^2} + \frac{d^2 V}{dy^2} + \frac{d^2 V}{dz^2} = 0 \quad , \quad (4.2)$$

hoje chamada de *equação de Laplace*, umas das mais centrais da Física (e em geral escrita como $\nabla^2 V = 0$. O matemático e físico francês Siméon Denis Poisson (1781 - 1840) mais tarde generalizaria essa equação, mostrando que, se o ponto onde se quer avaliar V é ocupado por uma densidade de massa ρ, então

$$\frac{d^2 V}{dx^2} + \frac{d^2 V}{dy^2} + \frac{d^2 V}{dz^2} = -4\pi\rho \quad , \qquad (4.3)$$

conhecida como a *equação de Poisson*, também de grande importância. Poisson viria a fazer uma série de contribuições importantes tanto para a Eletricidade quanto para o Magnetismo, vindo a definir também o análogo da função V para o magnetismo e construindo um método para avaliar quantitativamente a magnetização de um condutor por uma força magnética externa [O'Connor e Robertson 2002]. Seus resultados seriam generalizados ainda mais adiante como resultados matemáticos independentes de aplicação física – como o teorema de Green, que conecta integrais de superfície e volume – por George Green (1793 – 1841), matemático e físico inglês que cunhou o nome pelo qual a função V permanece conhecida, o *potencial* (elétrico ou magnético).

Enquanto é assim evidente que o Cálculo, inaugurado por Newton e Leibniz, aportou à Física uma enorme capacidade de progredir a passos largos com certo desprendimento de hipóteses sobre mecanismos subjacentes, a Física se preocupa, ou ao menos sempre dispõe de quem se preocupe, em encontrar respostas satisfatórias para os *porquês* da Natureza, e não somente em seus *comos* (isto é contestado pelo Positivismo e outras correntes filosóficas). Teorias de ação à distância continuariam a serem desafiadas, pedindo por explicações alternativas; assim como a proximidade entre Eletricidade e Magnetismo continuaria a atrair tentativas de unificá-las; ainda mais, o fato de que leis do inverso do quadrado haviam sido encontradas tanto nesses dois fenômenos quanto na Gravitação levou a décadas de tentativas de encaixar esta última nos moldes das duas primeiras.

Até aqui adotamos um olhar abrangente sobre a evolução do magnetismo e a eletricidade desde os seus princípios, que viriam depois a ser unificados no *Eletromagnetismo*. Motivados em parte pelos últimos desenvolvimentos na Óptica, três nomes-chave atacarão as questões que restam: Ampère, Faraday e Maxwell.

A Teoria Ondulatória da Luz do Século XVII ao XIX

Independentemente de qual natureza (corpuscular ou ondulatória) é assumida para a luz, em muitos casos é suficiente falar-se simplesmente em *raios de luz* (sejam eles trajetórias de partículas ou frentes de onda) para estudar certos fenômenos propagatórios, como reflexão e refração (mudança de velocidade e direção da luz ao mudar de meio de propagação, e.g., do ar para a água), no que constitui a Óptica Geométrica fundada por Kepler. Nesse sentido, alguns avanços importantes ocorreram contemporanea e posteriormente ao debate Newton-Huygens que viriam a guiar o desenvolvimento do Eletromagnetismo até o começo do século XX.

Uma das questões mais antigas da Óptica se refere à velocidade da luz, e se essa seria finita ou não. Propostas diferentes foram realizadas desde a Antiguidade, mas uma resposta quantitativa só pôde ser alcançada no começo da Idade Moderna [McFadden 2017].

Um dos defensores da velocidade finita da luz foi Pierre de Fermat, um matemático francês que, dentre outras contribuições, formulou o *princípio de Fermat*, também conhecido como *princípio do mínimo tempo*. Segundo esse princípio, o caminho tomado por um raio de luz entre dois pontos é sempre o caminho que pode ser completado no menor tempo, ou o caminho "mais rápido".

A primeira determinação de fato da velocidade da luz foi realizada por Ole Roemer (1644 – 1710) em 1676, em colaboração com Giovanni Cassini (1625 – 1712), a partir de observações de eclipses de Io, uma das luas de Júpiter, pelo gigante gasoso [El País 2016]. Roemer, estimando a periodicidade dos eclipses, percebeu que o período sempre se tornava mais longo quando a Terra e Júpiter estavam mais distantes entre si. Notando que esse comportamento poderia ser explicado por uma *velocidade finita* de propagação da luz, Roemer pôde estimar essa velocidade como $c = 2,2 \times 10^8 \, m/s$ (hoje sabemos que o valor real é de $c = 3 \times 10^8 \, m/s$). O resultado gerou grande debate na época: na França, o próprio Cassini opôs-se à hipótese, assim como Hooke; já Huygens, Halley e Newton foram apoiadores dessa ideia da velocidade *finita*, embora muito rápida.

Figura 4.21. Assim como correr sob a chuva faz com que as gotas pareçam estar caindo na diagonal, o movimento da Terra em relação às estrelas as faz serem observadas deslocadas em relação à sua posição real.

Em 1728, James Bradley (1692 – 1762) observou, e pela primeira vez distinguiu da paralaxe, o fenômeno da *aberração estelar*: devido ao movimento relativo entre a Terra e a estrela sob observação, a luz da estrela parece vir de uma posição um pouco a frente da sua posição real [Stewart 1964]. A aberração da luz é análoga à necessidade de posicionar o guarda-chuva a frente do corpo enquanto se corre na chuva, mesmo sem vento; e foi dessa maneira prontamente explicada em termos da adição de velocidades Newtoniana. Como o ângulo pelo qual a posição da estrela é deslocada é dependente da velocidade da luz, após várias observações Bradley pode oferecer uma das primeiras medições dessa velocidade: de $c = 3,04 \times 10^8 \, m/s$, em acordo razoável com a medida de Roemer. O resultado de Bradley contribuiu para finalmente firmar a visão da velocidade finita da luz, e também confirmou que a Terra se move em relação às estrelas distantes, finalmente fornecendo uma prova definitiva contra o modelo geocêntrico.

No começo do século XIX, uma série de fenômenos ópticos vinha desafiando a capacidade da teoria corpuscular de Newton de explicar plenamente a propagação da luz: *difração*, a "distorção" de raios de luz em torno de obstáculos; *interferência*, a intensificação ou cancelamento de raios de luz sobrepostos; e *polarização*, a aparente orientação espacial dos raios de luz no plano transversal à direção de propagação.

A teoria ondulatória, por outro lado, recebeu um sopro de ar fresco e foi retomado com grande sucesso nos trabalhos de Thomas Young (1773 – 1829), François Arago (1786 – 1853) e Augustin-Jean Fresnel (1788 – 1827) [Miller, 1997]. Young foi responsável por alguns dos primeiros desafios à teoria corpuscular, usando ondas de água como analogia para a explicação da inteferência;

e realizando o famoso, *experimento da dupla fenda de Young*: fazendo com que um feixe fosse dividido em dois, e que cada feixe então atravessasse uma fenda diferente, sofrendo difração, Young mostrou que a sobreposição dos dois feixes difratados gerava um padrão de interferência sobre um anteparo consistente com uma teoria ondulatória.

Fresnel, por sua vez, dá seu nome à bem-sucedida nova iteração da teoria ondulatória, que tratou a luz como perturbações transversais ao sentido de propagação, senoidais, sobre um meio sutil permeando todo o universo e todos os corpos materiais, *o éter luminífero*. Cores corresponderiam a diferentes frequências de onda; a interferência da luz foi explicada como uma soma de senos com uma dada diferença de fase; a polarização corresponde à orientação do plano de oscilação da senoide; e ofereceu a primeira explicação da difração, por meio do *princípio de Huygens-Fresnel, que encontramos na discussão sobre Huygens*.

Arago foi um grande amigo de Fresnel e apoiador de sua teoria, ajudando a evidenciá-la principalmente na frente experimental. Em 1810, ainda empregando a teoria corpuscular, Arago esperava que, ao colocar um prisma em frente ao seu telescópio, poderia observar a luz de diferentes astros sendo refratada em direções diferentes; afinal, cada astro tinha uma velocidade diferente, e pela adição de velocidades Newtoniana, a luz de cada astro deveria chegar com uma velocidade diferente. No entanto, nenhuma variação do ângulo de refração foi observada. Por outro lado, a aberração estelar parecia consistente com a adição de velocidades.

Em 1815, Arago já havia se voltado para a teoria ondulatória, a qual trazia a consequência de que a velocidade da luz *não pode depender* da velocidade do corpo emissor; é uma propriedade geral de fenômenos ondulatórios que sua velocidade de propagação só depende das propriedades do meio de propagação, no caso da luz o éter. Nesse caso, entretanto, a teoria ondulatória parece incompatível com o fenômeno da aberração, um problema que continuaria em aberto por quase um século.

O próprio Fresnel foi o primeiro a propor, em 1818, uma solução, que ficou conhecida como *arrasto parcial do éter*: ele supôs que o éter contido por um corpo material adquiriria uma fração da velocidade desse corpo. A velocidade da luz no éter dentro desse corpo continuaria a mesma em relação a esse éter; mas como o éter contido no corpo está agora em movimento em relação a um observador externo, a velocidade da luz também parece mudar, de acordo com a adição de velocidades Newtoniana. Assim, em relação a um referencial fixo no éter externo, a velocidade da luz é

$$c' = \frac{c}{N} + \kappa v \quad , \qquad (4.4)$$

onde N é o índice de refração do corpo, e c/N é o termo normal para o efeito da refração; já κv é a fração da velocidade do corpo adquirida pelo éter, onde κ é o *coeficiente de arrasto de Fresnel*,

$$\kappa = 1 - \frac{1}{N^2} \quad . \qquad (4.5)$$

Perto do final de sua vida, Arago propôs, mas não teve condições de completar, um "experimento crucial" para demonstrar a validade da teoria de Fresnel: este consistiria em comparar a velocidade da luz no ar e na água; segundo Fresnel, a velocidade deveria ser menor no meio mais denso (a água). Ainda assim, Arago viveu para ver essa proposta retomada e aprimorada, em 1849 e 1850, por Hippolyte Fizeau (1819 – 1896) e León Foucault (1819 – 1868), que tiveram sucesso em comprovar a teoria ondulatória [This Month in Physics History 2010]. Os *experimentos de Fizeau-Foucault*, como ficaram conhecidos, foram descritos como colocando "o último prego no caixão" da teoria corpuscular de Newton (por ora).

O próximo conflito na Óptica, todavia, já estava montado antes mesmo do conflito corpúsculo-onda ser concluído. Em 1844, insatisfeito com a noção de que corpos massivos como a Terra poderiam mover-se pelo éter sem perturbar o éter ao seu redor (como o arrasto parcial propunha), George Stokes (1819 – 1903) propôs o *arrasto total do éter*, tal que o éter é completamente arrastado pela Terra perto de sua superfície, e o arrasto reduz-se a zero com a distância [Wilson 1972]. Mais experimentos seriam conduzidos nas décadas seguintes para avaliar as diferentes teorias do éter, mas em breve o lugar da Óptica na Física foi completamente reavaliado com a construção da teoria eletromagnética de Maxwell.

Ampère, Maxwell, Faraday e o Eletromagnetismo

Os desenvolvimentos no que então eram Eletricidade *e* Magnetismo que levaram ao trabalho de Faraday, e subsequentemente à possibilidade de real divórcio entre o Eletromagnetismo e o Mecanicismo, são de princípio explicitamente distintos daqueles que tratamos até agora e que estavam envolvidos nas contribuições de cientistas como Michell, Coulomb, Laplace e Poisson. No âmbito da Eletricidade, embora Gray já houvesse demonstrado a capacidade do fluido elétrico (fosse ele único ou duplo) de deslocar-se, descrições matemáticas, como a lei de Coulomb ou as equações de Laplace e Poisson, falavam de distribuições *estáticas*; sabia-se que a eletricidade podia fluir, mas a maior parte do trabalho se encontrava na E*letrostática*. O Magnetismo, por sua vez, permanecia como um fenômeno distinto da Eletricidade, apesar da aparente proximidade entre os dois; tanto a lei de Michell para a atração entre polos magnéticos, quanto a lei de Coulomb para a atração entre "cargas" elétricas (lembramos que o termo ainda não era usado como o entendemos hoje), tomavam a forma do inverso do quadrado da distância.

O movimento que começa no final do século XVIII é o que acaba exatamente por expandir os horizontes de ambas as áreas e abrir o caminho para a expansão do estudo da eletro*dinâmica* e, crucialmente, finalmente um *eletromagnetismo* propriamente dito.

Galvani e Volta: de sapos às pilhas

O chute inicial para o desenvolvimento do estudo da eletricidade em movimento (embora não propriamente Eletrodinâmica como a definiríamos hoje) foi dado pelo físico e biólogo italiano Luigi Galvani (1737 – 1798) em 1780, que, em experimentos com sapos mortos, descobriu que um circuito fechado envolvendo um sapo e certos pares de metais distintos – um conectado a um nervo, o outro a um músculo – causava contrações nos músculos dos animais [McComas 2011]. Sua intenção original havia sido a de estudar o efeito da eletricidade atmosférica nos músculos após, segundo a história, um de seus assistentes ter acidentalmente esbarrado nas pernas de um sapo com um bisturi eletrizado, causando nela convulsões, lhe dando a ideia de que eletricidade podia controlar o movimento dos músculos.

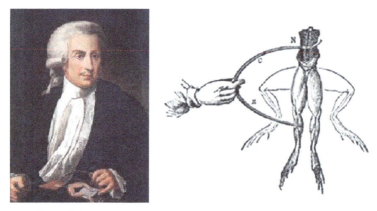

Figura 4.22. Luigi Galvani e um esquema do seu experimento onde mostrou que a passagem de correntes tinham efeitos biológicos.

Após controlar as condições do experimento, Galvani determinou que contrações musculares podiam de fato ser causadas, aparentemente, pelos próprios metais conectados aos nervos e músculos, sem uma fonte de eletricidade externa. Sua conclusão original foi de que os nervos conduziam algum tipo de fluido próprio responsável por causar a contração, e que os metais agiam como condutores passivos desse fluido do nervo ao músculo. Essa *eletricidade animal*, como foi chamada em discussões posteriores, era para Galvani o mesmo fluido elétrico.

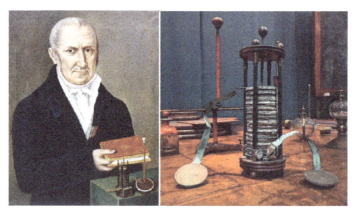

Figura 4.23. Alessandro Volta e uma de suas pilhas originais, alojada no Museu de História da Universidade de Pavia.

Outro físico e químico italiano, Alessandro Volta (1745 – 1827), apesar de ter cunhado o termo *galvanismo* para descrever a eletricidade animal, discordou da interpretação de Galvani. Para Volta, nenhum fluido animal particular era necessário para explicar o galvanismo, mas simplesmente uma virtude *ativa* própria dos metais. Volta dividiu materiais condutores entre condutores *secos* e *úmidos*, estabelecendo que o contato entre condutores de classes diferentes excitava o fluido elétrico, notando que condutores de classes diferentes poderiam ser intercalados em ciclo para produzir uma circulação do fluido elétrico.

O galvanismo produzia efeitos consideravelmente menos dramáticos que a popular eletrostática, e por essa razão recebeu relativamente pouca atenção até 1800, quando Volta teve sucesso em intensificar seus efeitos por meio da intercalação de condutores dos dois tipos, separando entretanto cada par por um disco de papelão umedecido com água salgada, formando uma *pilha* de camadas no padrão cobre, zinco, papelão, cobre, zinco, papelão... Um forte choque podia ser sentido ao tocar as duas extremidades da pilha, que mostrava a capacidade de guardar uma "carga inexaurível". Para Volta, o fenômeno era claramente elétrico; ele acreditava que todo o "impulso elétrico" provinha dos metais, com a solução no papelão agindo simplesmente como condutora. Só mais tarde seria entendido o papel importante da solução, o *eletrólito*, e sua *ionização* entre os *eletrodos* – todos termos cunhados por Faraday.

A *pilha voltaica* e suas descendentes seriam as baterias dos experimentos elétricos ao longo de mais de metade do século XIX [Pancaldi 2003]. Um desenvolvimento inicial, o de usar água para melhor firmar o contato da placa superior da pilha, levou os ingleses William Nicholson (1753 – 1815) e Anthony Carlisle (1768 – 1840), em 1800, a descobrir a *eletrólise* da água – a quebra das moléculas de água em oxigênio e hidrogênio pela aplicação de uma corrente elétrica. Tal descoberta logo chegou a Humphry Davy (1778 – 1829), futuro orientador de Faraday, que experimentou substituir a água salgada da pilha voltaica por água pura, caso no qual nenhuma corrente era produzida. Davy contribuiu para o entendimento de que o funcionamento da pilha estava intrinsicamente ligado à ocorrência de reações no meio entre as placas metálicas, e não somente devido ao contato entre as placas como imaginava Volta, em uma teoria química da pilha. A Química continuaria a se desenvolver nesse período a partir de tentativas de explicar a pilha voltaica, tornando cada vez mais claro que reações químicas tinham origem na interação elétrica entre átomos [Whittaker, 1951].

Davy também estudou como a corrente elétrica que podia fluir ao longo de um circuito variava com o material, encontrando variáveis *condutividades*. O estudo de variações da corrente foi estendido pelo alemão Georg Ohm (1789 – 1854), que preocupou-se com a dependência da corrente no "poder motivo" da bateria. Em uma prática que continuaria a combinar os desenvolvimentos de diferentes campos da Física, Ohm tomou fluxos de calor como análogos da corrente elétrica, com base no *Théorie Analytique de la Chaleur* (*Teoria Analítica do Calor*), de Joseph Fourier (1768 – 1830). Ohm entendeu que a intensidade da corrente dependia não só da condutividade do metal, mas também de uma quantidade análoga à temperatura, que batizou de *força eletroscópica*; uma diferença de força eletroscópica entre dois pontos de um circuito causa uma corrente elétrica entre eles, da mesma maneira que uma diferença de temperatura causa um fluxo de calor.

Em termos modernos, essa é a *lei de Ohm*,

$$V = I \times R \quad , \tag{4.6}$$

onde I é a intensidade da corrente elétrica; R a resistência elétrica do condutor (quantidade recíproca da condutância); e a tensão elétrica V toma o lugar da força eletroscópica. Embora isso não tenha sido imediatamente bem-compreendido, a diferença de força eletroscópica, ou tensão, corresponde a uma diferença do potencial (DDP) eletrostático empregado por Poisson.

De Eletricidade e Magnetismo a Eletro-magnetismo: Oersted, Ampère e Faraday

Na mesma época, a já há muito tempo suspeitada conexão entre Eletricidade e Magnetismo vinha sendo investigada. Tal investigação viria a finalmente dar frutos com o trabalho do físico dinamarquês Hans Christian Oersted (1777 – 1851), descrito por um de seus alunos como "um homem genial, mas um experimentalista muito infeliz", que a partir de 1807 tentou observar a influência de uma corrente elétrica sobre uma agulha magnetizada [Whittaker 1951]. Seu sucesso veio só em 1820, com a demonstração de que um fio condutor disposto paralelo à uma agulha magnetizada causava um desvio nesta: a Eletricidade era, de fato, capaz de interagir com as "partículas magnéticas", concluiu Oersted. Corpos magnetizados, como a agulha de uma bússola, as continham, e por isso eram desviados; corpos não-magnetizados, por outro lado, eram simplesmente atravessados pela força magnética da corrente elétrica, que ele chamou de *"conflito de eletricidade"*. Oersted não buscou uma descrição matemática formal do conflito de eletricidade, mas pôde determinar que esse conflito girava em círculos em torno do fio, uma vez que o desvio ocorria em uma direção se a agulha fosse posta acima do fio; e na oposta, se abaixo.

A formulação matemática do conflito elétrico foi iniciada pouco mais de um mês depois da divulgação do resultado de Oersted, pelos franceses Jean-Baptiste Biot (1774 – 1862) e Félix Savart (1791 – 1841), cujo trabalho deu origem ao que hoje chamamos de *lei de Biot-Savart*, a qual permite o cálculo do campo magnético gerado por um *elemento de corrente*, e, portanto, de qualquer corrente arbitrária [Britannica, 2022]. Ficou claro então que a produção de um campo magnético era tão natural para correntes elétricas quando para imãs; e que condutores carregando correntes seriam eles mesmos movidos por campos magnéticos, assim como eram os imãs, outra conclusão de Oersted.

Só uma semana após o resultado de Oersted, entrou em cena o físico e matemático francês Jean-Marie Ampère (1775 – 1836), que mostrou que dois fios condutores próximos se repelem, se conduzem correntes em sentidos opostos, e atraem-se, se no mesmo sentido [Nascimento; Williams, 1970]. Em 1825, publicou um memorial sobre a história da Filosofia Natural, onde precisou seus resultados sobre a ação mútua entre correntes elétricas, para a qual cunhou o termo *eletrodinâmica*. Entre estes, obteve o que chamamos de *lei de força de Ampère*, que descreve precisamente a força entre dois fios carregando correntes, e contém em si não só a lei de Biot-Savart como também a *lei da força de Lorentz* para as forças elétrica e magnética sobre uma carga, derivada só no final do Século XIX. Para o caso mais simples de dois fios retos e paralelos, separados por uma distância muito menor que seu comprimento, a lei é

$$F \propto \frac{I_1 I_2}{r^2} \quad , \qquad (4.7)$$

onde F é a força magnética; I_1 e I_2 *são as intensidades da corrente em cada fio;* e r a separação entre eles. Ampère também considerou que a Eletricidade era o fenômeno mais básico, propondo que as "partículas magnéticas" de um imã não passavam de pequenos *loops* de corrente; noção que encontraria suporte quase um século mais tarde nos modelos atômicos de Rutherford e Bohr.

Ao contrário de Faraday e Maxwell, como veremos, Ampère se opunha à proposição de *meios intermediários*, como o éter ou, mais tarde, o campo, para a propagação da interação "eletro-magnética", preferindo limitar sua interpretação à *ação à distância*, por forças iguais e contrárias, entre pares de partículas, do que *fazer hipóteses*. Em todo caso, Ampère, como Newton, preocupava-se principalmente com a descrição de fenômenos, e não a explicação de suas origens.

O jovem Michael Faraday (1791 - 1867) começou sua carreira profissional como aprendiz de vendedor e encadernador de livros; por sete anos, Faraday leu e estudou os livros que passaram por suas mãos, conhecendo a Eletricidade principalmente pelo diálogo *Conversas sobre Química*, que expunha o trabalho de Davy de forma acessível, por Jane Marcet (1769 – 1858); e pela *Encyclopaedia Britannica*. Em 1812, já tendo realizado seus próprios experimentos elétricos, assistiu as aulas de Davy e mais tarde o enviou uma carta acompanhando em torno de 300 páginas de anotações, acabando por tornar-se seu assistente no ano seguinte [Hirshfeld 2006].

Em 1820 Oersted divulgou sua descoberta da conexão entre eletricidade e magnetismo, e Faraday logo mergulhou em uma tentativa de descrever as leis do novo "eletro-magnetismo", publicando já em 1821 o *Historical Sketch of Electro-Magnetism* (*Esboço Histórico do Eletro-Magnetismo*), uma revisão geral dos desenvolvimentos e experimentos do campo até ali, todos reproduzidos com o cuidado que marcaria sua carreira.

Seu trabalho mais famoso veio na forma de uma memória entregue à *Royal Society* em 1831, partindo do princípio de que, se corpos eletrizados são capazes de *induzir* eletrização em outros corpos próximos (um resultado eletrostático), não seriam também correntes elétricas capazes de induzir outras correntes em condutores próximos? Faraday inicialmente esperava que a corrente induzida duraria tanto quanto a indutora. Logo notou, no entanto, que o fenômeno que era responsável por induzir correntes não eram correntes em si, mas sim *variações* de corrente.

Como Oersted já havia demonstrado que correntes elétricas induziam forças magnéticas circulares, ficava então claro que a indução de correntes era causada por variações de forças magnéticas – estas, por sua vez, causadas por variações de correntes. Em 1834, o russo Emil Lenz (1804 - 1865) determinou que a direção da corrente induzida por uma outra corrente é tal que a induzida gere forças magnéticas opostas às da indutora, resultado hoje conhecido como *lei de Lenz*. Esse foi o princípio da *indução eletromagnética* [Whittaker 1951].

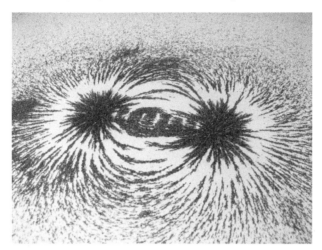

Figura 4.24. Visualizando as linhas de força com limalhas de ferro sobre uma folha de papel com o ímã por baixo.

Para buscar a forma da lei de indução de correntes, Faraday elaborou o conceito de *linhas de força*, inspiradas na já usual imagem dos padrões circulares formados por pó de ferro espalhado em torno de um imã. Assim como esses padrões, as linhas de força teriam em todo o ponto a *direção* da força magnética naquele ponto. Faraday imaginou todo o espaço preenchido por linhas de força magnética, que seriam obrigatoriamente *fechadas*, e em alguma seção atravessando o ímã de origem.

Faraday usou as linhas como a base de uma definição da intensidade magnética. Se uma curva é desenhada em qualquer região do espaço, definindo uma pequena superfície interna, as linhas de força que atravessam essa superfície formam um *tubo de força* que deve fechar-se sobre si mesmo, mas pode ter uma seção transversal variável ao longo de si (ficar mais ou menos espesso). Um resultado já conhecido então é de que o *produto entre a densidade das linhas e a seção transversal do tubo é constante ao longo do tubo*. Faraday propôs dividir todo o espaço em tubos todos com o mesmo valor desse produto – que poderia ser tomado então como a unidade da intensidade magnética. A medição da intensidade magnética sobre uma superfície nesse caso torna-se simplesmente a contagem de quantos desses tubos unitários cruzam essa superfície.

As linhas de força foram empregadas com muito sucesso para explicar e descrever fenômenos elétricos e magnéticos, e de suas várias contribuições para esses campos, e também para a eletroquímica, cabe destacar a *lei de indução de Faraday*, a qual conectava a *força eletromotriz* (ou, em sua forma moderna, o campo elétrico) induzida sobre um circuito fechado por forças magnéticas à intensidade das forças, com sua direção dada pela lei de Lenz.

Aqui é importante entender que, para Faraday, as linhas de força não eram mero artifício matemático, mas tinham uma existência física própria, dotadas elas mesmas de uma certa tensão que é exercida sobre os objetos que encontram, como se fossem bandas de borracha. Estendendo o conceito também para linhas de força elétrica, em sua discussão sobre a indução eletrostática, Faraday retomou as ideias do antigo effluvia, que a essa altura perdiam em popularidade para a admissão de ação à distância, como vimos com Ampère. Tal abordagem ainda permitiu a Faraday propor o princípio da teoria *eletromagnética* da luz, que não necessitava da existência do ainda popular éter luminífero.

Esse princípio viria da observação experimental da conexão entre a luz e o magnetismo, primeiro confirmada por John Herschel (1792 – 1871)a partir da capacidade de cristais de quartzo de rotacionar o plano de polarização da luz, por um ângulo dependente da superfície externa do cristal. Faraday estudou a rotação da polarização da luz por uma peça de vidro colocada entre os polos de um eletroímã, por um ângulo que dependia da intensidade do campo sobre o vidro; esse fenômeno é hoje conhecido como *rotação Faraday*.

Baseado numa enorme habilidade experimental, Michael Faraday solidificou os conceitos que ligavam o eletromagnetismo e a estrutura da matéria, imaginando campos permeando o espaço, numa concepção até hoje inspiradora [Berkson 2015]. Faraday descreveu de forma qualitativa a compreensão da indução eletromagnética e ainda descobriu a eletrólise, o que permitiria medidas precisas em reações químicas e até mesmo para o número de Avogadro. Neste momento, a dinâmica de partículas carregadas, a eletricidade e o magnetismo estavam unidos. Este processo de agregação de teorias físicas em teorias unificadas passou a ser o carro chefe das Ciências com consequências posteriores para as teorias cosmológicas.

Em um artigo de 1846, *Thoughts on Ray-Vibrations* (Pensamentos sobre Vibrações de Raios), Faraday ponderou se o real átomo, a unidade fundamental de tudo o que existe, não se trataria simplesmente de campos de forças elétrica, magnética e gravitacional em torno de centros pontuais. Os átomos em si seriam entidades difusas, a princípio completamente penetráveis e sem tamanho bem-definido, ideia retomada de Boscovich [Spencer 2016]. Nas palavras de Faraday, discutindo a natureza dos átomos,

> *"Se precisamos assumir alguma coisa [...] os átomos de Boscovich me parecem ter uma grande vantagem sobre a noção mais usual. Seus átomos [...] são meros centros de forças ou poderes, não partículas de matéria, nas quais os próprios poderes residem. Se, na visão ordinária de átomos, chamamos o partícula de matéria separada dos poderes de **a**, e o sistema de forças ou poderes nela e em torno dela de **m**, então na teoria de Boscovich **a** desaparece, ou é um mero ponto matemático".*

A ideia de partículas (Faraday não tinha como saber que o átomo não é uma partícula fundamental) como entidades emergentes de campos antecipa em certos aspectos a teoria ondulatória da matéria, que só teria seu princípio mais de sete décadas mais tarde, primeiro com o trabalho de De Broglie, e mais tarde como parte da teoria quântica de campos (Capítulo 5).

Se todo o espaço é preenchido por linhas de força que compõem a matéria, Faraday propôs então que luz e o "calor radiativo" (não era certo, ainda que suspeitado, que os dois tratavam-se do mesmo fenômeno) seriam simplesmente vibrações se propagando ao longo de linhas de força – verdadeiras ondas eletro-magnéticas. Com a propagação ocorrendo sobre as próprias linhas, Faraday sugeriu "descartar o éter", que não seria mais necessário como meio. Tal descarte só seria concretizado pelo trabalho de Einstein no começo do século XX.

Faraday continuou seus experimentos até 1855, estabelecendo os princípios do estudo da indução eletromagnética, e cunhando termos ainda em uso, como *diamagnetismo* e *paramagnetismo*. Os anos finais do "Newton da eletricidade" foram mais tranquilos que os do Newton original, passados quietamente até sua morte em 1867.

Entre Faraday e Maxwell: ação à distância **ação contínua**

Ainda em 1845, o físico alemão Franz Neumann (1798 - 1895), buscou recalcular a lei da força de Faraday a partir da abordagem de ação de Ampère, chegando a um resultado em todo caso compatível com as linhas de força de Faraday. Neumann introduziu uma quantidade conhecida como o *potencial vetor*, A, equivalente ao fluxo de tubos de Faraday por uma unidade de área; o potencial vetor ainda é empregado como o análogo magnético ao potencial elétrico.

Outro nome contemporâneo foi o do também alemão Wilhelm Weber (1804 - 1891), que assumiu que correntes elétricas são compostas de cargas elétricas vítreas e resinosas em fluxos simultâneos e opostos [Britannica 2023]. Nas assunções de Weber, primeiro feitas por Gustav Fechner (1801 – 1887), cargas de mesmo sinal em movimento paralelo e no mesmo sentido exercem uma força eletrodinâmica atrativa entre si, em adição à repulsão eletrostática; enquanto para cargas opostas, a força eletrodinâmica é atrativa quando os movimentos são opostos. Dessa assunção emerge imediatamente o comportamento qualitativo da lei da força de Ampère, ao mesmo tempo em que a eletrodinâmica de Ampère passa a ser descrita em termos do movimento relativo de cargas elétricas, assim como a indução de Faraday só depende do movimento relativo entre campo magnético e condutor.

Nesse sentido de conectar os fenômenos estudados por Ampère e Faraday, Weber, em 1846, deu um passo além de Fechner ao escrever uma expressão matemática para a força entre duas cargas elétricas em movimento, a fundação do que hoje é chamada de eletrodinâmica de Weber. Em comparação com a eletrodinâmica aceita atualmente (a de Maxwell, como veremos adiante), a Weberiana não descreve ondas eletromagnéticas, nem é consistente com a Relatividade Especial. Ela é marcada, ainda assim, por ter sido a primeira *teoria do elétron*, isto é, a primeira teoria a atribuir a eletrodinâmica à interação entre partículas carregadas, dependente tanto de sua posição quanto velocidade. Só aqui é possível, finalmente, falar em *cargas elétricas* como partículas, no seu uso moderno.

O trabalho de Neumann, Fechner e Weber são breves exemplos de como, mesmo contemporaneamente a Faraday, a abordagem de linhas de força ao eletro-magnetismo não foi prontamente aceita, e a ação à distância entre partículas continuou a ser admitida. Na Óptica, ainda mais, a ideia de que a luz seria uma onda propagando-se sobre linhas de força não encontrou terreno fértil, e a hipótese do éter luminífero continuou dominante. Isso não significa, entretanto, que a ação à distância não teve outros desafios; aqui cabe destacar Karl Friedrich Gauss (1777 – 1855), e seu aluno, Bernhard Riemann (1826 – 1866), que desejavam explicitamente suplementar as forças elétricas conhecidas com outras forças que descrevessem a propagação de interações elétricas a uma velocidade finita. Suas tentativas, entretanto, talvez sejam melhor descritas como "tímidas". Em uma publicação póstuma de 1867, Riemann chegou a propor uma alteração da equação de Poisson que implicaria que variações do potencial elétrico estariam limitadas a propagarem-se a uma velocidade finita, mas houve pouco avanço [Whittaker 1951].

Hoje, Gauss é mais famoso por sua lei epônima, que em termos atuais nos diz que o fluxo do campo elétrico através de uma superfície fechada é proporcional à carga elétrica total no interior da superfície. A lei de Gauss tem uma história tortuosa, e embora leve esse nome, ela só foi "re-redescoberta" por Gauss a partir da lei de Coulomb, já tendo sido determinada anteriormente por Priestley e, anteriormente, Lagrange.

Eletromagnetismo, campo e éter: Faraday, Thomson e Maxwell[1]

A virada "contra" o éter teve seu lento início com o físico escocês James Clerk Maxwell (1831 - 1879), cujo nome hoje é sinônimo com o Eletromagnetismo [Mahon 2004]. Além de Faraday, cabe mencionar um segundo nome que teve grande importância no trabalho de Maxwell: o de William Thomson, o Lord Kelvin (1824 - 1907). Mais conhecido por sua contribuição para a Termodinâmica, Thomson também teve importante trabalho na Eletricidade; duas quantidades diferentes usadas hoje para tratar do campo magnético foram definidas por ele: $\vec{H}$ e $\vec{B}$, a *intensidade* e o *fluxo de campo magnético*, respectivamente. Ambos são proporcionais no vácuo, mas em um meio material B leva em conta H mais a *magnetização* do meio.

Thomson também propôs que o problema da distribuição de fluxos de calor em um sólido seria análogo ao problema da distribuição de forças elétricas

---

[1] Embora a forma atual na língua portuguesa seja "Eletromagnetismo", mantivemos a denominação original de Faraday e Maxwell que mostra como a evolução das ideias levou progressivamente à grafia adotada.

em torno de condutores eletrificados, com superfícies isotérmicas tomando o lugar de equipotenciais, e fontes de calor o de cargas elétricas. Maxwell se atentou a esse trabalho, não só pela possibilidade prática de estender as ferramentas matemáticas da Termodinâmica à Eletricidade, como também pela associação entre o fenômeno de fluxos de calor – entendido como uma interação entre as componentes de um meio contínuo – com o de forças elétricas, ainda admitidas como agindo à distância. Em outras palavras, a sugestão de Thomson apontava de volta para as linhas de força de Faraday. Esse tipo de analogia "interdisciplinar" continuaria nos próximos anos a ter um importante papel no desenvolvimento da Física.

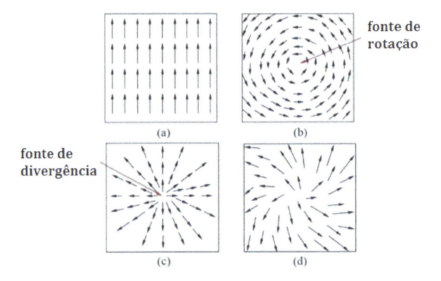

Figura 4.25. Ilustração da ideia qualitativa de div ($\nabla \cdot$ e rot ($\nabla \times$)) a) Rotacional e divergente nulos b) Rotacional não-nulo e divergente nulo c) Rotacional nulo e divergente não-nulo d) Rotacional e divergente não-nulos.

No *On Faraday's Lines of Force* (Sobre as Linhas de Força de Faraday), seu primeiro trabalho apresentado à *Cambridge Philosophical Society*, em 1855-56, Maxwell se propôs a conectar as ideias de Faraday às analogias matemáticas de Thomson [Whittaker 1951]. Para tal, Maxwell introduziu sua própria analogia; neste caso, uma analogia *hidrodinâmica* para as linhas de força, que tratou como as linhas de fluxo de um líquido. Nesse trabalho, ficou clara a importância de dois operadores matemáticos: o *divergente* e o *rotacional*, que já haviam aparecido frequentemente nos trabalhos de George Stokes, um dos maiores nomes da mecânica dos fluidos. Em termos simples, esses operadores medem a *densidade de fluxo* e a *densidade de circulação* de um dado campo vetorial – como as linhas de fluxo de um líquido ou as linhas de força elétrica – em um ponto. Já aqui foram apresentadas as sementes do conjunto que viria a ser chamado de *equações de Maxwell*.

Das várias contribuições de Maxwell para o desenvolvimento das equações eletromagnéticas, a mais explícita é a *corrente de deslocamento*, que participa fundamentalmente da indução de campos magnéticos por eletricidade. Maxwell foi levado à elaboração do conceito primeiro pelas considerações de Thomson de que o magnetismo tem um caráter fundamentalmente *rotatório* sobre o éter.

Em 1861-1862, já convencido da importância do trabalho de Faraday, Maxwell procurou elaborar um modelo mecânico para a eletrodinâmica envolvendo o magnetismo rotatório de Thomson. Seu modelo, exposto no *On Physical Lines of Force* (Sobre Linhas de Força Físicas), supunha que dentro de cada tubo de força magnética o éter estaria em rotação em torno do eixo do tubo. Como a energia cinética do éter seria proporcional ao quadrado da sua velocidade, e Thomson havia mostrado que a energia do campo magnético era proporcional ao quadrado da força magnética H, a velocidade do éter podia ser identificada com a força magnética.

O problema imediato desse modelo é que o éter na superfície de um dado tubo estaria sempre deslocando-se opostamente ao éter na superfície de um tubo vizinho, no ponto de contato entre os dois tubos. Como solução, Maxwell propôs a existência de partículas livres entre os tubos, que poderiam girar livremente; dessa maneira, todos os vórtices contidos pelos tubos tenderiam naturalmente a girarem no mesmo sentido. Matematicamente, essa condição pode ser escrita como

$$4\pi \vec{s} = \vec{\nabla} \times \vec{H} \qquad , \qquad (4.8)$$

onde $\vec{s}$ é a densidade de fluxo das partículas intermediárias; quanto maior o fluxo, maior a rotação da velocidade/força magnética $\vec{H}$. Tal expressão é a mesma que descreve a indução do campo magnético por correntes elétricas, com s fazendo as vezes da corrente elétrica. Com todo o sistema conectado, qualquer perturbação em um vórtice é propagada para todo o sistema pelos outros vórtices e partículas. Maxwell demonstrou que tal propagação obedece

$$\mu \frac{\partial \vec{H}}{\partial t} = -\vec{\nabla} \times \vec{E} \quad , \tag{4.9}$$

onde μ é, no modelo original, a densidade do éter, e faz o papel de uma *permeabilidade magnética*; e $\vec{E}$ é a força exercida sobre as partículas em um ponto pela ação dos vórtices vizinhos. Em outras palavras, uma variação positiva da velocidade/força magnética dos vórtices em uma região tende a causar uma variação negativa na rotação das partículas dessa região, e vice-versa. Em seu trabalho anterior, Maxwell já havia determinado duas relações sobre o potencial vetor $\vec{A}$ introduzido por Neumann,

$$\vec{\nabla} \times \vec{A} = \mu \vec{H} \quad , \tag{4.10}$$

$$\vec{\varepsilon} = \frac{-\partial \vec{A}}{\partial t} \quad , \tag{4.11}$$

onde $\vec{\varepsilon}$ é a força eletromotriz induzida por uma variação em $\vec{A}$. Comparando com a Equação (4.9) acima, fica claro que a força $\vec{E}$ deve ser identificada com a própria força eletromotriz induzida, indicando que o movimento das partículas corresponde a uma corrente elétrica, e sua pressão uma sobre as outras, ao potencial elétrico.

Com esse modelo em mãos, e entendendo o éter como um meio elástico, como era comum, Maxwell pôde explicar naturalmente também fenômenos eletrostáticos: existe um certo estado de equilíbrio no qual as forças elásticas dos vórtices sobre as partículas se equilibram, e campos eletrostáticos emergem quando as partículas são deslocadas para fora desse estado. Enquanto o *deslocamento* em si não corresponde a uma corrente elétrica, variações de deslocamento devem ser tratadas como correntes.

Tratar deslocamentos como correntes foi um aspecto marcante da teoria de Maxwell. Enquanto Faraday e Thomson já haviam considerado o deslocamento de partículas em meios materiais como análogos à corrente elétrica, Maxwell eliminou o requisito material: o deslocamento existe em qualquer lugar onde a força elétrica varia, seja como uma corrente física, seja como uma "corrente imaterial". A admissão, mais uma vez, da participação de mecanismo imateriais revela a retomada do espírito de Faraday. O campo magnético $\vec{H}$ induzido por correntes passa a seguir

$$4\pi\vec{s} + \frac{\partial \vec{D}}{\partial t} = \vec{\nabla} \times \vec{H} \quad , \tag{4.2}$$

onde $\vec{D} = \vec{E}/4\pi c^2$ é o *campo de deslocamento* ou *indução elétrica*, análogo a $\vec{B}$ (também chamado de *indução magnética*), enquanto $\vec{E}$ é análogo a $\vec{H}$; *c* é uma constante que depende da elasticidade dos tubos. Uma das propriedades desses operadores vetoriais é que o divergente do rotacional é sempre igual a zero; ou em outras palavras,

$$\vec{\nabla}.\vec{S} = \vec{\nabla}.\left(4\pi\vec{s} + \frac{\partial \vec{D}}{\partial t}\right) = 0 \quad , \tag{4.13}$$

isto é, a corrente elétrica *total S* sempre é *fechada*, formando um circuito; a corrente que entra em qualquer sólido arbitrário deve ser igual à que sai. Tal ideia é evidentemente contraintuitiva: se consideramos uma carga positiva pontual fixa atraindo um fluxo de cargas negativas que se prendem a ela, e contamos o fluxo de cargas negativas atravessando uma superfície esférica em torno da carga positiva, temos a impressão de que há uma corrente de entrada, mas não uma de saída. Entretanto, a entrada de cargas negativas altera a carga total dentro da esfera, e portanto o campo elétrico na sua superfície. Há uma *variação temporal* no campo elétrico, e isso, na concepção de Maxwell, implica em uma *corrente de deslocamento* de saída, resultando em $\vec{\nabla}.\vec{S} = 0$. Não é surpresa que correntes de deslocamento tenham sido um dos pontos mais controversos do eletromagnetismo Maxwelliano, na época, que continuam a gerar grande discussão, como no trabalho de [Duhem 2015].

Nesse mesmo trabalho, Maxwell ainda mostrou que o campo magnético satisfazia

$$\vec{\nabla}.\vec{H} = 0 \quad , \tag{4.14}$$

$$\frac{\partial^2 \vec{H}}{\partial t^2} = c^2 \nabla^2 \vec{H} \quad . \tag{4.15}$$

Enquanto a primeira dessas equações expressa a *inexistência do monopolo magnético* (é impossível separar os polos de um imã), a segunda é a *equação de onda* para um meio onde a velocidade de propagação é *c*, a qual já se sabia que a luz seguia. Através da *comparação* entre métodos diferentes para calcular a energia do campo elétrico, Maxwell encontrou que a velocidade dessas *ondas eletromagnéticas* no vácuo seria de $c = 3,1 \times 10^8\ m/s$.

A essa altura, experimentos para medir a velocidade da luz já haviam sido realizados com sucesso mais de uma vez, e recentemente por Fizeau, que obteve, em 1849, $c = 3,15 \times 10^8\ m/s$. O acordo óbvio entre a velocidade da luz e a velocidade das ondas eletromagnéticas foi notado por Maxwell, e já havia ainda antes sido percebido também pelo alemão Gustav Kirchoff (1824 - 1887), que estudou a velocidade de propagação de impulsos elétricos ao longo de fios de telégrafo, e foi o primeiro a notar a proximidade entre essa velocidade, medida por Weber e Rudolf Kohlrausch (1809 - 1858), e a velocidade da luz.

Nas palavras do próprio Maxwell,

> "*Nós mal podemos evitar a inferência de que a luz consiste nas ondulações transversais do mesmo meio que é a causa dos fenômenos elétrico e magnético*".
> [Bezerra, 2006]

Assim, o éter eletromagnético e o luminífero, até então a princípio meios distintos, poderiam ser unificados.

Após esse desenvolvimento gradual, dividido entre publicações distintas e fortemente apoiado em analogias termo e hidrodinâmicas, Maxwell finalmente publicou seu sistema, como um conjunto fechado e completo, no mais famoso de seus trabalhos, *A Dynamical Theory of the Electromagnetic Field* (Uma Teoria Dinâmica do Campo Eletromagnético), em 1864. Ainda não escritas da maneira como são hoje, é esta a origem das equações de Maxwell, que, em notação moderna, são

$$\vec{\nabla} \cdot \vec{D} = \rho \quad , \tag{4.16}$$

$$\vec{\nabla} \cdot \vec{B} = 0 \quad , \tag{4.17}$$

$$\vec{\nabla} \times \vec{E} = \frac{-\partial \vec{B}}{\partial t} \quad , \tag{4.18}$$

$$\vec{\nabla} \times \vec{H} = \vec{j} + \frac{\partial \vec{D}}{\partial t} \quad . \tag{4.19}$$

A lei de Gauss (Equação 4.16) e a "lei de Gauss para o magnetismo" (Equação 4.17) encapsulavam fatos já bem aceitos, a primeira sendo equivalente à lei de Coulomb (ao inverso do quadrado, especificamente), onde é a densidade carga elétrica e é a *permissividade elétrica* do meio; e a segunda sendo a afirmação da inexistência do monopólo magnético, já conhecida por Peregrinus no século XIII, e depois reafirmada por Gilbert e posteriormente por Faraday.

As leis de Faraday (Equação 4.18) e Ampère (4.19), por outro lado, contêm as maiores inovações de Maxwell, seguindo das discussões que apresentamos previamente. Na forma apresentada acima, a lei de Faraday também é conhecida como *lei de Maxwell-Faraday*, e dá ao campo elétrico o lugar da força eletromotriz. Todo campo magnético variante no tempo é acompanhado por um campo elétrico que circula em torno da direção do campo magnético; a lei de Lenz também está contida na expressão, que naturalmente resulta na força eletromotriz tendo sinal oposto à variação do campo magnético.

A lei de Ampère, por sua vez, recebeu a corrente de deslocamento como um termo inteiramente novo, e nessa forma é conhecida como *lei de circuitos de Ampère* (em contraste à lei de força de Ampère original) ou *lei de Ampère-Maxwell*, e descreve como correntes e campos elétricos variantes no tempo induzem campos magnéticos circulares Esta forma da lei contém a lei de Ampère original, mas é devida à derivação do próprio Maxwell no *On Physical Lines of Force*.

A partir de seu modelo, Maxwell estudou a propagação de ondas eletromagnéticas em cristais e metais, e a dispersão da luz em meios transparentes, obtendo em 1869 a *equação de Maxwell-Sellmeier* que conecta o índice de refração de um meio ao comprimento de onda da luz, ainda hoje empregada e obtida três anos mais tarde por Wolfgang Sellmeier (fl. 1872) de forma independente. Já em termos de dificuldades, como já indicado, as correntes de deslocamento provaram-se o elemento mais controverso do sistema. Enquanto Helmholtz veio a aceitá-las após muitos anos, o próprio Thomson (Lord Kelvin) parece nunca ter acreditado em sua existência. Entre suas discordâncias, no caso simples dos fios de telégrafo, Thomson entendia que o próprio fio servia de meio para a propagação de impulsos eletromagnéticos; enquanto para Maxwell o meio seriam os campos ou o éter (discutiremos a distinção abaixo), com o fio meramente guiando o sinal. Em 1904, só três anos antes de sua morte, mas vinte e cinco anos após a morte de Maxwell, Thomson ainda disse *"A tal teoria eletromagnética da luz não tem nos ajudado até aqui"* [Whittaker 1951].

Um desenvolvimento posterior que assumia os metais como meios de propagação cabe ser mencionado. Este é o do dinamarquês Ludvig Lorenz (1829 – 1891, não confundir com Hendrik Lorentz, da força e transformações epônimas), que elaborou uma teoria do Eletromagnetismo essencialmente equivalente à Maxwelliana no vácuo, mas distinta em meios condutores; esta foi elaborada a partir da velha sugestão de Riemann de modificar as equações da Eletrodinâmica para incluir uma velocidade de propagação finita. Embora o Eletromagnetismo Lorenziano não tenha se provado uma teoria adequada, ele introduziu um conceito muito importante para o Eletromagnetismo moderno, o de *potenciais retardados*, expressões que levam em conta a propagação não-instantânea de mudanças nos campos elétrico e magnético no cálculo dos potenciais elétrico e magnético, e que são, portanto, essenciais no tratamento de cargas em movimento.

A teoria de Maxwell foi evidentemente plenamente bem-sucedida em descrever fenômenos eletromagnéticos e unificá-los a fenômenos luminosos; as equações de Maxwell não seriam consideradas até hoje como contendo todo o conteúdo formal do eletromagnetismo clássico, caso o contrário. Como vimos, Maxwell contou com analogias termodinâmicas, estas devidas a Thomson, e hidrodinâmicas, a partir das linhas de força de Faraday, no desenvolvimento da teoria. Como vimos, parte da significância de Faraday esteve não só em empregar as linhas de força como artifício matemático, mas em também atribuir a elas realidade física e por meio disso oferecer uma alternativa completa à assunção do éter eletromagnético.

Maxwell, por sua vez, desenvolve um sistema ainda mais complexo de tubos de força, vórtices e partículas para descrever mecanicamente os fenômenos eletromagnéticos, ao mesmo tempo em que finalmente fala explicitamente de *campo* elétrico e *campo* magnético, e não só em forças elétricas e magnéticas [Forbe e Mahon 2014]. A teoria parece admitir os campos imateriais como entidades físicas, como fazia Faraday; ao mesmo tempo em que constantemente fala em partículas e fluídos em movimento e contato. Do que se tratava, então, o Eletromagnetismo Maxwelliano original: uma teoria de campo, ou de éter?

Em 1873, seis anos antes de sua morte, Maxwell publicou o *A Treatise on Electricity and Magnetism* (*Um Tratado Sobre Eletricidade e Magnetismo*), onde procurou discutir tudo o que podia ser discutido sobre o Eletromagnetismo, como descreve E. Whittaker, "*do ponto de vista de Faraday*" (que morrera seis anos antes, mas já havia se aposentado há quinze). Nas palavras de Maxwell,

> *"As ideias que guiaram Ampère pertencem ao sistema que admite ação direta à distância, e iremos constatar que Gauss, Weber, F. E. Neumann, Riemann, Betti, C. Neumann, Lorenz e outros conduziram uma notável linha de especulação e investigação baseada nessas ideias [...]*
>
> *As ideias que procurei desenvolver são aquelas da ação através de um meio, de uma porção à porção contígua. Essas ideias foram muito utilizadas por Faraday, e o seu desenvolvimento sob uma forma matemática, bem como a comparação dos resultados com os fatos conhecidos, foi o meu objetivo em vários artigos publicados."*

[Bezerra, 2006]

Até que ponto Maxwell se alinhava com Faraday na fisicalidade dos campos e possibilidade de descartar o éter? Seu modelo de vórtices e partículas ainda era, intrinsecamente, um modelo mecânico, e ilustrava a persistência do espírito Mecanicista mesmo um século e meio após Newton e o *Principia*. Por outro lado, ainda no *On Physical Lines of Force*, Maxwell escreve

> *"A noção de uma partícula que tem seu movimento conectado com o de um vórtice por contato perfeito via rolamento pode parecer um tanto canhestra. Eu não a proponho como um modo de conexão que exista na natureza, nem mesmo como aquilo que eu concordaria prontamente enquanto hipótese elétrica. Trata-se, porém, de um modo de conexão que é mecanicamente concebível e facilmente investigado [...] me arrisco a dizer que qualquer um que compreenda o caráter provisório e temporário dessa hipótese irá se ver auxiliado por ela, em vez de por ela obstado, em sua busca pela interpretação verdadeira dos fenômenos"*

[Bezerra, 2006]

Maxwell, de modo geral, não estava plenamente comprometido com a realidade do seu modelo de éter, na medida em que sua principal função era a de ser *útil* no estudo dos *fenômenos*, e potencialmente auxiliar na busca pelo real mecanismo por trás deles. Esse é o espírito compartilhado por Ampère em seu próprio trabalho, e herdado de Newton. Ainda assim, Maxwell não foi tão longe quanto sugerir o descarte do éter, como fizera Faraday. Por um lado, escreveu no *Dynamical Theory*

> *"Ao falar sobre a Energia do campo, no entanto, desejo ser entendido literalmente. [...] A única pergunta é: onde ela reside? [...] De acordo com a nossa teoria, ela reside no campo eletromagnético, no espaço ao redor dos corpos eletrizados e magnetizados, bem como nos próprios corpos [...]"*
> [Bezerra, 2006]

A atribuição de energia ao próprio campo poderia ser tomada como prova cabal de que ele tem realidade física fundamental na teoria Maxwelliana. Por outro lado, ainda no *Dynamical Theory*, ele afirma que *"toda energia é energia mecânica"*, e, continuando o trecho acima, conclui,

> *"[...] bem como nos próprios corpos, e [a energia] existe sob duas formas diferentes, que podem ser descritas, sem hipóteses, como polarização magnética e polarização elétrica, ou, segundo uma hipótese bastante provável, como o movimento e a deformação de um mesmo meio"*,
> [Bezerra, 2006]

retirando dos campos o papel de reservatórios de energia. De certa forma, a energia *pertence* ao campo mas está *armazenada* na tensão de um meio material (o éter), motivada pela necessidade ou hábito de que *toda energia seja mecânica*. Maxwell chega até mesmo a discutir as propriedades do éter, e afirma

> *"Temos, portanto, razões para acreditar, com base nos fenômenos da luz e do calor, que existe um meio etéreo preenchendo o espaço e permeando os corpos"*
> [Bezerra, 2006]

Em suma, a teoria de Maxwell parece ocupar um espaço intermediário, uma certa forma híbrida entre as teorias de éter que continuariam a serem elaboradas pelas décadas seguintes, e as teorias de campo que se estabeleceriam firmemente só após a Relatividade Especial de Einstein. Enquanto é inegável que Maxwell finalmente providenciou todos os meios necessários para o abandono definitivo do éter, esse salto seria gradual, e só ocorreria após a exaustão de tentativas teóricas e experimentais de provar a sua existência e conciliá-la com o desenvolvimento de outras áreas da Física. No melhor estilo Newtoniano, Maxwell encontra seu grande sucesso ao saber separar hipóteses da descrição de fenômenos [Harman 1998]. Apesar disso, seu exemplo nem sempre seria seguido pelos próximos quarenta anos.

Desenvolvimento dos Cálculos Vetorial e Tensorial na saga de Maxwell

No estado de progresso contínuo que havia no século XIX, era evidente que as questões físicas iam requerer de novas ferramentas matemáticas e vice-versa. Assim, os matemáticos se debruçaram sobre novos problemas e soluções, que seriam fundamentais até os dias de hoje nas Ciências.

O grande nome da Matemática do século XIX foi sem dúvida Carl Friederich Gauss (1777-1855). Gauss trabalhou em temas bem variados e exerceu uma influência notável nos matemáticos da época e os posteriores. Gauss foi o criador da chamada Geometria Diferencial, importante ramo que viria a ser fundamental um século depois para o desenvolvimento da Física. Além disso, esclareceu e desenvolveu ideias que são usadas no quotidiano de qualquer cientista contemporâneo, tal como as distribuições Gaussianas e o método dos Mínimos Quadrados. Seu trabalho foi "reciclado" e interpretado com sucesso por Faraday e especialmente por Maxwell, quem promoveu o uso do divergente e o rotacional que Gauss havia considerado.

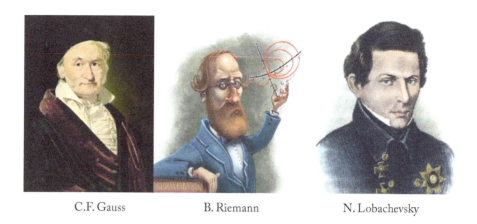

C.F. Gauss   B. Riemann   N. Lobachevsky

Com a "porta aberta" por Gauss, seu discípulo Bernhard Riemann (1826–1866) desenvolveu uma das chamadas *geometrias não euclidianas*, que consistem em negar o Quinto Axioma de Euclides e trabalhar em superfícies que tenham curvatura. Riemann estudou a fundo a geometria onde a superfície tem uma curvatura constante e positiva, ou seja, é análoga à superfície de uma esfera. Estes estudos seriam importantes para a formulação da Teoria Geral da Relatividade, que descrevem precisamente as hipersuperfícies com curvatura como as formas espaciais do Universo, relacionadas aos efeitos da matéria/energia que provoca essa curvatura espacial (embora as medidas indiquem hoje que mais do que numa superfície Riemanniana, vivemos aparentemente num espaço Euclideano). Riemann também contribuiu para a Teoria dos Numeros, Cálculo Complexo e outros campos da Matemática.

Finalmente e de forma bastante complementar, o russo Nikolai Lobachevsky (1792-1856) fez uma série de contribuições para entender a geometia não euclidiana acima de superfícies com curvatura negativa, hiperbolóides com uma sela de montar. Lobachevsky publicou vários livros com estes trabalhos, e o húngaro Janos Bolyai chegou na mesma época a resultados similares, mas ficou tão desapontado ao descobrir que Lobachevsky já os tinha publicado que nunca conseguiu se recuperar psicologicamente. Paradoxalmente, o próprio Gauss havia descoberto vários destes fatos, mas nunca os deu a publicação. O importante é que este grupo de matemáticos preparou o terreno não somente para o Eletromagnetismo e posteriormente para a Relatividade Geral, mas também para outros ramos das Ciências tais como os sistemas dinâmicos

O trabalho de Maxwell, culminando no *Treatise* de 1875, estabeleceu uma teoria unificada comum para todo o desenvolvimento posterior do Eletromagnetismo até a concepção da Física Quântica, e continua a ser o centro do Eletromagnetismo Clássico em sua forma moderna. Essa forma moderna, entretanto, não é idêntica ao Eletromagnetismo puramente Maxwelliano, e o período entre 1875 e 1905 viu uma sequência rápida de desenvolvimentos que a traria para mais perto de sua forma moderna, ao mesmo tempo em que revelaria seus limites e abriria espaço para a revolução na Física do começo do século XX.

Podemos, de forma abrangente, falar em dois tipos de avanços importantes nesse período. O primeiro, de enorme importância para as Ciências Exatas como um todo, é o matemático: no *Treatise*, a versão original das equações de Maxwell consistia em *vinte* expressões diferentes, dentro do cálculo infinitesimal de Newton e Leibniz, descrevendo o comportamento de distribuições de cargas, correntes e campos ao longo de cada direção possível (as coordenadas Cartesianas, x, y, z) separadamente. Mais tarde, Maxwell tentou simplificá-las usando o sistema de *quaternions*, atribuídos primeiro a Hamilton em 1843, objetos 4-dimensionais, que permitiam lidar simultaneamente com quantidades escalares (dotadas apenas de magnitude, como densidades de carga, portanto ocupando uma dimensão) e vetoriais (dotadas de magnitude, direção e sentido, como correntes e campos, portanto ocupando as outras três dimensões).

Os quaternions, entretanto, seriam em breve ultrapassados em popularidade pela ferramenta que se mantém até hoje: o cálculo vetorial. Embora já tenhamos anteriormente falado em escalares e vetores, e mesmo empregado-os de forma explícita e distinta em algumas equações exibidas, o uso foi anacrônico, e feito por praticidade; na realidade, o desenvolvimento formal do cálculo vetorial deu-se principalmente ao longo da década de 1880, de forma independente por Gibbs, que figura como protagonista na Termodinâmica; e por Oliver Heaviside (1850 – 1925), a quem voltaremos ao longo da história do Eletromagnetismo e da Gravitação. Heaviside em particular foi o principal responsável pela forma moderna de quatro equações de Maxwell; enquanto o primeiro grande livro da área, *Vector Analysis*, foi publicado em 1901 por Gibbs e seu aluno, Edwin Wilson (1879 – 1964). Tratar escalares e vetores separadamente, em vez de como um único objeto 4-dimensional na forma do quaternion, provou-se mais simples, didático e, no longo prazo, popular [Crowe 2011].

G. Ricci-Curbastro   T. Levi-Civita

Um ano antes, em 1900, os matemáticos Gregorio Ricci-Curbastro (1853 – 1925) e Tullio Levi-Civita (1873 – 1941, então aluno de Ricci) publicaram o *Méthodes de calcul différentiel absolu et leurs applications* (*Métodos de cálculo diferencial absoluto e suas aplicações*), estabelecendo a base do cálculo tensorial (ou cálculo de Ricci) moderno, que teve sua bases no trabalho de Elwin Christofell (1829 – 1900) [Goodstein 2018]. Apesar de ter sido desenvolvido contemporâneamente a ao cálculo vetorial, o cálculo tensorial é uma extensão deste: os vetores são identificados como apenas um tipo particular de tensor; de forma simples e prática, um vetor pode ser representado por uma matriz coluna, enquanto um tensor arbitrário por uma matriz quadrada. Entretanto, o cálculo tensorial permite escrever equações físicas *sem escolher um sistema de coordenadas*. Tal característica viria a ser essencial para o desenvolvimento da teoria da Relatividade Geral.

A unificação como o processo "normal" na Física

O processo de generalizar e unificar ideias, para promover uma compreensão sintética do mundo está na raíz das Ciências, sobre todo na Física. Podemos afirmar que James Clerk Maxwell, ao formalizar quantitativamente, depois de 1860, as teorias eletromagnéticas, utilizando as teorias até então desenvolvidas e a sensibilidade arguta das idéias de Faraday, promoveu um dos mais elegantes exemplos de *unificação* de teorias físicas até então vistas. Neste processo, ele ligou com suas equações a Eletricidade, o Magnetismo e a Óptica. Com isso pôde descrever a propagação da luz, entender a natureza das cores, e até mesmo calcular a velocidade da luz em função de quantidades mensuráveis no laboratório e identificar a luz como um fenômeno eletromagnético.

Outros processos de unificação ocorreram também por volta da mesma época, entre a Mecânica – já em um elevado grau de maturidade e denominada *Analítica* pelo formalismo matemático generalizado, conduzido por diversos cientistas, como Lagrange, Laplace, Hamilton e Jacobi – e a Termodinâmica, cuja história destaca nomes como Carnot, Joule, Clausius, Kelvin e Helmholtz. Partindo-se da suposição de que os corpos macroscópicos são formados de uma grande quantidade de átomos interagindo entre si de forma complexa e movendo-se de acordo com as leis da Mecânica de Newton, muitos cientistas procuraram derivar as leis da Termodinâmica a partir de uma análise estatística desses movimentos. Nasceu assim a chamada *Mecânica Estatística* [Shenker 2017], cujos grandes contribuintes iniciais foram Maxwell, Boltzmann e Gibbs (vide a seguir).

O desenvolvimento da industria óptica no século XIX também estava alavancando outras áreas das Ciências. Inspirado no experimento de Newton, datado de 1666, sobre a dispersão da luz nas cores do arco-íris, William Wollaston (1766 - 1828) descobriu que se colocasse uma estreita abertura em frente do prisma (o que fez para limitar a quantidade de luz incidente sobre o prisma) surgiria um espectro de cores, revelando uma série de linhas escuras paralelas. Joseph von Fraunhofer (1787 - 1826), conhecendo o experimento de Wollaston, usava estas linhas monocromáticas para aprimorar a correção das aberrações cromáticas das lentes. Logo ele mapeou centenas destas linhas no espectro do Sol e acoplou o sistema a um telescópio e verificou um comportamento diferente de linhas para outras estrelas. Nos anos de 1855 até 1863, os Físicos Gustav Kirchhoff e Robert Bunsen (1811 - 1899) constataram que certas seqüências das linhas de Fraunhöfer eram produzidas pelos vários elementos químicos. Isto marcou nada menos que um retorno efetivo da relação da Física da microestrutura com a macroestrutura do Universo. Veremos no póximo Capítulo como toda esta atividade promove uma explosão de conhecimento no fim do século XIX e especialmente, no século XX, o Século da Física.

A Termodinâmica como disciplina "guarda-chuva"

A Termodinâmica, disciplina que se desenvolveu contemporaneamente ao Eletromagnetismo e veio a adotar o papel de disciplina "guarda-chuva" na Física, é definida hoje como o estudo das trasfomações do calor, energia e trabalho em suas várias formas. Mas houve um longo e tortuoso caminho até a forma atual, a qual lida de forma geral com sistemas físicos *sem fazer uma modelagem microfísica* nem se preocupar por sua natureza exata, somente olhando como trocam energia, calor e trabalho com o ambiente. Aliás, a própria ideia de energia e sua relação com o calor demorou séculos em sedimentar. Veremos aqui um pouco desta construção secular da Termodinâmica.

No Capítulo 1 já discutimos a constituição da matéria no Mundo Grego, e os inícios da visão do *calor*. O fogo de Empédocles é um precursor do *flogisto* e o *calórico*, fluidos hipotéticos que transportavam o calor, discutidos 2000 anos depois pela sua semelhança formal com aquele. Também o *pneuma* estoico envolvia uma mistura de elementos que seriam depois importantes para a Termodinâmica.

Já muito mais próximo no tempo, Francis Bacon (Capítulo 3) afirmava em 1620 que "*a ess*ência do calor é movimento e mais nada", mais de dois séculos antes desta relação ser fundamentada. Robert Hooke expressou que a expansão de um corpo qualquer quando era esquentado, e a contração ao esfriar eram propriedades gerais de toda a matéria, não só dos gases. Pouco depois o médico holandês Herman Boerhaave (1668 – 1738) demonstrava em Leiden que isso era exatamente o que acontecia, criando um elo importante entre calor e volume, *vendo* movimento dos átomos como agente mais razoável.

No entanto, até 1850 o calor e o trabalho eram ainda tratados como duas coisas diferentes. De fato, a palavra energia existia, mas não significava o que significa hoje para nós. A semente para o conceito da *energia* tinha sido discutida por Leibniz em 1686 com a introdução da sua *vis viva* (por sua vez, já conhecida de antes nos tempos do seu trabalho) mv^2, o que hoje chamamos de dobro da energia cinética. Uma observação e experimentação fundamental para este problema foi feita pelo inglês Benjamin Thompson, Conde de Rumford (1753 - 1814), antes de 1800. Thompson fabricava canhões enquanto estava destinado militarmente na Alemanha (então ainda o Sacro Império), e observou que ao furar o metal, este esquentava muito. Depois de efetuar uma série de medidas acuradas, Thompson concluiu que esse calor *não era* produto da transferência de nenhum "calórico", antes era produto da energia mecânica das brocas. Foi assim o primeiro em unificar trabalho e calor, e de passagem desestimar a ideia do fluido calórico. Seu trabalho publicado nas *Philosophical Transactions of the Royal Society* foi recebido com hostilidade, mas provou-se integralmente correto.

No caminho inverso, em 1842 o médico Julius von Mayer (1814 - 1878) publicou um trabalho fundamental, *Bemerkungen über die Kräfte der unbelebten Natur* (Observações sobre as Forças da Natureza Inorgânica) [von Mayer, 1842] onde argumentou que o *calor* poderia se transformar em *trabalho*, colocando no centro da questão o chamado equivalente mecânico do calor (já estimado por Thompson), ou seja a relação entre estas duas quantidades devidamente normalizada. Na mesma época, James Joule tinha produzido calor diretamente do trabalho mecânico e também de correntes elétricas. Pouco depois achou e publicou um valor numérico para o tal equivalente mecânico do calor [Joule 1845]. Coube ao grande Físico alemão Hermann von Helmholtz (1821 - 1894) [Cahan 2018] demonstrar que, quando o calor era incluído, a *energia total* era conservada (ele ainda usava o nome de força para a energia, causando nossa perplexidade se lidos os trabalhos originais). Em outras palavras, Helmholtz propôs formalmente que o calor é outra forma de energia.

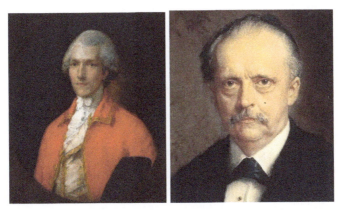

Figura 4.26. Benjamin Thompson, Conde de Rumford (esquerda) e Hermann von Helmholtz (direita).

Em pouco tempo a conservação da energia ficou estabelecida, desde que contadas *todas* suas formas. William Rankine (1820 – 1872), em 1853, se referiu à conservação explicitamente, e poucos anos depois a atual denominação de "cinética" e "potencial", entre outras formas, estava na literatura. De forma "moderna", esta conservação (Primeira Lei da Termodinâmica) é escrita como

$$dU = dQ - dW \quad , \qquad (4.20)$$

e diz que a energia interna de um sistema (U) muda por efeito do calor absorvido (Q) e do trabalho que o sistema exerce contra o meio que o circunda (W), acima escrita para uma variação infinitesimal.

A temperatura no contexto

O outro conceito fundamental que tem uma longa história, é o de *temperatura*. Originalmente a temperatura queria dizer algo como "quantidade de calor". Galileu desenhou um *termoscópio* em 1592, um instrumento rudimentar que explora a dependência da densidade com a temperatura de um tubo com álcool e a compara com a dos bulbos cheios de líquido com diferentes densidades que flutuam. Embora correto, este aparelho não contém escala de temperatura nem mesmo a identifica diretamente, somente compara a temperatura do tubo com a dos bulbos. Santorio Santorio (1561 – 1636) em 1612 adicionou uma escala numérica.

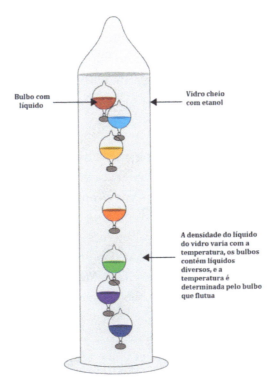

Figura 4.27. O *Termoscópio* de Galileu, medida elementar da "temperatura" através da densidade do etanol ou álcool equivalente.

Boyle, Hooke e Huygens sugeriram calibrar uma escala com o ponto de congelamento ou ebulição em 1665, mas somente Daniel Fahrenheit (1686 - 1736) em 1710, e Anders Celsius (1701 - 1744) em 1742 executaram a sugestão e estabeleceram escalas de temperatura em uso até hoje. Kelvin, por sua vez, definiu a escala que leva seu nome com um ponto "absoluto" de temperatura, bem conhecida pelos professores e estudantes de Ciências.

O passo seguinte foi dado por Lavoisier e Laplace em 1783, com a definição de *calorimetria*, isto é uma forma de determinar a quantidade de calor liberada por um sistema. Usando uma mistura de gelo e água, foram capazes de medir com precisão esses processos. O escocês Joseph Black (1728 - 1799) tinha observado que havia *calor latente* nas transformações de fase. Nicolas Clément (1779 - 1841) em 1824 aproveitou o calorímetro para definir a *caloria* como a quantidade de calor necessária para elevar em 1 grau Celsius um kg de água. No entanto, pensava-se que este calor era transportado por um fluido (calórico) que se transferia de corpo em corpo. A Teoria Cinética dos gases, já existente, dispensava o calórico, mas demorou em ser compreendida e adotada (vide abaixo). Mas o importante é que ficava claro que o calor, uma forma de energia, *não era* a temperatura, sendo esta última uma variável que indica o estado do gás ou sistema.

Calor e trabalho

Com a identificação do calor como uma forma de energia e a possibilidade de transformar calor em trabalho e vice-versa, as aplicações comerciais e industrias foram motor e objetivo central dos estudos desde começos do Século XVIII. De fato, na Inglaterra os motores de vapor tinham sido empregados um século antes, no começo da Revolução Industrial. Mas havia muito espaço para melhoras na extração de trabalho útil a partir do vapor. O nome mais importante neste sentido foi o de James Watt (1736 - 1819), que realizou várias melhoras e criou o primeiro motor com *dois* reservatórios térmicos, adicionando um condensador de vapor. Este motor seria crucial para Sadi Carnot formular seu famoso ciclo (vide abaixo). Mas as contribuições de Watt não pararam por aí. Seu colaborador Davies Gilbert (1767 - 1839) foi quem reconheceu que o trabalho feito pelo motor estava dado pelo produto da pressão vezes a variação do volume $P \times \Delta V$, e como já conhecia o Cálculo de Newton e Leibniz, o identificou com a área baixo a curva no plano P vs. V do processo. Ainda mais, Watt em pessoa trocou ideias com Black em Glasgow, e visualizou o papel do calor latente na transição líquido-vapor que acontecia nos motores. Estava aberto o caminho para a formalização e abstração que seguiria a estes desenvolvimentos empíricos.

Sadi Carnot

Filho de um dos principais líderes da França Revolucionária – o também engenheiro Lazare Carnot (1753 – 1823) –, em 1824 o engenheiro francês Sadi Carnot (1796 - 1832), formado na École Polytechnique de Paris e conhecedor dos trabalhos ingleses da época, escreveu seu único livro (morreu em 1832 vítima de cólera), o *Réflexions sur la Puissance Motrice du Feu* (Reflexões sobre o Poder Motriz do Fogo), que começava dizendo

"Todo mundo concorda que o calor pode produzir movimento...",

o qual mostra como a ideia de equivalência calor-trabalho tinha colado na comunidade. Nesse breve livro, Carnot analisa um motor térmico reversível, abstraindo os processos para formular o seu aclamado ciclo, demonstrando que o movimento perpétuo é impossível, e determinando a eficiência para extrair trabalho, sendo idêntica para todos os motores térmicos que operem com ciclos reversíveis.

A análise de Carnot idealiza um motor que opera entre dois reservatórios a temperaturas diferentes (Figura 4.28) uma "quente" q, e outra "fria" f. Os processos em cada estágio são ora isotérmicos ou adiabáticos, tal como descrito na figura.

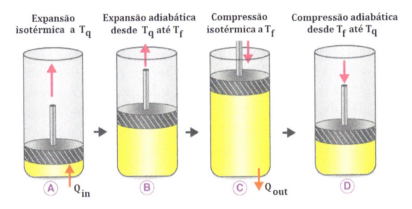

Figura 4.28. O ciclo de Carnot representado por um pistão que comprime e se expande devido às diferenças de temperatura do gás contido, em processos adiabáticos e isotérmicos.

No plano $P - V$, estas transformações podem ser vistas na Figura 4.29, onde as letras representam cada um dos estágios da Figura 4.28. Agora (e embora a análise original do próprio Carnot passou por alto algumas considerações importantes referidas aos calores específicos do gás que sofre as transformações), o ciclo que retorna ao ponto de partida possui uma eficiência calculável que depende somente das temperaturas T_q e T_f, e que é simplesmente $\eta = 1 - \frac{T_f}{T_q}$. Esta eficiência é a mesma para qualquer ciclo reversível, e representa o máximo que pode ser obtido na forma de trabalho.

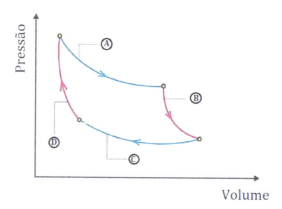

Figura 4.29. As quatro transformações do ciclo de Carnot ideal, cada uma das letras corresponde ao processos da Figura 4.28.

Com este desenvolvimento, ficavam claras uma série de questões teóricas que pairavam o problema da extração de trabalho a partir de fontes térmicas. O desenvolvimento do aparato de abstração de sistemas termodinâmicos e seus processos, finalmente possibilitando o estudo quantitativo dos nascentes motores (então à vapor), estabeleceu as bases formais da Termodinâmica e rende à Carnot até hoje o título de "pai da Termodinâmica" [Mendoza 1981].

Benoît Clapeyron (1799 - 1864) foi quem modernizou o trabalho de Carnot e desenhou o ciclo na Figura 4.29, o conectando aos resultados e medidas de Watt, e ainda rederivou a eficiência desde a perspectiva das transformações. De fato, o trabalho de Clapeyron já permite obter uma relação entre os chamados calor específico a pressão constante e o calor específico a volume constante (embora não é explícita no seu trabalho inicial), além de estudar o calor latente de Blake.

Kelvin e Clausius

Mas haveria pouco depois desenvolvimentos importantes que são devidos a vários autores, começando com William Thomson, o Lord Kelvin, que desconfiava da reversibilidade total do ciclo de Carnot e de qualquer processo. Kelvin discutiu este problema com James Joule por volta de 1848-1849 e escreveu intuitivamente sua posição: não é *todo* o calor que pode ser transformado em trabalho. Esta ideia o levou pouco depois à formulação do que hoje conhecemos como Segunda Lei da Termodinâmica, na qual mais tarde contribuiu também Max Planck. Esta Lei diz que

> "É impossível construir um motor térmico que extraia calor do reservatório térmico a temperatura T_q e converta toda a energia em trabalho sem perder calor para o reservatório a temperatura T_f."

Assim, Lorde Kelvin e Max Planck estão formulando uma condição de *irreversibilidade* dos processos naturais, que não podem ser totalmente "reversíveis" como pede o ciclo de Carnot para sistemas reais. De fato, esta irreversibilidade é o cerne da questão, e há para ela exemplos famosos decorrentes da sua existência; Bertrand Russell, por exemplo, formulou a Segunda Lei de uma forma muito coloquial (mas fisicamente impecável)

> "É impossível chocar um ovo depois de tê-lo quebrado"

A formulação da Segunda Lei não foi formalizada até Rudolf Clausius (1822 – 1888) examinar o problema, primeiro num trabalho fundamental de 1854, onde discute os tipos de transformações do calor em trabalho e vice-versa. Clausius observa que a soma de todas as transformações que levam o sistema ao mesmo ponto de partida, e que podem ser consideradas reversíveis, como tinha postulado Carnot, satisfazem

$$N = \sum_i \frac{Q_i}{T_i} = 0 \rightarrow \oint \frac{dQ}{T} = 0 \qquad , \qquad (4.21)$$

onde a passagem para o limite contínuo à direita considera cada transformação como infinitesimal. Essa quantidade N é uma *função de estado*, ou seja, independe do caminho e somente é sensível ao estado do sistema no ponto considerado. Ao refletir a respeito desta função num segundo trabalho de 1865, Clausius a batiza de *entropia* (com raiz grega de *transformação*) e passa a denominá-la com a letra S. Conceitualmente, Clausius quantifica o grau de irreversibilidade dos processos, já que se os processos reversíveis não mudam a entropia S, os naturais/espontâneos sim a alteram (tal como o ovo de Russell). Sua afirmação a respeito do maior sistema fechado, o próprio Universo, é muito reveladora:

"A entropia total do Universo sempre aumenta"

O Universo está "degradando" globalmente sua capacidade de transformar a energia para construir, por exemplo, galáxias e outros sistemas [Goldstein e Goldstein 1995]. Mas esta discussão a fundo nos levaria muito longe; o trajeto que traçamos até agora é suficiente para termos definido o caminho da construção da Termodinâmica, considerada por Einstein "a mais perfeita das disciplinas".

A Mecânica do contínuo: os fluidos e sólidos clássicos e a síntese do século XIX

A evolução da descrição dos fluidos

Vimos mais cedo como o desenvolvimento inicial da descrição dos fluidos, primeiramente formulada de forma qualitativa e não formal, como o fez Arquimedes com seu Princípio; Leonardo Da Vinci com suas observações a respeito da turbulência; e Torricelli com a introdução da pressão. Gradativamente passou-se a um estudo mais aprofundado e abrangente, como vimos com Pascal, e depois aprofundado por Daniel Bernoulli (1700 - 1782) e Leonhard Euler (1707 - 1783). Em posse da maquinaria da Mecânica de Newton, nos Séculos XVII e XVIII o estudo dos fluidos avançaram no conhecimento quantitativo e a formalização das equações que regem sua dinâmica. Este processo culminou no século XIX com as chamadas *equações de Navier-Stokes*, para as quais contribuiu Claude-Louis Navier (1785 - 1836), além do próprio George Stokes, que já encontramos anteriormente. As equações de Navier-Stokes sintetizam todo este trabalho e são utilizadas como marco descritivo quantitativo dos fluidos clássicos desde então, com forma vetorial

$$\rho\left(\frac{\partial \vec{v}}{\partial t} + (\vec{v}.\nabla)\vec{v}\right) = \rho\vec{g} - \nabla p + \mu.\nabla^2\vec{v} \qquad (4.22)$$

e soluções que representam o campo de velocidades $\vec{v}$. A demonstração da existência e unicidade das soluções foi considerada um dos "problemas do Milênio" na Matemática.

O summit da Mecânica Analítica (Lagrange, Hamilton, Jacobi)

Com o passar do tempo a Mecânica Clássica formulada por Newton passou por um processo de confirmação e atingiu o status de venerável, no sentido de não ser mais contestada nem questionada em absoluto, tornando-se objeto de investigações que somente procuravam ampliar seu escopo e procurar novas formas que pudessem ser aplicadas a sistemas complexos de interesse variado. Nesse contexto nasceram as mecânicas Lagrangiana, baseada na equação de Euler-Lagrange (Equação 4.23); e Hamiltoniana, baseada nas equações de Hamilton (Equação 4.24); assim como a equação de Hamilton-Jacobi (Equação 4.25). Todas são plenamente compatíveis com as leis de Newton.

$$\frac{\partial L}{\partial q} - \frac{d}{dt}\left(\frac{\partial L}{\partial \dot{q}}\right) = 0 \quad , \tag{4.23}$$

$$\frac{dq}{dt} = \frac{\partial H}{\partial t}, \frac{dp}{dt} = \frac{-\partial H}{\partial q} \quad , \tag{4.24}$$

$$H\left(q_i, \frac{\partial S}{\partial q_i}, t\right) + \frac{\partial S}{\partial t} = 0 \quad . \tag{4.25}$$

O mais interessante destas abordagens é que não estão mais "presas" a qualquer sistema de coordenadas, e admitem uma formulação em termos das chamadas coordenadas generalizadas. Em muitos casos, esta flexibilidade é suficiente para resolver problemas muito complexos, qualidade que era muito apreciada quando os computadores somente estavam nos sonhos de alguns visionários. Mais ainda, a flexibilidade mencionada permitiu, pelo menos de forma inicial, construir teorias quânticas a partir delas no século XX. Há um quê de "mágico" na formulação abstrata da Mecânica, cuja validade e escopo vai além das intenções iniciais e que Newton não previu.

Maxwell, Boltzmann e Gibbs: o desenvolvimento de uma visão microscópica da matéria e o *Energeticismo* rebelde de Ostwald

A ideia precursora da futura visão microscópica de Maxwell, Boltzmann e Gibbs foi a chamada *Teoria Cinética dos Gases*. Embora havia desde Arquimedes a noção de que o movimento de partículas provocaria calor, como afirmou firmemente Francis Bacon (vide acima), não havia qualquer formulação quantitativa que mostrasse que tipo de movimento provocava calor, e como este se relacionava com a temperatura.

Em 1738 Daniel Bernoulli, em seu livro *Hydrodynamics*, construiu a primeira teoria deste tipo, supondo a existência de partículas microscópicas (moléculas) em movimento rápido como componentes de um gás. Bernoulli demonstrou que, se a velocidade das partículas fosse uniforme, o gás mantido a temperatura constante mostraria uma proporcionalidade inversa entre pressão e volume. Também concluiu que elevar a temperatura aumentaria a pressão, e que a temperatura seria proporcional ao quadrado da velocidade das partículas. Porém, seu trabalho passou despercebido porque a ideia do calórico (vide acima) dominou o interesse científico por todo o século XVIII.

Décadas depois, em 1820, John Herepath (1790 - 1868) submeteu um trabalho à *Royal Society*, onde obtinha as leis dos gases ideais conhecidas de hipóteses semelhantes, e identificou quantitativamente o movimento interno com o calor. O trabalho foi rejeitado nos piores termos. Anos depois John Waterson (1811 - 1883), também funcionário civil na Índia colonial britânica, publicou um livro da sua autoria, onde também chegou à proporcionalidade $T \propto v^2$ (onde v é a velocidade quadrada média molecular; Herepath tinha suposto que $T \propto v$) e até calculou a razão de calores específicos a pressão constante e a volume constante. Embora o trabalho foi considerado "*pure nonsense*" por um dos árbitros, foi lido em sessão da *Royal Society*, mas não obteve repercussão alguma. Somente muito mais tarde, quando J. Joule e, especialmente, August Krönig (1822 - 1879) reconheceram estes desenvolvimentos em trabalhos próprios, é que o conjunto da teoria começou a aparecer com alguma força. Em 1857-58 Rudolf Clausius deu um passo importante ao introduzir o conceito de *livre caminho médio*, embora ainda não existisse a ideia firme e quantitativa de *distribuição* das partículas.

James Clerk Maxwell e Ludwig Boltzmann

Figura 4.30. James Clerk Maxwell (esquerda) e Ludwig Bolztmann (direita).

O próprio J.C. Maxwell, em 1860, deu sequência ao desenvolvimento utilizando uma linguagem bem apropriada para o posterior avanço, discutindo as colisões entre moléculas e sugerindo um fundo probabilístico nos processos de colisão. Maxwell formulou explicitamente a *função de distribuição de velocidades* e identificou a média dessa distribuição com o valor atribuído à "velocidade uniforme" nos trabalhos anteriores. Mais ainda, demonstrou que, depois de um grande número de colisões, a distribuição de velocidades das partículas entre v e $v + dv$ é

$$N(v)dv = Av^2 exp\left(\frac{-v^2}{b}\right)dv \quad , \qquad (4.26)$$

ou a distribuição de Maxwell-Boltzmann, como é conhecida por todos os estudantes e professores de Física do mundo. Ainda em 1867 Maxwell mostrou que essa distribuição obtida para partículas livres será modificada pelas interações intermoleculares, e provou, para um caso de potencial particular, que a distribuição é *estacionária*, não muda com o tempo. Com essas ferramentas Maxwell seguiu a estudar o transporte, obtendo os coeficientes cinéticos que são aplicáveis à transferência de calor, fluxos viscosos e outros problemas vários. As bases quantitativas da Teoria Cinética dos Gases ficaram assim estabelecidas.

O trabalho de Ludwig Boltzmann (1844 - 1906) continuou a linha de Maxwell, primeiro generalizando a distribuição de equilíbrio num potencial externo, e discutindo o espaço (de fases, onde, no contexto da teoria cinética, cada ponto é uma configuração possível de posição e momento) disponível para cada molécula, e mostrando depois como recuperar o equilíbrio a partir de suposições simples.

Pouco depois, em 1872, Boltzmann aborda o problema dos sistemas *fora* do equilíbrio, utilizando a função de distribuição para estabelecer uma equação diferencial que descreve a evolução do sistema no tempo, até o estado de equilíbrio. Boltzmann postula que são as *interações* entre moléculas que trocam energia nas colisões as responsáveis da chegada ao equilíbrio, e para isto precisa construir um termo de colisão $\left.\frac{\partial f}{\partial t}\right|_{col}$ que descreva todas as possíveis colisões entre elas, já que podem acontecer com velocidades quaisquer dentro da distribuição, e em qualquer ângulo relativo, para depois da colisão as partículas se "encaixarem" de novo na distribuição f. Embora a distribuição de Maxwell-Boltzmann (Equação 4.26) seja solução estacionária da equação cinética que Boltzmann construiu, não ficava provado que a distribuição de equilíbrio era a única possível. Neste ponto é que Boltzmann introduz uma noção, originalmente intuitiva, para quantificar o grau de dispersão da distribuição de velocidades f. Esta quantidade foi chamada de *H*, definida como

$$H = \int d^3 v \times f(v,t) \times log f(v,t) \quad . \quad (4.27)$$

O logaritmo foi introduzido para levar em conta que a dispersão de duas quantidades independentes é a soma simples delas, propriedade básica dessa função. O tratamento de Boltzmann mostrou no trabalho que, se a distribuição f satisfaz sua equação cinética, então $dH/dt \leq 0$ e que esta derivada se anula somente quando f atinge a forma de equilíbrio. Este ficou conhecido como o *teorema H* de Boltzmann.

Tanto o trabalho de Maxwell como principalmente o do próprio Boltzmann foram mal recebidos por um amplo setor da Física, nos qual se encontravam Mach e Duhem. Duas críticas sérias foram colocadas, a primeira de caráter Filosófico (e pouco surpreendente) dos Positivistas: introduzir entidades invisíveis e "escondidas" como as moléculas era considerado totalmente inaceitável para este grupo, que insistia no tratamento baseado somente em observáveis. A segunda objeção era mais substancial e interessante: a visão original de Maxwell e Boltzmann era essencialmente M*ecanicista*, no tempo onde o Eletromagnetismo, a Óptica e outras disciplinas tinham mostrado que o Universo *não poderia* ser totalmente explicado com base na Mecânica somente (é curioso que Maxwell tivesse que ser lembrado disso).

A discussão tomou um viés dramático depois da publicação de Jogann Loschmidt (1821 - 1895) em 1876, quem levantou o chamado *problema da reversibilidade*. O teorema *H* de Boltzmann diz que a convergência ao equilíbrio de uma distribuição é monótona. Assim que o sistema chegou ao equilíbrio, deveria se manter assim. Mas se pensamos no microestado das moléculas, e nas leis da Mecânica que são *simétricas* no tempo, o sistema poderia evoluir desde o equilíbrio para fora dele, se todas as velocidades das moléculas fossem revertidas, coisa que as leis da Mecânica admitem perfeitamente. A quantidade *H* não é sensível à direção das velocidades, somente a sua distribuição. Assim, Loschmidt e outros concluíram que o teorema *H* é incompatível com as leis da Mecânica porque produz um resultado absurdo. Com os trabalhos posteriores de Poincaré e Zermelo esta objeção foi consolidada e requereu repensar o problema [Brown e Myrvold 2008].

Maxwell, na verdade, já tinha considerado o problema da irreversibilidade expressado pela Segunda Lei da Termodinâmica desde o ponto de vista microfísico. Era claro para ele que a passagem do calor dos corpos quentes para os frios era consequência da mistura de moléculas mais rápidas que a média com aquelas menos rápidas que a média. Para isto ele imaginou um gás em dois compartimentos separados por uma pequena porta, controlada por uma criatura imaginária que enxergasse rapidamente a velocidade de cada molécula que quer passar (o *demônio de Maxwell*), provocando assim uma violação à Segunda Lei da Termodinâmica (vide Figura 4.31).

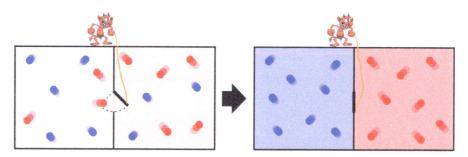

Figura 4.31. O sinistro demônio de Maxwell em ação, complicando a vida dos físicos. Cada vez que chega uma molécula de alta velocidade (vermelha), ele a deixa passar, e se a velocidade for pequena (azul), a rejeita. Depois de um tempo o gás fica separado em duas regiões, uma de baixa temperatura e outra de alta temperatura, enquanto originalmente a temperatura era a mesma. Como este processo não requer trabalho, Maxwell argumentou que a Segunda Lei tem somente uma validade *estatística*, e que poderia ser violada, como neste caso hipotético, embora depois ficou claro que a probabilidade de que isto suceda é infinitamente pequena.

Em resumo, Maxwell advoga por uma visão probabilística, não determinista, na microfísica do sistema de muitas moléculas. Com esta reinterpretação é possível contornar as consequências da reversibilidade mecânica levantadas contra a teoria. Embora o exemplo do demônio tenha sido contestado com fundamentos (argumentado que não poderia produzir violações à Segunda Lei, já que ele próprio contribui com irreversibilidade através da informação que precisa gerir, como argumentaram depois Shannon e Landauer), esta interpretação probabilística também inspirou Boltzmann a transitar este caminho.

As reações de Boltzmann ao problema da reversibilidade o impulsaram a repensar todo o esquema teórico e introduzir ideias probabilísticas que dessem sentido ao todo. A primeira coisa que emergiu, em 1877, foi um trabalho em resposta a Loschmidt, onde Boltzmann examinou as *condições iniciais* dos microestados que levam depois ao equilíbrio, e argumentou que para não ter que fazer um ajuste fino nelas, é possível recorrer à visão estatística. Boltzmann afirma que os microestados têm a mesma probabilidade, mas que o número deles próximos do equilíbrio é muitíssimo maior que o número daqueles fora do equilíbrio. Logo procede a dividir os momenta em intervalos pequenos, mantendo o número de partículas e a energia constantes, e a considerar e contar as maneiras nas quais as moléculas podem ser colocadas. Um (macro) *estado* será definido pelo número de moléculas em cada "caixa", e haverá assim uma distribuição de probabilidades para aquelas. Uma dessas distribuições terá uma probabilidade muito maior que as outras, e no limite apropriado, pode-se mostrar que essa distribuição leva à forma de Maxwell-Boltzmann (Equação 4.26). Dentro deste marco, Boltzmann interpreta a entropia de Clausius como o negativo da quantidade H, e a relaciona com a probabilidade de um (macro) estado W, e cuja forma moderna é

$$S = k_B \log W \qquad , \qquad (4.28)$$

onde k_B é uma constante de proporcionalidade que acabou levando seu nome. Esta é a relação entre a entropia da Termodinâmica e a entropia estatística que Boltzmann revelou, e que considerava seu maior feito científico. O suicídio de Boltzmann em 1906 e seu sepultamento em Viena levaram a inscrever esta relação no túmulo do cientista (Figura 4.32).

Figura 4.32. O túmulo de Ludwig Boltzmann em Viena, com a expressão da entropia que ele identificou inscrita no topo.

Josiah Willard Gibbs

Finalmente, há outro ator de peso nesta construção da agora chamada *Mecânica Estatística*: o físico norte-americano Josiah Willard Gibbs (1839-1903), que encontramos antes na criação do cálculo vetorial. O trabalho de Gibbs foi original e independente daquele que aconteceu na Europa, embora ele estivesse bem informado e trocasse ideias com seus colegas do outro lado do Atlântico, em especial com o próprio Maxwell.

Figura 4.33. Josiah Willard Gibbs.

Gibbs de fato se apoiou no trabalho de Maxwell que apresentou a ideia original de *ensemble* (conjunto) num trabalho de 1879: neste, Maxwell imagina um número infinito de sistemas que estejam em todos os microestados possíveis compatíveis com os vínculos macroscópicos, e os agrupa por regiões no espaço das fases de forma a poder lhes designar uma probabilidade. Assim que definidas as probabilidades, é possível calcular a média de qualquer quantidade física e acompanhar a dinâmica diretamente nas regiões do espaço de fases, sendo que a distribuição de equilíbrio é a que se manterá com médias *constantes* no tempo. Este procedimento, que não depende da interação entre as moléculas e tem pouca ambiguidade, viria a ser o fundamento do desenvolvimento de Gibbs.

No entanto, em 1887 Boltzmann aproveitou a abordagem de Maxwell para sugerir que as médias e a condição de estacionarieda de são simplificadas e automáticas se cumprida a chamada *hipótese de ergodicidade*: se deixarmos o sistema tempo suficiente, o "enxame" de moléculas deve passar por *todos* os pontos do espaço das fases compatíveis com uma dada energia. Posteriormente a veracidade dessa hipótese ergódica seria um dos pontos mais discutidos, embora é verdade que se for satisfeita, o equilíbrio resulta fácil de calcular e entender.

Com estes antecedentes, Gibbs publicou o *Elementary Principles in Statistical Mechanics* (Princípios Elementares em Mecânica Estatística) em 1902, o livro fundador da área moderna, onde apresentou de forma sintética e elegante sua própria visão da Mecânica Estatística. O que Gibbs fez é construir um ensemble de N_A sistemas, com $(N_A - 1)$ cópias mentais do mesmo, de tal forma que no ensemble todos os sistemas estão bem representados (isto não é difícil, já que são imaginados, não reais). A distribuição mais provável, já estudada por Boltzmann, define o número esperado de sistemas $\overline{N_A}$ no estado S, cuja energia é

$$E = \sum_i \frac{p_i^2}{2m} + V(r_i \ldots r_N) \; . \tag{4.29}$$

Note-se que não há nenhuma restrição imposta ao potencial de interação V. Os vínculos para sistemas isolados, cuja energia é constante e o número de partículas fixo são

$$E_A = \sum_S N_S E_S, N_A = \sum_S N_S \quad , \tag{4.30}$$

ou seja, o problema que já havia sido tratado por Boltzmann, e que resulta em um valor esperado já conhecido,

$$\overline{N_A} = e^{-\alpha} e^{-\beta E_S} \; . \tag{4.31}$$

Gibbs procedeu então a definir a *função de partição* $Z = \sum_S e^{-\beta E_S}$ do sistema, uma medida do volume total ocupado pelo ensemble no espaço de fases. O interessante aqui é que calcular a função de partição Z (o qual pode ser bastante difícil para sistemas reais), permite *resolver totalmente* o sistema; a entropia, por exemplo, resulta $S = -k_B(logZ + \beta U)$, com U a energia interna. Todas as demais funções são obtidas diferenciando alguma versão da *energia livre*, por exemplo, a chamada *energia livre de Helmholtz* (ou equivalentes, dependendo das condições)

$$F = U - TS = -k_B T \, logZ \; . \tag{4.32}$$

Esta abordagem está livre dos problemas que Boltzmann encontrou, vale para *qualquer* sistema (sólido, gás ou líquido), para *qualquer interação* entre partículas, e muito mais importante, também para *sistemas quânticos*, como seria demonstrado pouco depois.

O ensemble onde Gibbs trabalhou foi por ele chamado de *canônico*, se referindo à "canonicidade" da distribuição de probabilidades. No ensemble canônico o número de partículas é fixo, mas a energia flutua, já que o sistema fechado está em contato com um banho térmico por hipótese. Mas ele ainda estudou um sistema *isolado* (o microcanônico onde a energia é fixa) e outro que será fundamental no mundo quântico, um sistema *aberto* (o macrocanônico), onde tanto a energia quanto o número de partículas pode flutuar. Com o recurso das cópias mentais, Gibbs converteu as médias no *ensemble* em verdadeiras quantidades algébricas, que *não são probabilísticas*. A conexão com as variáveis termodinâmicas é assim direta, sem precisar admitir, por exemplo, que a entropia é probabilisticamente a maior no equilíbrio. É por estas razões que a abordagem de Gibbs é utilizada amplamente para problemas contemporâneos.

O trabalho de Gibbs deixa ainda espaço para críticas fundamentais e metodológicas, tais como as do breve e substancioso livro de 1912, *The Conceptual Foundation of the Statistical Approach in Mechanics (*A Fundação Conceitual da Abordagem Estatística em Mecânica*)* [Ehrenfest e Ehrenfest 2015]. Ainda assim, constituiu uma forma completa de sintetizar a disciplina que o próprio Gibbs chamou de *Mecânica Estatística*, conectando o micromundo com as propriedades termodinâmicas macroscópicas medidas, mesmo em casos como um gás de radiação, onde a Mecânica Quântica constitui o cerne do problema. Muitas disciplinas (Física do Estado Sólido, Evolução Estelar, etc.) puderam avançar graças a "trinca" Maxwell-Boltzmann-Gibbs que desenvolveu estas ideias em poucas décadas e as converteu num marco conceitual e formal para cálculo de problemas concretos [Frigg e Werndl 2023].

Ainda assim, e embora o sucesso preditivo da Mecânica Estatística seja enorme, o seu *status* na Ciência atual é bastante singular. Seus métodos são questionados até hoje, e seus principais resultados nunca foram completamente demonstrados. Levando em conta que, no nível mais fundamental, a Mecânica Estatística se apóia na Mecânica das partículas, suplementada por alguma hipóteses auxiliares na sua construção, esta disciplina foi identificada por Albert Einstein como uma teoria construtiva (em contraste com *teorias de princípio*, nas quais os fenômenos empíricos são descritos – não *explicados* –de forma direta e geral). São as hipóteses auxiliares as que fazem a maior diferença entre os dois tipos. Os Físicos pouco caso fazem desta situação, salvo aqueles que se especializam nos fundamentos disciplinares e que pretendem fundamentar de forma sólida todo o edifício construído.

Ostwald, a Energética e o Energeticismo

Depois de apresentar brevemente os problemas que apareceram e os caminhos das soluções na descrição física do mundo quando novos fenômenos e regimes foram explorados, na tentativa de conectar a microfísica com a Termodinâmica e a Física Clássica em geral, vimos que a Mecânica que tinha reinado absoluta por dois séculos como explicação da Natureza, teve sua supremacia contestada. Afinal, explicações que não recorressem à Mecânica pareciam ir ocupando um lugar cada vez maior na Física, até por uma evidente necessidade.

No fim do Século XIX o trabalho de Maxwell, Boltzmann e Gibbs tinha mostrado como "somar" sobre os graus de liberdade elementares de um sistema de muitas partículas, para obter quantidade macroscópicas. A *Mecânica Estatística* por eles desenhada, ainda que muito geral, tinha ainda um cariz *mecânico* evidente, pelo menos até a virada probabilística. No entanto, houveram vários cientistas que pensaram em direções diferentes, não vinculadas com a Mecânica e que produziram um interessante embate científico. Vamos dedicar espaço a um destes cientistas "hereges" e suas propostas abrangentes, a *energética* e o *Energeticismo*, devidas a Wilhem Ostwald (1853-1934).

Ostwald estudou e formou-se no que hoje são a Estônia e a Letônia, publicando uma série de trabalhos importantes enquanto trabalhava no Politécnico de Riga [Schummer, 2023]. Ele conseguiu fundamentar com estes trabalhos a teoria de soluções químicas de seus alunos, Svante Arrhenius (1859 - 1927) e Jacobus van t'Hoff (1852 - 1911). Esta obra foi a causa do oferecimento para ocupar uma vaga de professor na Universidade de Leipzig (embora não foi a primeira opção da instituição). Sua chegada em 1887 permitiu que entrasse em contato com um grupo maior de colegas alemães, tanto em Leipzig quanto em Berlim e outros centros de importância. Seus trabalhos posteriores abordaram a eletroquímica, transformações da energia e catálise.

Figura 4.34. Ostwald no seu laboratório *circa* 1920.

Com o passar do tempo, Ostwald foi questionando seriamente os fundamentos da Química e a Física, e tentou convencer vários cientistas a juntar a um programa completo e abrangente de reformulação e reanálise. A pedra fundamental que ele queria colocar no centro, e da qual Ostwald ficava cada vez mais convencido, era a *energia e suas transformações*, vista por ele como princípio científico unificador. Embora a ideia que ficou registrada na História foi a de que ele fosse contra a teoria atômica, e em favor da energia, na verdade, as coisas são muito mais complicadas: Ostwald inicialmente não teve objeções sérias contra o atomismo. Anos depois passou a afirmar que a matéria estava *subordinada* à energia, ou seja, que para ele o objeto constituinte do mundo era a energia, e a matéria era dispensável. Não tinha a teoria atômica como alvo, mas antes qualquer forma de matéria em geral. Por volta de 1908 ele se viu forçado a admitir que Dalton e outros tinham demonstrado a realidade da teoria atómica, mas insistiu que esta não era incompatível com a *energética* que defendia, ou seja, a matéria teria para ele o caráter de um epifenômeno.

A visão geral do Ostwald da Química como uma Ciência que devia estar solidamente fundamentada em princípios gerais e testados, tal como ele contribuiu para estabelecer, é uma das causas pelas quais desenvolveu objeções à utilidade e proficuidade da teoria atômica, e de qualquer representação mecânica em geral. Neste quesito, ele se insere no crescente grupo de cientistas que achava o mundo mecânico materialista limitado e insuficiente, na revolta contra o Mecanicismo dominante até então.

Vejamos como é que Ostwald formulou sua ideia da energia como fundamento do mundo. Por razões de clareza chamaremos a esta postura restrita à Ciência de E*nergética* (os escritos de G. Helm tinham iniciado o interesse de Ostwald nessa direção) [Leegwater 1986], e reservaremos o nome de *Energeticismo* para um pensamento de postura muito mais ampla, desenvolvida por ele posteriormente.

A formulação de Ostwald que chamamos de Energética se sustenta em duas leis gerais. A primeira lei diz que *a energia total é constante*, que é uma forma de conservação aplicável à transferência de energia e suas transformações. Ou seja, não deixa de coincidir com a Primeira Lei da Termodinâmica. Já a sua segunda lei tentou explicar em que condições acontece transferência de energia, definindo a *intensidade* (I_i) de cada tipo de energia e um *fator de capacidade* c_i. Assim, a energia do i-ésimo tipo é simplesmente $E_i = c_i I_i$. Haverá um fluxo de energia de um lugar para outro quando dois corpos em equilíbrio individual tenham diferente conteúdo de energia . Ostwald estava convencido que a dissipação, ou gasto "irrecuperável" de energia, era produzida pela radiação (note-se que com esta definição os processos irreversíveis não podem ser tratados, daí a ideia de "culpar" a radiação, que ele acreditava que fosse a única forma que não ficava presa à matéria). Como exemplos de intensidades e capacidades mostramos alguns na Tabela 4.1.

Embora esta formulação leve a alguns resultados conhecidos (por exemplo, à equação de Clayperon-Clausius), para outros casos simples (como a expansão livre de um gás ideal) é preciso introduzir um tratamento bastante estranho, pelo qual Ostwald foi muito criticado. Porém, Ostwald não se abalou e escreveu vários trabalhos onde tentava demonstrar que a estequiometria, dinâmica de reações e outras tantas coisas podiam ser tratadas e compreendidas com as leis da Energética, enquanto as ideias de Gibbs e Boltzmann eram por ele criticadas e descartadas. Ostwald tinha plena consciência da sua afinidade ao Positivismo lógico, contra o Materialismo imperante, mas também se afastava deles para adotar uma posição mais Instrumentalista. Acreditava que a Ciência não deve pretender falar da "realidade" mas somente das relações entre o observado. A energia era neste sentido, bem adequada porque podia ser identificada como a realização de uma abstração. Ostwald se vê obrigado a aceitar que a energia corresponde ao Ser no sentido de Parmênides, já que segundo ele a Ciência só pode falar do que mede.

Tabela 4.1: Algumas capacidades e intensidades propostas por Ostwald para cada tipo de energia.

Tipo de Energia E_i	Capacidade c_i	Intensidade I_i
cinética	massa momento	(velocidade)^2 velocidade
volumétrica	volume	pressão
calor	capacidade térmica/entropia	temperatura
elétrica	corrente	potência

Enquanto Ostwald tentou embasar a Ciência nos conceitos da energia unicamente, Planck e Boltzmann mantiveram correspondência com ele e um intercâmbio salutar de opiniões. De fato, o próprio Boltzmann reservou espaço para uma apresentação de Ostwald em um importante evento que aconteceu em Lübeck em 1895. Este congresso foi um ponto de inflexão da Energética: Ostwald e seus seguidores afirmaram publicamente que podiam *deduzir* a dinâmica de Newton dos postulados da Energética, e para isso cometeram um grande erro conceitual. Isto foi suficiente para desacreditar de vez a Energética aos olhos do *establishment*, com Boltzmann e Planck na cabeça.

Porém, as coisas só pioraram neste confronto: Ostwald começou a estender sua visão da Energética para elevá-la à categoria de postura filosófica abrangente. Já em 1905 publicou uma *teoria da felicidade* que incluía uma *fórmula matemática* para ela, expressada como

$$G = (E+W)(E-W) \qquad , \qquad (4.33)$$

onde G é a felicidade do indivíduo, E é a energia aplicada pelo sujeito de forma voluntária e W a que precisa dispendiar de forma involuntária. Assim, se há muita oposição/dificuldade criada por outros ou pelas circunstâncias, a felicidade diminui pelo segundo fator à direita. Em 1909 criou (mais) uma classificação das Ciências muito reducionista que, na verdade, apoiava sua visão ampliada do papel da energia e sua importância capital, construindo uma Metafísica onde a essência de todas as coisas estava relacionada à energia.

Simultaneamente insistiu no preceito de "não desperdiçar energia", como imperativo físico e ético. Vemos que a confiança ilimitada na Ciência fez Ostwald cair numa posição extrema, convertendo a *Energética* em *Energeticismo* [Hakfoort 2014]. Ficou bem claro nos seus últimos anos que esta nova Filosofia Natural que criou estava destinada a substituir Deus pela Ciência. Para executar esta tarefa não poupou esforços, presidindo a Associação Alemã de Monistas, fundando a revista *Annalen der Naturphilosophie* e outras ações que o afastaram ainda mais do resto dos cientistas. Ainda assim, Ostwald recebeu o Prêmio Nobel de Química em 1909, não pelo Energeticismo, mas pelo seu trabalho anterior na catálise. Embora o atomismo tenha ganho o status de teoria confirmada, em alguma medida é possível reivindicar a Energética como uma possibilidade, talvez num nível mais profundo de elementaridade, especialmente depois da emergência da Mecânica Quântica, como veremos no Capítulo 5.

Comte, Mach, Duhem e a Filosofia científica na virada do século XX

Com um olhar sumário observa-se claramente nos cientistas do Século XIX uma mistura de preocupações e interesses que vão muito além da suas disciplinas específicas. Este é o caso de Ostwald que acabamos de apresentar, mas também de quase todos os contemporâneos. O mundo estava para mudar radicalmente em poucas décadas, e embora não o soubessem, os cientistas contribuíram com seu olhar objetivo e trabalho fundamental para que esse mundo mudasse conceitualmente [Russell 2001]. Como prelúdio às grandes transformações da Ciência nos começos do Século XX, gostaríamos de apresentar aqui um breve apanhado da obra dos pensadores do cabeçalho, figuras importantes para esta tarefa.

Auguste Comte

Figura 4.35. Auguste Comte

Na saga da Revolução Francesa e o Iluminismo em geral, a Europa Ocidental estava à procura de um novo modelo de organização e produção. As Ciências tinham um prestígio crescente e sua incorporação ao esquema sócio-político resultava iminente. Auguste Comte (1798-1857) foi o primeiro filósofo e pensador moderno que dedicou seus esforços a esta tarefa, e influenciou a forma com a qual as Ciências eram vistas e construídas com a definição da sua postura *positivista*. Comte declarava que as ideias e concepções humanas passam por três estados: um primeiro *teológico*, onde as explicações são essencialmente sobrenaturais e as perguntas e questões absolutas e transcendentes. O segundo estágio que chamou *metafísico* já lida com a realidade diretamente, mas em termos de abstrações como "o povo" e outras do tipo. O terceiro estágio *positivo* ou científico, deixa de lado os absolutos e lida com o observado e experimentado, através de generalizações convertidas em "leis". As Ciências segundo Comte atingem o primeiro estágio segundo uma ordem de generalidade e abstração: primeiro a Matemática, logo a Astronomia, depois a Física e assim por diante. Esta postura o levou a declarar que, por exemplo, jamais seria possível conhecer a composição dos corpos celestes (o qual foi refutado de forma direta durante sua vida). Além de ser o pioneiro na definição e escopo da Sociologia, o século XIX foi muito influenciado pelo seu pensamento (por exemplo, os criadores da bandeira do Brasil estamparam o lema "Ordem e Progresso" inspirados pelo Positivismo). Já no século XX o Positivismo foi completamente descartado e superado pelas posições que o seguiram.

Ernst Mach

Ernst Mach (1838-1916) é uma figura importante nessa transição do século XIX para o XX. Mach nasceu e viveu no Império Austro-Húngaro, lecionando em Graz, Viena e Praga. Seus interesses eram muito amplos, desde a Física de fluidos e a Mecânica até a Fisiologia humana e Filosofia e História das Ciências [Pereira 2017]. Diversas quantidades levam hoje seu nome, tal como o *número de Mach* (razão entre a velocidade de um objeto num fluido e a velocidade do som) ou as *bandas de Mach* (contraste entre vários tons de cinza que o olho detecta artificialmente). Mas sua maior influência, de longo alcance, está na Filosofia da Ciência e nas ideias de inércia e aceleração que inspiraram Albert Einstein.

Figura 4.36. Ernst Mach.

Mach adotou na sua obra uma crescente posição Empirista e Positivista: seguindo a David Hume, Mach descrê radicalmente da "realidade", para ele um conceito metafísico. E de forma coerente, declara que somente as proposições verificáveis empiricamente fazem sentido nas Ciências, as quais vê como *descritivas* e não explicativas (pode ser útil e enriquecedor reler aqui o Capítulo 1 com todos os nuances que os gregos colocaram na formulação deste problema secular).

Mach se manteve a vida toda crítico da Física estabelecida (Mecânica, etc.) e também da emergente. Mas, mesmo sem pretendê-lo, suas contribuições serviram de alicerce para desenvolvimentos importantes. Por exemplo, sua crítica ao espaço e tempo absolutos de Newton, baseada na concepção Positivista de impossibilidade de verificação, o fez reexaminar e reinterpretar as relações espaço-temporais em geral, com posterior impacto direto na Relatividade de Einstein. Sua ideia da inércia é surpreendente: como a massa estaria relacionada a acelerações relativas, Mach propôs que o valor dela era determinado pela distribuição de matéria em todo o espaço, em outras palavras, sem galáxias distantes e massas astronômicas, a massa de um corpo teste diminuiria, e até se anularia. Este tipo de pensamento provocou depois em Einstein a reflexão e formulação do Princípio de Equivalência, onde a gravitação e a aceleração são identificadas como entes equivalentes.

O positivismo de Mach foi um importante precursor do chamado *Positivismo Lógico* do Século XX. Nunca ficou convencido das provas da *realidade* das moléculas, geralmente creditada aos trabalhos de Einstein do movimento Browniano em 1905.

Pierre Duhem

O Físico, Filósofo e Historiador da Ciência Pierre Duhem (1861-1916) foi um importante nome da Ciência no fim do século XIX, e conseguiu reconhecimento por alguns trabalhos de porte [Leite 2018]. Como Historiador, defendeu, por exemplo, uma continuidade entre a Idade Média e o Renascimento e também negou qualquer inovação científica de porte por parte dos árabes (já mostramos brevemente estas contribuições no Capítulo 2, se formos incluir a Medicina, por exemplo, há muito mais material. Ao que parece, Duhem era opaco a estes fatos.)

Figura 4.37. Pierre Duhem.

Duhem contribuiu para algumas áreas da Física teórica, e se inscreve na linha de apoiar a Energética, ou seja, a Termodinâmica generalizada, como fundamento de toda a Física. Por isto sua postura o aproxima a Ostwald e Helm, embora nunca chegou a se estender além do domínio da Ciência. Isto houvesse sido improvável, já que Duhem era profundamente religioso.

Nos anos tardios, Duhem trabalhou e elaborou sua Filosofia da Ciência. Do ponto de vista Positivista vigente, rejeitou o Cartesianismo por forçar a consideração de uma "cosmologia metafísica" inevitavelmente, e criticou Newton pela sua metodologia que assumia a confiabilidade do processo de indução desde os dados até a generalização, o qual segundo ele era "impraticável quando as medidas se referem a quantidades complexas indiretamente determinadas". Também rejeitou o atomismo, como era de esperar, considerando-o "metafísico". Suas principais ideias que influenciaram bastante o Círculo de Viena e outros, são a inexistência de experimentos cruciais que refutem uma teoria, também chamada de *infalsiabilidade*. Duhem afirmava que todo o que podemos realmente dizer quando um experimento não confirma o que esperávamos, é que algo "deu errado", mas que é quase impossível detectar quais postulados ou elementos da teoria estão errados. Uma outra discussão cara à obra de Duhem é a da relação da teoria com os modelos e com o experimento, criticando muito a atitude dos cientistas que acabam por elevar a teoria ou o modelo à categoria de "realidade" (alegoria nossa na Figura 4.37).

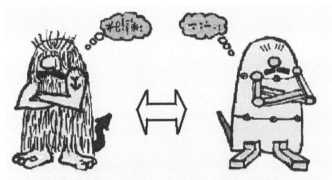

A Ciência consiste em que a Realidade e o Modelo se deem as mãos...

Figura 4.38. A sempre difícil relação entre Realidade e Modelo, com uma Teoria que paira entre eles. Duhem foi um dos que analisou este problema secular.

Duhem definiu nas suas últimas obras uma trinca de *tipologias* ou *mentalidades* científicas que chamou "alemã" (lógica pura), "francesa" (lógico-histórica) e "inglesa" (empírica). Este tipo de definição, embora o pareça, *não* se refere a nacionalidade ou geografia, mas apareceu durante a Primeira Guerra Mundial e ficou assim marcada com um carimbo de propaganda. Também foi autor de uma resenha histórica do conceito de *ímpeto* que já abordamos nos Capítulos 2 e 3.

Finalizamos por aqui as considerações a respeito do anos centrais do Século XIX, que levou à importantes progressos na Matemática, Filosofia das Ciências e Física (Termodinâmica e Eletromagnetismo entre outros temas). O que viria logo a seguir seria um período de uns 30 anos em contínua mudança e uma saga científica que ainda não acabou. O "século da Física" vem aí.

Referências ao Capítulo 4

1. H. Kochiras. *Locke's Philosophy of Science* (Stanford Encyclopedia of Philosophy, 2020). plato.stanford.edu/entries/locke-philosophy-science/

2. B. Duignan. *George Berkeley* (Encyclopaedia Britannica, UK, 2023). britannica.com/biography/George-Berkeley

3. M. Cranston e T. E. Jessop. *David Hume* (Encyclopaedia Britannica, UK, 2023). britannica.com/biography/David-Hume

4. M. Beretta. *Antoine-Laurent Lavoisier* (em *Dictionary of Scientific Biography, Vol. 4*) (Scribner, 1971)

5. E. C. Patterson. *John Dalton and the atomic theory* (Anchor, NY, 1970).

6. M. P. Crosland. *Amedeo Avogadro* (em *Dictionary of Scientific Biography, Vol. 1*) (Scribner, 1970)

7. Encyclopaedia Britannica. *Robert Brown* (Encyclopaedia Britannica, UK, 2023).

8. V. A. Bezerra. *Maxwell, a teoria do campo e a desmecanização da física* (Scientiae Studia, SP, 2006).

9. J. Evans. *Gravity in the Century of Light: The Gravitation Theory of Georges-Louis Le Sage* (American Physical Society, 2006).

10. D. Kennefick. *Traveling at the Speed of Thought: Einstein and the Quest for Gravitational Waves* (Princeton University Press, USA, 2007).

11. P.-S. de Laplace. *Mécanique céleste, Vol. 5* (Duprat, France, 1825).

12. F. H. van Lunteren. *Framing Hypotheses: Conceptions of Gravity in the 18th and 19th Centuries* (Rijksuniversiteit te Utrecht, Netherlands, 1991).

13. I. Kant, *Textos Pré-Críticos* (Editora Unesp, São Paulo, 2005).

14. R. A. Martins. *Kant e Laplace: a formação do sistema solar* (Editora Moderna,1994). ifi.unicamp.br/~ghtc/Universo/intro.html

15. F. Andreotti. *Pierre Simon Laplace* (Unicamp, Campinas, 2023).

16. P.-S. de Laplace. *Essai philosophique sur les probabilités* (Courcier, Paris, 1814).

17. R. Anderton e D. Stoiljkovich. *Roger Boscovich, The Founder of Modern Science* (Ed. Lulu, Beograd, 2014).

18. M. R. Martins, M. D. Neves e D. Gardelli. *A concepção de força de Roger Boscovich*. Ensino & Pesquisa **17**, 2 (2019).

19. R. Boscovich. *Philosophiae Naturalis Theoria Redacta ad Unicam Legem Virium in Natura Existentium* (Kaliwodiana, 1758).

20. E. T. Whittaker. *A History of the Theories of Aether and Electricity, Vol. 1* (Thomas Nelson, UK, 1951).

21. Encyclopaedia Britannica. *Peter Peregrinus of Maricourt* (Encyclopaedia Britannica, 2022).

22. S. Pumfrey e D. Tilley. *William Gilbert: forgotten genius* (PhysicsWorld, 2003).

23. A. C. Raicik e Luiz O. Q. Peduzzi. *Um Resgate Histórico e Filosófico dos Estudos de Charles du Fay*. Ensaio Pesquisa em Educação em Ciências **17**, 105 (2015).

24. I. B. Cohen. *Benjamin Franklin's Science* (Harvard University Press, USA, 1990).

25. A. Kojevnikov. *Franz Maria Ulrich Theodor Hoch Aepinus* (Encyclopaedia Britannica, 2022).

26. J. G. McEvoy. *Joseph Priestley* (Encyclopaedia Britannica, 2023)

27. C. Jungnickel e R. McCormmach. *Cavendish: The Experimental Life* (Bucknell University Press, UK, 1999).

28. Encyclopaedia Britannica. *John Michell* (Encyclopaedia Britannica, 2023).

29. J. J. O'Connor e E. F. Robertson. *Siméon Denis Poisson* (MacTutor, UK, 2002).

30. C. B. Boyer. *Pierre de Fermat* (Encyclopaedia Britannica, 2023).

31. C. McFadden. *Physics in a Nutshell: A Brief History of the Speed of Light* (Interesting Engineering, 2017).
interestingengineering.com/science/a-brief-history-of-the-speed-of-light

32. El País. *Ole Roemer, o astrônomo que determinou a velocidade da luz* (El País, Madrid, 2016).
brasil.elpais.com/brasil/2016/12/07/ciencia/1481091875_210332.html

33. A. B. Stewart. *The Discovery of Stellar Aberration* (Scientific American, USA, 1964)

34. A. I. Miller. *Albert Einstein's Special Theory of Relativity: Emergence (1905) and Early Interpretation (1905 – 1911)* (Springer, Berlin, 1997)

35. This Month in Physics History, July 1849: *Fizeau publishes results of speed of light experiment* (American Physical Society, 2010).

36. D. B. Wilson. *George Gabriel Stokes on Stellar Aberration and the Luminiferous Aether* (The British Journal for the History of Science, 1972).

37. A. McComas. *Galvani's Spark: The Story of the Nerve Impulse* (Oxford University Press, UK, 2011)

38. G. Pancaldi. *Volta: Science and Culture in the Age of Enlightenment* (Princeton University Press, USA, 2003).

39. Encyclopaedia Britannica. *Biot-Savart law* (Encyclopaedia Britannica, 2022).

40. M. I. M. Nascimento. *André-Marie Ampère* (Unicamp, 2023). histedbr.fe.unicamp.br/node/8545

41. L. P. Williams. *André-Marie Ampère* (em *Dictionary of Scientific Biography, Vol. 1*) (Scribner, 1970)

42. A. W. Hirshfeld. *The Electric Life of Michael Faraday* (Walker Books, USA, 2006)

43. W. Berkson. *Fields of Force: The Development of a World View from Faraday to Einstein* (Routledge, NY, 2015).

44. J. B. Spencer. *Boscovich's Theory and its Relation to Faraday's Researches: An Analytic Approach* (Springer, Berlin, 2016)

45. Encyclopaedia Britannica. *Wilhelm Eduard Weber* (Encyclopaedia Britannica, 2023).

46. B. Mahon. *The Man Who Changed Everything: The Life of James Clerk Maxwell* (Wiley, NY, 2004)

47. P. Duhem. *The Electric Theories of J. Clerk Maxwell: A Historical and Critical Study* (Springer, Berlin, 2015).

48. N. Forbes e B. Mahon. *Faraday, Maxwell, and the Electromagnetic Field: How Two Men Revolutionized Physics* (Prometheus Books, 2014).

49. P. M. Harman. *The Natural Philosophy of James Clerk Maxwell* (Cambridge University Press, UK, 1998).

50. M. J. Crowe. *A History of Vector Analysis: The Evolution of the Idea of a Vectorial System* (Dover, UK, 2011).

51. J. R. Goodstein. *Einstein's Italian Mathematicians: Ricci, Levi-Civita and the Birth of General Relativity* (American Mathematical Society, 2018).

52. O. Shenker. *Foundation of statistical mechanics: Mechanics by itself* (Philosophy Compass, 2017).

53. J. R. von Mayer. *Bemerkungen über die Kräfte der unbelebten Natur* (Annalen der Chemie und Pharmacie, 1842).

54. J. P. Joule. *On the Mechanical Equivalent of Heat* (Brit. Assoc. Rep., UK, 1845).

55. D. Cahan. *Helmholtz: A Life in Science* (University of Chicago Press, USA, 2018).

56. E. Mendoza. *The Life and Work of Sadi Carnot* (The British Journal for the History of Science, 1981).

57. M. Goldstein e I. F. Goldstein. *The Refrigerator and the Universe: Understanding the Laws of Energy* (Harvard University Press, USA, 1995).

58. H. R. Brown e W. Myrvold. *Boltzmann's H-theorem, its limitations, and the birth of (fully) statistical mechanics* (PhilSci-Archive, 2008).

59. P. Ehrenfest e T. Ehrenfest. *The Conceptual Foundations of the Statistical Approach in Mechanics* (Dover, UK, 2015).

60. R. Frigg e C. Werndl. *Philosophy of Statistical Mechanics* (Stanford Encyclopedia of Philosophy, 2023).

61. J. Schummer. *Wilhelm Ostwald* (Encyclopaedia Britannica, 2023).

62. H. Leegwater. *The Development of Wilhelm Ostwald's Chemical Energetics* (Centaurus, 1986).

63. C. Hakfoort. *Science deified: Wilhelm Ostwald's energeticist world-view and the history of scientism* (Annals of Science, 2014).

64. B. Russell. *História do pensamento ocidental* (Ediouro, RJ, 2001).

65. L. S. Pereira e O. F. Júnior, *As doutrinas positivistas de Auguste Comte e Ernst Mach: diferentes posturas em relação ao atomismo no século XIX* (História, Filosofia e Sociologia da Ciência no Ensino de Química, 2017).
periodicos.ufba.br/index.php/anaiseneq2012/article/view/7569

66. F. R. Leite. *Pierre Duhem: Um Filósofo do Senso Comum* (Revista de Filosofia Moderna e Contemporânea, 2018).
anpof.org/periodicos/revista-de-filosofia-moderna-e-contemporanea/leitura/594/23657

Capítulo 5

O século XX, o século da Física

Esse é o grande problema da Ciência: um bando de empiristas tentando descrever coisas maravilhosamente inimagináveis.
Anônimo

A Física na virada do século XIX

Lord Kelvin e as nuvens que resultaram em tempestades

No início do século XX, os avanços alcançados pela Ciência, em particular da Física, criaram uma ilusão paradigmática. Um dos registros mais conhecidos disso data de 1900, quando o físico irlandês William Thomson (Lord Kelvin, 1824-1907) afirmou em uma famosa conferência proferida na *Royal Society* [Passon 2021]: "agora não há nada novo por ser descoberto em Física. Tudo o que resta são medidas cada vez mais precisas" (...) e afirmou ainda que haviam apenas "duas pequenas nuvens no horizonte da Física". Ele se referia ao resultado "negativo" da experiência de Michelson-Morley que procurava o éter lumífero, e ao chamado problema da *radiação do corpo negro*.

Figura 5.1. William Thomson, Lord Kelvin, fotografado em 1906

Resultaria claro depois que, longe de ser uma obra harmônica e finalizada, a Física Clássica apresentava sérios problemas (de fato, as "nuvens" de Lord Kelvin viriam a provocar uma verdadeira tempestade...). Certos aspectos do Eletromagnetismo de Maxwell não eram compatíveis com a Mecânica de Newton. A radiação eletromagnética emitida por corpos aquecidos, como estrelas ou altos-fornos, não era bem compreendida sob a luz da Termodinâmica e do Eletromagnetismo clássicos, o que parecia indicar certa incompatibilidade entre ambos. A Termodinâmica e a Química não explicavam conjuntamente se a natureza da matéria era atômica ou não, além de não explicar satisfatoriamente quais forças agiriam nesses constituintes e de que forma a mecânica desses constituintes explicaria as propriedades térmicas e químicas dos corpos materiais. A própria natureza da força de gravitação, responsável pelo movimento dos astros, mantinha-se numa esfera misteriosa. A evolução do Universo como um todo e sua estrutura em larga escala eram enigmáticas.

O primeiro problema apresentado por Lord Kelvin se referia à detecção do éter, que era tido como um meio material que serviria de suporte à propagação das ondas eletromagnéticas (luz, por exemplo). Em 1887, os físicos norte-americanos Albert Michelson (1852-1931) e Edward Morley (1838-1923), não conseguiram comprovar, como estava inicialmente previsto, a existência do éter [UFABC 2023].

O segundo problema dizia respeito à intensidade de radiação emitida por um corpo aquecido. A física da época não conseguia explicar através de causas primeiras, como, a uma dada temperatura, a intensidade da radiação emitida dependia do valor da frequência com a qual ela era emitida. Tinha-se os espectros de "corpos negros", emissores perfeitos com temperatura fixa, por exemplo, pela radiação emitida pelos fornos das indústrias da época, mas nenhuma teoria baseada na Física conhecida permitia reproduzi-lo (de fato, os cálculos levavam às divergências na região de alta energia conhecidas como "a catástrofe do ultravioleta"). Na figura 5.2 podemos apreciar o teor da discrepância.

O século XX, o século da Física

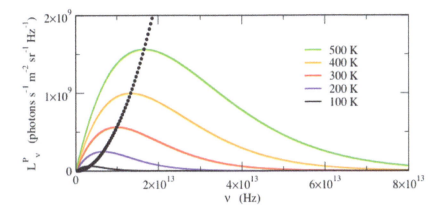

Figura 5.2. Curva da distribuição de luz emitida por um corpo negro em função da frequência da onda. Observe a discrepância entre as curvas experimentais e a curva encontrada pela teoria clássica de Rayleigh e Jeans (pontos pretos). A divergência implicaria que a quantidade total de energia emitida pelo corpo seria infinita, algo totalmente impossível.

Max Planck e o quantum

Nascido em 1858 em Kiel, na Alemanha, Max Karl Ernst Ludwig Planck pertencia a uma família da área acadêmica. Sua trajetória profissional foi marcada por suas contribuições inovadoras para a Física, especialmente no desenvolvimento da Mecânica Quântica. Seu trabalho revolucionou nossa compreensão quanto à natureza da luz, e a descoberta da quantização da energia lançou as bases para diversos conceitos da física moderna.

Max Planck em 1905

Aos 16 anos de idade Planck ingressou na Universidade de Munique onde decidiu estudar física, após já ter iniciado o curso de matemática. Planck passou dois anos na universidade de Berlim, onde foi aluno de Helmholtz e Kirchhoff, e recebeu seu título de doutor em 1879, aos 21 anos, depois de ter retornado para Munique. Antes de se mudar para Berlim, seu tutor, o físico Phillipp von Jolly, lhe aconselhou a não estudar física teórica, pois *"neste campo, quase tudo já está descoberto, e tudo o que resta é preencher alguns buracos"*, provavelmente influenciado pelas ideias de Lord Kelvin [Kelvin 1900]. Mal sabia Jolly que esses buracos eram crateras e, felizmente, Planck não lhe deu ouvidos. Seus estudos estavam inicialmente voltados para a Termodinâmica, o que lhe garantiu um grande reconhecimento graças ao seu trabalho no desenvolvimento do conceito de entropia e da contribuição dada à segunda lei da termodinâmica. Todo este prestígio lhe resultou em um cargo de professor na Universidade de Berlim após a morte de Kirchhoff. Planck era conhecido por ser detalhista e por adotar uma abordagem rigorosa para a investigação científica, sendo extremamente comprometido com o método científico, além de defender que a ciência deveria se basear em evidências empíricas e seguir uma experimentação rigorosa. Todo este rigor e comprometimento foi o que lhe garantiu conquistar uma imagem de prestígio, fazendo dele uma figura crucial para o desenvolvimento científico na Alemanha. Planck ganhou ainda diversos prêmios e honrarias devido ao seu trabalho em Termodinâmica, mas o seu trabalho no desenvolvimento da Física Quântica que lhe conferiu de vez um papel de destaque na comunidade científica.

No final do século XIX, os físicos voltaram seu interesse para a compreensão das relações entre matéria e energia. O problema da *radiação de corpo negro* se revelou um desafio ao conhecimento científico da época. Já se sabia que a radiação eletromagnética (luz) emitida por um corpo negro é proporcional à sua temperatura T elevada à quarta potência. Por exemplo, uma barra de ferro aquecida gradativamente passa de uma coloração levemente avermelhada para um vermelho intenso, tornando-se mais branca e tendendo para o azulado à medida que a temperatura aumenta.

Resultados experimentais mostravam que, para uma dada temperatura T, a distribuição das frequências de emissão ν, de um corpo negro é correspondente ao comportamento das curvas coloridas apresentadas na figura 5.2 acima, apresentando um valor máximo para uma certa temperatura. Porém, as teorias físicas vigentes, desenvolvidas por Kirchhoff, Stefan e Boltzmann, mostravam um resultado que não era condizente com os experimentos. A função de distribuição da frequência na teoria clássica é dada por

$$B(\nu, T) = \frac{8\pi\nu^2}{c^3} k_B T \tag{5.1}$$

que diverge como mostrado pela linha de pontos da Fig.5.2.

Nesse contexto, Max Planck (em 1900) estudou o problema e introduziu uma *quantização* da radiação para explicar os espectros observados, na qual a absorção e emissão da radiação poderiam acontecer somente em *pacotes discretos*, múltiplos de um valor básico. Isto, que foi de início para Planck um mero procedimento para ajustar uma forma matemática a um problema prático, constituiu a longo prazo uma das maiores revoluções no conceito da Física, culminando numa interpretação *discreta* da estrutura da matéria [Horvath 2019, UFRGS 2023]. Ironicamente, Max Planck já havia postulado uma solução para o problema, embora sua motivação inicial tenha sido bem diferente e tenha sido utilizada por ele apenas como um artifício matemático. Planck considerou que a absorção e a emissão de radiação aconteceriam de forma *discreta*, em "pacotes" sujeitos à relação

$$E = h\nu \tag{5.2}$$

esta *hipótese quântica*, favoreceu a descrição em termos de pacotes discretos ao invés do uso de expressões contínuas. Segundo esta relação, os "osciladores" que formam a superfície do corpo negro (que, classicamente, era um bom modelo para descrever as interações entre a radiação e a superfície do corpo) deveriam absorver ou emitir energia em múltiplos inteiros (n) do elemento de energia da equação (5.2) acima, $E_n = nh\nu$.

A princípio parece simples, mas este postulado rompeu com uma das ideias mais sacrossantas da Física Clássica: a de que a energia é *contínua*. Embora seus cálculos iniciais apresentassem alguns problemas, no ano seguinte Max Planck recalculou a densidade de energia total u do sistema partindo da fórmula estatística da entropia de Boltzmann, $S = -k_B \log P + cte$, distribuindo a energia entre N osciladores idênticos e integrando para obter u, com o objetivo de responder aos críticos. O resultado final para a densidade de energia foi idêntico, e ficou muito bem fundamentado [Horvath 2019]

$$u \equiv B(\nu, T) = \frac{8\pi\nu^2}{c^3} \frac{h\nu}{\exp(\frac{h\nu}{k_B T}) - 1} \tag{5.3}$$

Na equação acima, c é a velocidade da luz no vácuo (medida ~ 300.000 km/s), h é a chamada *constante de Planck* ($\sim 6,6261 \times 10^{-34}\ J\ s^{-1}$) e k_B é a constante de Boltzmann ($\sim 1,38 \times 10^{-23}\ m^2\ kg\ s^{-2}\ K^{-1}$). Observe como a constante de Planck é um número *muito* pequeno, de tal forma que nós, em nosso mundo macroscópico, não conseguimos verificar essas variações discretas na luz emitida dos corpos. Porém, na escala atômica, a energia de cada quantum é relevante (considerando a luz visível com comprimento de 5000 Å, da ordem de 2,5 *eV*), e suas variações são muito mais significativas.

A forma da eq.(5.3) é *muito* diferente da problemática expressão "clássica" anterior, $\frac{8\pi\nu^2}{c^3}k_B T$, que é divergente para grandes freqüências. Fisicamente a hipótese dos *quanta* indica que, para uma temperatura qualquer, o sistema emitirá um número substancial de *quanta* de baixa freqüência, mas a emissão de um de alta freqüência (ultravioleta) é muito menos provável. Assim, espera-se um *máximo* da densidade de energia quando os *quanta* sejam da ordem de $k_B T$ (o argumento da exponencial no denominador), e assim é como se comporta a expressão dada pela Eq. (5.3). A solução para a "catástrofe" estava assim implícita na hipótese dos *quanta*, antes mesmo de ser efetivamente calculada.

Estes resultados foram apresentados à Sociedade Alemã de Física em Dezembro de 1900. Embora tenha sido uma conquista encontrar uma solução para um problema que se estendeu por todo o final do século XIX, a mesma foi vista com incredulidade inclusive pelo próprio Planck, por violar as tão bem conhecidas e confiáveis Leis da Mecânica. Em suas próprias palavras:

> *"Tratou-se de uma hipótese puramente formal, e não refleti muito sobre ela, mas apenas sobre o fato de que, sob quaisquer circunstâncias, custasse o que custasse, um resultado positivo tinha de ser obtido".*

A quantização da energia poderia ser, a princípio, uma ideia absurda, mas era, sem dúvida alguma, um efeito que explicava a fenomenologia. Foram necessários mais cinco anos para que a teoria do quanta pudesse então começar a se tornar aceita. Em 1905, Albert Einstein, baseando-se nos trabalhos de Max Planck, conseguiu explicar o *Efeito Fotoelétrico* baseando-se na ideia do quantum de luz, ou *fóton*, seguindo o tratamento discreto da densidade de energia, que tinha sido descoberto por acaso anos antes por Heinrich Hertz (1857-1894) ao investigar a natureza eletromagnética da luz [Eisberg e Resnick 1979]. Hoje é reconhecida a contribuição de Planck para uma verdadeira revolução da física, que possibilitou o surgimento de uma teoria completamente nova: a Física Quântica. A teoria de Planck permitiu não só resolver o problema da "catástrofe do ultravioleta", mas também compreender a fundo as Leis de Kirchoff e as características fundamentais da radiação de corpo negro, que posteriormente permitiu caracterizar as estrelas. Ainda mais importante, deu início à construção de diversas áreas da Física, tais como a Teoria Quântica de Campos, a Óptica, a Informação, a Termodinâmica e a Gravitação Quântica, que continuam sendo desenvolvidas ainda hoje.

Finalmente, é significativo apontar que Planck morreu convencido de ter feito somente um truque para fazer convergir o cálculo, e talvez que a matéria absorvesse e emitisse de forma discreta, mas não que sua natureza fosse *em si própria* discreta. [https://fisica.net/mecanicaquantica/ADescobertadePlanckeosProblemasFilosoficosdaMecanicaQuantica.pdf]. Em outras palavras, Planck ficou com receio de ter aberto a caixa de Pandora. Mas a sorte estava lançada e o mundo microfísico nunca mais votou a ser o mesmo, como veremos a seguir.

A saga do quantum: Einstein, o movimento browniano e o efeito fotoelétrico

Seguramente Albert Einstein é o físico mais conhecido do mundo. Einstein nasceu em uma família judia na cidade alemã de Ulm, em 1879. Embora não fosse um aluno muito dedicado e paciente para assistir aulas, sendo até mesmo considerado como insubordinado e desleixado por seus professores, sua habilidade com as áreas exatas era inegável, possuindo um conhecimento de Física a nível universitário ainda aos 11 anos de idade, além de ter escrito seu primeiro artigo científico aos 16 anos.

Sua má fama entre os professores e as ideias consideradas "radicais" tiveram consequências. Após se formar, em 1900, Einstein passou cerca de dois anos trabalhando informalmente enquanto procurava por um emprego, visto que não conseguia cartas de recomendação. Isto só mudou quando conseguiu um emprego no escritório de patentes da Suíça graças à indicação do pai de seu amigo, o matemático Marcel Grossmann. Embora não fosse o que buscava, o seu trabalho como assistente de patentes acabou tendo um impacto fundamental em sua carreira científica. O trabalho consistia em analisar os pedidos de patente dos mais diferentes tipos de invenções, sintetizando os princípios a partir dos quais elas funcionariam. Einstein desempenhava sua função com muita facilidade e isso lhe deu tempo de sobra para poder se debruçar sobre os problemas do Universo que intrigavam sua mente, principalmente quanto à natureza da luz, realizando seus famosos experimentos mentais.

Não menos importante nesse começo do século XX foi o trabalho de Einstein para explicar o *movimento browniano*, interpretando o movimento aleatório das partículas em suspensão em um líquido, mostrado na figura 5.3, através de um efeito acumulado de transferência de energia cinética por colisão devido à dinâmica das moléculas que compunham o próprio líquido. Isto culminou nos trabalhos de Jean Perrin que pôde obter uma importante medida do Universo microscópico: o número de Avogadro [Eisberg e Resnick 1979].

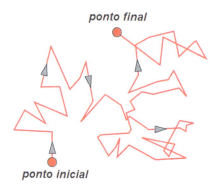

Figura 5.3. Trajetória típica de uma partícula pequena suspensa num líquido, os "pulos" do caminho são explicados estatisticamente pela colisão com as moléculas invisíveis do fluído.

Mais ainda, o trabalho de Einstein e Perrin foram os que finalmente estabeleceram a *realidade de átomos e moléculas*, tal como havia sugerido e argumentado Dalton um século antes, encerrando uma discussão de muitos séculos. Foi o primeiro sinal *direto* da presença de blocos discretos invisíveis a olho nu, seguida depois por muitos outros experimentos.

Figura 5.4. Albert Einstein, um verdadeiro pioneiro da Teoria Quântica e autor da proposta da quantização da luz. Einstein virou depois crítico feroz da forma que a Mecânica Quântica adotou, já que ele nunca renunciou a descrever uma realidade objetiva e não se conformou com as propostas de Bohr e Copenhagen. Os trabalhos no movimento browniano e a construção da Relatividade são outros feitos da maior importância a ele devidos.

O ano de 1905 ficou conhecido como o *ano miraculoso* de Albert Einstein. Ainda trabalhando no escritório de patentes, ele publicou quatro artigos em uma das revistas científicas mais reconhecidas da época na Alemanha. O primeiro dos artigos, *Sobre um ponto de vista heurístico relativo à produção e transformação da luz*, explicava o efeito fotoelétrico a partir de um conceito de *quanta* de energia. O segundo, *Sobre o movimento de pequenas partículas em suspensão dentro de líquidos em repouso, tal como exigido pela teoria cinético-molecular do calor*, explicava o movimento browniano comprovando a existência dos átomos. Outro trabalho, intitulado *Sobre a Eletrodinâmica dos Corpos em Movimento*, introduziu as ideias da relatividade restrita, que foi complementada anos depois com a teoria da Relatividade Geral. Já o último artigo, *Depende a inércia de um corpo do seu conteúdo energético?*, apresentava a equivalência de matéria e energia através de uma de suas famosas fórmulas, $E = mc^2$ (vide abaixo).

Embora seu trabalho a respeito da relatividade tenha lhe rendido dezenas de indicações ao Prêmio Nobel, o mesmo só lhe foi concedido em 1922, mas não pela descoberta que o tornou o físico mais famoso à época, e sim pelo trabalho que desvendou o Efeito Fotoelétrico. Embora esta premiação seja ainda hoje um tanto estranha e controversa, a descoberta da quantização da luz também teve um grande impacto na Ciência e foi base para a construção da Teoria Quântica, além de ter diversas aplicações atualmente.

O caminho para este trabalho de Einstein tinha começado muito antes. Em 1887, Heinrich Hertz realizou seus experimentos que conseguiram comprovar a existência das ondas eletromagnéticas propostas por Maxwell (unificando de uma vez por todas a eletricidade, magnetismo e óptica). O experimento consistia em produzir descargas elétricas entre dois eletrodos e verificar se, a partir da descarga gerada no catodo (placas emissoras), uma descarga seria gerada no anodo (placas receptoras). Hertz percebeu que o catodo produzia descargas elétricas mais intensas quando a luz ultravioleta incide sobre ele. A ideia proposta era que essa luz ejetava os elétrons da superfície metálica das placas, ionizando o ar entre elas e facilitando a descarga. Não demorou muito para que J. J. Thompson mostrasse que eram os *elétrons* as partículas emitidas pelas placas (vide abaixo), por ele indentificadas pela primeira vez.

Experimentos posteriores para investigar esse fenômeno passaram a ser projetados, como mostra a figura 5.5: placas isoladas numa câmara de vácuo e conectadas aos terminais de um gerador que fornece uma diferença de potencial contrária ao movimento dos elétrons, a fim de desacelerá-los. Assim, a corrente deve ser nula para um potencial de freamento V_0. Quando uma luz de frequência ν incide sobre uma das placas, a corrente criada é medida com a ajuda de um amperímetro.

Matematicamente, podemos entender o problema da seguinte forma: quando a luz atinge a placa, transfere aos elétrons uma certa quantidade de energia cinética K, que é a diferença entre a energia total E e a energia W, interpretada como a quantidade necessária para "arrancar" o elétron da superfície da placa (característica do material que constitui a placa). A corrente será nula quando o potencial de freamento V_0 for suficiente para que

$$K = \frac{1}{2} m_e v_m^2 = eV_0 = E - W \qquad (5.4)$$

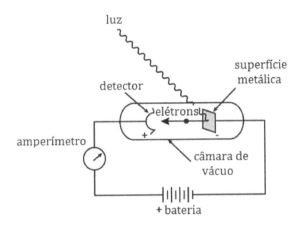

Figura 5.5. Esquema do aparato experimental para o estudo do Efeito Fotoelétrico.

sendo m_e e e a massa e carga do elétron, respectivamente, e v_m a velocidade máxima que o elétron pode adquirir (quando é perpendicular ao plano das placas). Portanto, a física clássica previa que a energia dos elétrons arrancados deveria aumentar com a intensidade da luz incidente. No entanto, os resultados obtidos eram diferentes do esperado: a corrente elétrica era diretamente proporcional à intensidade da luz, mas *não alterava* em nada o potencial V_0, que era na verdade *proporcional à frequência* ν da luz.

À época em que Einstein publicou seus trabalhos havia um consenso quanto à natureza ondulatória da luz, embora ainda houvesse dificuldade em explicar a partir do caráter ondulatório a interação da luz com a matéria. No trabalho responsável por lhe garantir o Prêmio Nobel, Albert Einstein se baseou na teoria do *quanta* desenvolvida por Max Planck, e resolveu o problema da radiação de corpo negro. A diferença é que dessa vez fez isto *inferindo* (baseando-se em resultados conhecidos da Termodinâmica e Mecânica Estatística) a quantização da energia, e não *deduzindo* esta como fizera Planck. Além disso, na introdução de seu artigo, Einstein faz uma consideração que também seria muito discutida e questionada: a escolha de considerar a luz como sendo formada tanto por *quanta de energia* (que tempos depois receberam o nome de *fótons*), quanto por uma onda

> *"De acordo com a hipótese aqui considerada, na propagação de um raio de luz emitido por uma fonte puntiforme, a energia não é continuamente distribuída sobre volumes cada vez maiores de espaço, mas consiste em um número finito de quanta de energia, localizados em pontos do espaço, que se movem sem se dividir e que podem ser absorvidos ou gerados somente como unidades integrais."*

Mesmo assim, mais adiante também comenta:

> *"A teoria ondulatória da luz (...) provou-se sobremaneira adequada na descrição de fenômenos puramente ópticos e provavelmente nunca será substituída por outra teoria."*

Dessa forma, Einstein reviveu o problema que a muito os físicos pensavam ter resolvido: seria a luz uma partícula ou uma onda? A resposta final teve que esperar mais alguns anos para ser desenvolvida.

Agora, voltando-se para o problema do Efeito Fotoelétrico e dessa vez considerando que a radiação eletromagnética consiste de *quanta* de energia, Einstein chegou ao resultado

$$\frac{1}{2} m_e v_m^2 = eV_0 = h\nu - W \tag{5.5}$$

que revela a relação existente entre a frequência de oscilação da luz e o potencial de freamento. Portanto, um gráfico do potencial V_0 em função da frequência v deveria ser *uma reta*, como mostrado na figura 5.6, com coeficiente angular independente do material das placas. Com efeito, foi essa a conclusão obtida pelos experimentos realizados pelo físico R. A. Millikan, em 1915. Como dito posteriormente pelo próprio Millikan: *"...contra todas as minhas expectativas, vi-me obrigado em 1915 a afirmar sua completa verificação experimental, embora nada tivesse de razoável, uma vez que parecia violar tudo o que conhecíamos sobre a interferência da luz"* [Eisberg e Resnick 1979].

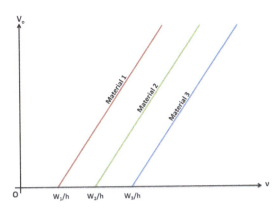

Figura 5.6. Gráfico do potencial de freamento em função da frequência de oscilação da luz. Observe que as retas são paralelas e que a diferença entre elas se dá pela energia W necessária para remover o elétron da superfície do material.

Foi apenas a partir do trabalho de Einstein, publicado em 1905, que a quantização da energia proposta por Planck deixou de ser vista exclusivamente como uma ferramenta matemática, passando a ser considerada como um fenômeno real. Como dito no próprio título do artigo (*heurístico*), Albert Einstein sabia que seus resultados não eram uma prova da existência dos fótons, mas era uma forma de interpretação que conciliava teoria e realidade.

Uma nova visão do espaço e do tempo: o Eletromagnetismo e a Teoria da Relatividade Restrita

Como é sabido, as contribuições de Einstein não pararam por aí. Como mencionamos, no mesmo ano em que publicou o trabalho a respeito do efeito fotoelétrico que le daria o Prêmio Nobel, Einstein também publicou o célebre *"Zur Elektrodynamik bewegter Körper"*, onde examinava a questão das transformações de coordenadas entre sistemas que se movimentavam e trocavam sinais com velocidade ~c, que deu origem à *Teoria da Relatividade Restrita* [Holton 1960]. Esta teoria revolucionária unia os conceitos de massa e energia, mudava os conceitos do espaço e tempo e culminaria na inter-relação destas entidades (espaço-tempo, massa-energia) para ser estendida e explicar posteriormente a natureza da gravitação e do comportamento da luz através da *Teoria Geral da Relatividade*, que abordaremos depois neste mesmo Capítulo.

A Teoria Eletromagnética de Lorentz

Hendrik Lorentz (1853 – 1928) foi um físico neerlandês e uma das figuras mais importantes da Física da virada do século XX. No final do século precedente, Lorentz trabalhou nas teorias do éter e teorias eletromagnéticas que, após o trabalho de Maxwell, agora se confundiam: o éter luminífero fora reduzido ao éter eletromagnético, e a propagação da luz devia se conformar simultaneamente às equações de Maxwell, ao coeficiente de arrasto de Fresnel e ao crescente número de restrições experimentais sobre o éter.

Hendrik Anton Lorentz

À época de Lorentz, o último grande desenvolvimento das equações de Maxwell havia sido realizado pelo físico experimental Heinrich Hertz (1857 – 1894), que reescreveu as quatro equações de Heaviside na forma conhecida como *equações de Hertz-Maxwell*, e ofereceu as provas experimentais consideradas como definitivas de sua validade. Em termos experimentais, uma nova condição se impunha sobre teorias do éter: o *experimento de Michelson-Morley*.

Com as teorias de Fresnel e Stokes liderando o debate, a atenção experimental voltou-se à tentativa de detecção do movimento relativo ao éter, ou o vento do éter, para decidir entre as duas teorias. Albert Michelson (1852 - 1931) e Edward Morley (1838 - 1923) empregaram em 1887 o que hoje chamamos de um *interferômetro de Michelson*: por meio de um sistema de espelhos, um único feixe de luz é dividido em dois, de forma que cada um se propaga ao longo de um de dois braços perpendiculares; cada um dos dois feixes perpendiculares é então feito incidir sobre o mesmo anteparo, onde padrões de interferência podem ser visualizados. O surgimento de padrões de interferência indica condições de propagação diferentes em cada braço. No experimento original, ilustrado na figura 5.7, a proposta era que um braço estivesse paralelo ao movimento da Terra, e o outro perpendicular a este. Se a teoria de Fresnel estivesse correta, existiria um *vento de éter* ao longo do braço paralelo, e a luz neste estaria viajando "contra a corrente"; como consequência, a velocidade da luz seria diferente em cada braço e surgiria um padrão de interferência. Se a teoria de Stokes estivesse correta, não haveria vento de éter algum, e não surgiria padrão de interferência.

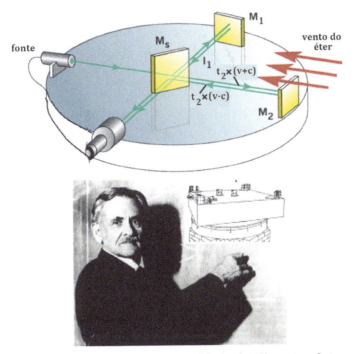

Figura 5.7. Acima: O experimento de Michelson e Morley (1887), um interferômetro de mesa que poderia detectar o vento do éter, produzido pelo movimento da Terra através deste. Os resultados nulos em todos os casos não foram compatíveis com vento algum, e Einstein foi um dos primeiros a descartar este efeito. Abaixo, Albert Michelson discutindo no quadro negro as implicações dos resultados.

Nenhum padrão de interferência foi observado, apoiando a teoria de Stokes. Lorentz já havia, entretanto, demonstrado que a teoria de Stokes era inconsistente: tratando o éter como um fluido incompressível, não existia qualquer fluxo que cumprisse as condições exigidas. O coeficiente de arrasto de

Fresnel, por outro lado, já era um resultado confirmado. Lorentz se dispôs então, em 1892, a construir uma nova teoria eletromagnética

A teoria de Lorentz se baseou, primeiro, na postulação axiomática das equações de Maxwell em uma nova forma, as *equações de Lorentz-Maxwell*; as diferenças são sutis, mas elas fazem pela primeira vez uma distinção entre *matéria* e éter, e são escritas em termos de apenas dois campos (E e B), em lugar de quatro (E e D; H e B). Em segundo lugar, a teoria de Lorentz é uma teoria de éter fixo, imóvel, tendo como importante consequência que (até Einstein o descartar), o éter assumirá o papel do espaço absoluto de Newton, com relação ao qual é possível definir movimento e repouso *absolutos*.

Lorentz derivou o coeficiente de Fresnel de sua teoria por meio de uma estratégia que veremos várias vezes: por uma mudança de referencial, transformar um problema eletrodinâmico em eletrostático, resolvê-lo como uma equação de Poisson, e então transformar a solução de volta para o referencial original. A mudança de referencial poderia ser feita por uma simples transformação de coordenadas Galileana, do referencial original F para o referencial de repouso F',

$$\begin{aligned} x' &= x - vt \\ y' &= y \\ z' &= z \\ t' &= t \end{aligned} \qquad (5.6)$$

se o movimento ocorre com velocidade v ao longo do eixo x. Entretanto, essa transformação não preserva a forma da equação de onda; para resolver o problema, Lorentz então propôs uma *segunda* transformação, para um referencial onde o problema continua eletrostático, mas a equação de onda recupera a forma correta.

$$\begin{aligned} x'' &= \gamma x' = \gamma (x - vt) \\ y'' &= y' = y \\ z'' &= z' = z \\ t'' &= t' - \left(\frac{v}{c^2}\right)\frac{1}{\gamma^2}x' = t - \left(\frac{v}{c^2}\right)\frac{1}{\gamma^2}(x - vt) \end{aligned} \qquad (5.7)$$

onde $\gamma \equiv 1/\sqrt{1-\frac{v^2}{c^2}}$ é o chamado *fator de Lorentz*. Nesse momento, a segunda transformação não passava de uma ferramenta matemática para a solução do problema, e o referencial F'' não tinha significado físico. A equação de onda em F'', entretanto, só é consistente até primeira ordem em v/c; para um termo de segunda ordem $(v/c)^2$, ela produz uma onda cuja velocidade depende da velocidade do emissor. Até primeira ordem, ainda assim, a teoria em 1892 foi suficiente para derivar o coeficiente de Fresnel. Agora assumindo um éter fixo, Lorentz deu uma nova interpretação ao resultado: a de que o aparente arrasto se devia à interação direta entre a luz e as partículas carregadas que compunham os corpos.

O éter fixo, entretanto, ainda estava com desacordo com a não-detecção do movimento relativo ao éter pelo experimento de Michelson-Morley. Lorentz encontrou uma única maneira de conciliar sua teoria a esse resultado. Ainda em 1892, ele mostrou que, se o braço do interferômetro paralelo ao movimento da Terra sofresse uma contração por um fator de γ^{-1}, o efeito do vento do éter seria compensado e nenhum padrão de interferência surgiria. Essa proposta, feita de maneira completamente *ad hoc*, é a chamada *contração de Lorentz* ou contração de Lorentz-FitzGerald, e mostrou-se muito mais firme que suas bases. A mesma hipótese havia sido levantada por George FitzGerald (1851-1901) em 1889.

Em 1895, Lorentz publicou o *Versuch einer Theorie der electrischen und optischen Erscheinungen in bewegten Körpern* (*Tentativa de uma Teoria dos Fenômenos Elétricos e Magnéticos em Corpos em Movimento*), onde tratou de novo os problemas de 1892; no *Versuch* ele também derivou a forma moderna da força sentida por uma partícula carregada em movimento por um campo elétrico e um magnético, que hoje leva o nome de *força de Lorentz*. Ele ainda propôs um método para reduzir problemas da óptica de corpos em movimento para a óptica de corpos em repouso; este passava por um conjunto de transformações de Galileu modificadas para o referencial de repouso. Elas eram iguais às originais para as coordenadas espaciais, que tornavam-se (x_r, y_r, z_r), mas definiram o *tempo local*

$$t_L = t - \frac{v}{c^2} x_r \tag{5.8}$$

a partir do *tempo universal t*, no referencial original, e x_r. O tempo local também foi encarado principalmente como uma ferramenta. Por este método, Lorentz derivou o *teorema de estados correspondentes*: no espaço livre de cargas, a todo estado do sistema caracterizado por campos E e B como função de *(x, y, z, t)* correspondem campos E_r e B_r, funções de (x_r, y_r, z_r, t_L). Em outras palavras, *as equações eletromagnéticas são as mesmas para um observador em repouso e um em movimento uniforme, em relação ao éter fixo.*

O grande polímata Henri Poincaré (1854 - 1912) teve importância na teoria de Lorentz comparável à do próprio autor [Scribner 1964]. Poincaré foi um crítico severo da "pilha de hipóteses" de Lorentz, e teve inicialmente dois grandes pontos de preocupação. Enquanto ele aceitava a hipótese do tempo local, por seu sucesso na derivação do teorema dos estados correspondentes, a contração espacial era uma hipótese *ad hoc* demais. Além disso, a teoria de Lorentz violava a terceira lei de Newton (ação-reação) e a conservação de momento, porque, sendo o éter fixo, enquanto o éter pode agir sobre a matéria, a matéria não pode agir sobre o éter. Uma de suas sugestões, em 1900, foi a de atribuir uma forma de momento *aos próprios campos*, dando mais um passo no lento processo de "transferência de realidade" do éter aos campos.

Henri Porncaré

Teorias do Elétron

Em 1900, Wilhelm Wien (1864 - 1928), que já havia gravado seu nome em sua lei do deslocamento, propôs a quebra explícita com o já caduco modelo mecanicista do mundo: a busca por uma explicação eletromagnética da mecânica, invertendo as cada vez mais complicadas tentativas de explicações mecânicas do eletromagnetismo (e.g., os vórtices de Maxwell). Tal modelo teria como conclusão natural que a massa dos corpos se originava no campo eletromagnético; essa ideia era apoiada pelo aparente crescimento da massa de cargas em movimento devido à auto-indução eletromagnética: uma carga elétrica em movimento gera um campo magnético que tende a retardar ela mesma, efeito que também pode ser descrito como um aumento de massa.

Walter Kaufmann (1871 - 1947) perseguiu tal prova experimental empregando os raios-beta de Becquerel, que já se havia determinado consistirem de elétrons viajando com velocidades acima de $0.9c$; eles, portanto, serviam como meio ideal de verificar a dependência massa-velocidade de partículas carregadas.

Em suas primeiras conclusões, de 1901, Kaufmann obteve que em torno de 1/3 da massa de um elétron "rápido" era de origem eletromagnética, ou "aparente"; o restante sendo massa "ordinária", ou mecânica. Em 1902, Max Abraham (1875 - 1922) apontaria erros em seus cálculos da massa, e, concordando com a crítica, Kaufmann concluiu que *toda* a massa do elétron era de origem eletromagnética. Abraham anunciou o nascimento da "Mecânica Eletromagnética".

Abraham expôs sua teoria eletromagnética ao longo de 1902 e 1903, assumindo as equações de Lorentz-Maxwell e um elétron esférico *rígido*. Para Abraham, um elétron deformável explodiria sob a repulsão elétrica entre suas componentes a não ser que fossem supostas forças coesivas não-eletromagnéticas adicionais, o que não era admissível no seu mundo eletromagnético. Sob condições bastante restritas, Abraham calculou a massa do elétron como função de sua velocidade que concordavam bem com os de Kaufmann na região, aparentemente validando a "mecânica eletromagnética".

Esses resultados, entretanto, apresentavam erros consideráveis, e Kaufmann entrou em um ciclo de publicações em que cada uma buscava corrigir e melhorar a precisão da anterior. Ainda assim, Abraham e Kaufmann mantiveram-se como firmes defensores do projeto do mundo eletromagnético.

A Relatividade de Poincaré e Lorentz

Possivelmente motivado pela teoria de Abraham, Lorentz iniciou suas publicações na direção da "Mecânica Eletromagnética" em 1904. Novos experimentos desafiavam, a essa altura, a hipótese da contração de Lorentz. Como possível solução, Lorentz sugeriu transferir o fenômeno da contração dos corpos macroscópicos para suas partículas constituintes, os elétrons. Nascia, em oposição à teoria de Abraham do elétron rígido, a teoria de Lorentz do *elétron deformável*, onde o caráter clássico é marcadamente óbvio.

Abraham criticou seriamente a teoria por (a) exigir forças coesivas não-eletromagnéticas; e (b) não caracterizar essas forças. Em termos experimentais, até 1904, Lorentz pôde compatibilizar sua teoria com os resultados de Kaufmann, assim como os de experimentos recentes realizados por Lord Rayleigh (1842 – 1919) e DeWitt Brace (1859 – 1905); enquanto a teoria de Abraham não era compatível com os últimos. Mas o próprio Lorentz se preocupava tanto com seu acúmulo de hipóteses (contração, tempo local, elétron deformável…) quanto com as "forças coesivas" adicionais exigidas pelo elétron deformável, que ele considerava que deveriam ser explicadas para que sua teoria pudesse ser válida.

Poincaré tomou para si o trabalho de formalizar e simplificar a teoria de Lorentz, que, apesar de suas percebidas falhas, ele considerava como a melhor dentre aquelas existentes [Scribner 1964]. Em 1904, ele referiu-se ao teorema dos estados correspondentes como o *princípio da relatividade*, e o generalizou tendo como consequência

> "*As leis dos fenômenos físicos devem ser as mesmas para um observador estacionário e um observador carregado por um movimento uniforme de translação; tal que nós não pudemos e não podemos ter quaisquer meios de discernir se somos ou não carregados por um tal movimento*",

que tem como consequência a *impossibilidade de detectar movimento relativo ao éter fixo*. Esse já era um fato experimental até ordem $(v/c)^2$; Poincaré o generalizou para ordem arbitrária (note-se a ressonância das ideias de Galileu…).

Em junho de 1905, em uma versão curta, e depois em 1906, em uma versão longa, Poincaré publicou o *Sur la dynamique de l'électron* (*Sobre a dinâmica do elétron*), onde expôs problemas no cálculo da massa do elétron de Lorentz. Nesse trabalho, Poincaré afirmou seu Princípio da Relatividade e se propôs a caracterizar as forças coesivas do elétron. Para tal, começou corrigindo e simplificando a teoria de Lorentz. Como vimos, o método de Lorentz havia em geral envolvido uma transformação Galileana para o referencial de repouso das fontes, seguida de uma transformação que recuperasse a forma da equação de onda. Poincaré descartou o passo intermediário, e chamou de *transformações de Lorentz* o mapeamento que vai do referencial inicial para um referencial de repouso que mantém a forma das equações de Maxwell; as transformações mantêm até hoje esse nome e a forma

$$x' = \gamma (x - vt)$$
$$y' = y$$
$$z' = z$$
$$t' = \gamma \left(t - \frac{vx}{c^2}\right)$$

(5.9)

onde o movimento ocorre com velocidade v ao longo do eixo x como anteriormente. Poincaré ainda escreveu uma versão das transformações incluindo um parâmetro l, tal que *l=1* correspondia à teoria do elétron de Lorentz, e outros valores a outras teorias, como a de Abraham; então, demonstrou na versão de 1906 que apenas o caso *l=1* preservava a forma das equações de movimento do elétron– nos termos de Poincaré, elas são *covariantes de Lorentz*, assim como as equações de Maxwell. Tendo demonstrado que só a teoria de Lorentz respeitava o Princípio da Relatividade, Poincaré completou as transformações estendendo-as aos campos, velocidades e densidades de carga.

O *princípio da covariância* é um dos elementos mais importantes das teorias da Relatividade, para além de Poincaré, e é fundamentado na ideia intuitiva de que a Natureza não pode depender de coordenadas. Em outras palavras, a Natureza existe antes de que um observador defina, por exemplo, três eixos cartesianos; estes servem simplesmente para a realização de medidas e são completamente arbitrários. Consequentemente, qualquer verdadeira lei física não deve ter sua forma alterada pela transformação de coordenadas entre dois referenciais em movimento relativo; ou, no sentido empregado por Poincaré, a transformação *correta* preserva a força das leis físicas. Poincaré julgou que as leis da Dinâmica eram fundamentais o suficiente para serem usadas para determinar a transformação correta – a de Lorentz eq.(5.9).

Ao mesmo tempo em que o projeto do mundo eletromagnético desafiava e procurava subjugar o secular projeto do mundo mecânico, Planck, como

Lorentz com sua contração, fez em 1900-1901 sua própria hipótese *ad hoc* já descrita acima: a suposição de que elétrons oscilantes em um cavidade de corpo negro somente trocavam energia com os campos (contínuos) em pacotes *quantizados* (discretos). Planck dedicou-se no período seguinte a procurar reconciliar o sucesso da descrição quântica à Mecânica e ao Eletromagnetismo clássicos – contínuos. Assim como na "pilha de hipóteses" de Lorentz e Abraham, partia-se do princípio de que a Mecânica – apesar das inovações de, e.g., Lagrange e Hamilton, ainda Newtoniana – e o Eletromagnetismo – apesar das inovações de, e.g., Hertz e Lorentz, ainda Maxwelliana – em seus estados atuais, *estavam corretos,* e poderiam sofrer, no máximo, ajustes para compatibilizá-las com novos dados empíricos. Problemas similares surgiam nas outras duas grandes áreas da Física: na Termodinâmica, com o movimento Browniano; e na Gravitação, que até aqui havia falhado em suas tentativas de construir um modelo tão abrangente quanto o de Maxwell para o Eletromagnetismo.

A Relatividade Especial de Einstein

Em 1905, mesmo ano da publicação da versão curta do *Sur la Dynamique de l'Électron*, quando a teoria de Lorentz parecia estar prestes a compatibilizar o eletromagnetismo com o éter, três artigos foram publicados no volume 17 do *Annalen der Physik* pelo jovem Albert Einstein. Esses três trabalhos, mais um quarto publicado no volume 18, do mesmo ano, propunham uma completa inversão da abordagem seguida até ali: em lugar de assumir teorias e depois adequá-las aos dados, perguntar-se primeiro *qual teoria* seria necessária para explicar os dados.

O ano 1905 ficou conhecido como o seu *annus mirabilis* (ano maravilhoso ou ano milagroso, como mencionamos anteriormente), e embora os temas dos três primeiros artigos (que especificaremos logo) pareçam a princípio completamente distintos, todos eles partem da perspectiva fundamental de Einstein sobre os problemas da Física do começo do século XX: que estes constituíam não um sinal de *incompleteza* das teorias presentes, que precisavam serem *completadas*; mas sim de uma *inadequabilidade* dessas teorias, o que exigia a elaboração de uma *nova teoria*. Em seus termos, o que era necessário era uma teoria "baseada em princípios afirmando a forma que leis físicas devem tomar para proibir certos fenômenos"; ou uma *teoria de princípio*, como a Termodinâmica, formulada para, parafraseando Einstein, "proibir a existência de movimento perpétuo".

Einstein via criticamente tanto o projeto do mundo Eletromagnético quanto o do mundo Mecânico. Enquanto os problemas do mundo Mecânico vêm desde a gravitação Newtoniana, os do mundo Eletromagnético estavam muito vinculaos aos problemas da incipiente Física Quântica, e nos trás ao primeiro dos artigos do *annus mirabilis*, que atacou o problema da distribuição de corpo negro que tinha sido abordado e resolvido por Max Planck como vimos antes. Einstein foi além da quantização somente na troca de energia, e propôs que *a própria luz* consiste de pacotes quantizados (*quanta*), e com isso também explicou com sucesso o Efeito Fotoelétrico [Eisberg e Resnick 1979]. A solução de Planck para Einstein oferecia um novo problema, implicando que a luz se comportava como uma *onda*, mas trocava energia com elétrons oscilantes como uma *partícula*; sua sugestão ia no sentido de uma *nova* teoria, a qual fosse quantizada por princípio e contivesse esse comportamento de forma natural.

Einstein voltou-se para a Termodinâmica no segundo artigo, onde empregou a Mecânica Estatística com sucesso para tratar o movimento Browniano, assumindo a existência de átomos, de maneira que a Termodinâmica "pura" havia até então falhado em fazer: os "energeticistas", seguindo Ostwald, se opunham a qualquer fundação mecânica, em particular atomística, para a Termodinâmica, a qual viam como mais fundamental.

No terceiro artigo, seu propósito foi escapar do paradigma dos "projetos de mundo" quaisquer que fossem e, em lugar de tentar reduzir as teorias umas às outras, propor uma nova teoria de princípio que se aplicasse simultaneamente à Mecânica, ao Eletromagnetismo e à Termodinâmica. Essa teoria, foi disposta no simplesmente intitulado *Zur Elektrodynamik bewegter Körper* (*Sobre a Eletrodinâmica dos Corpos em Movimento*), chamado popularmente de *o artigo da Relatividade* [Miller 1981].

Einstein abre o trabalho com um problema que, após tanto foco nos problemas do éter, parece estranho: o da indução eletromagnética. Aqui, é exposta uma assimetria da lei da indução de Faraday "na maneira em que ela é usualmente entendida". O caso é o de um circuito fechado colocado entre os dois pólos de um imã. Supondo que há um movimento relativo ao longo do eixo do imã entre este e o circuito, sabemos, pela lei da indução de Faraday, que a variação do campo magnético que cruza o circuito induzirá uma corrente elétrica nele. Do referencial do circuito, a variação do campo magnético devido ao movimento do imã induz um campo elétrico que produz a corrente. Por outro lado, do referencial do imã, não há variação do campo magnético, e a corrente é consequência da força de Lorentz magnética sobre as partículas carregadas no circuito em movimento. No primeiro caso há campo elétrico; no segundo não há. Mas essa "assimetria" não parecia "inerente aos fenômenos", fato que Einstein considerava "insuportável" [Pais 1983]

Mais tarde, Einstein atribuiria à questão da indução a formulação do primeiro postulado, o *Princípio da Relatividade* (note-se a diferença com os anteriores)

> *"As leis pelas quais os estados de sistemas físicos sofrem mudanças são independentes de se essas mudanças fazem referência a um ou outro de dois sistemas de coordenadas movendo-se um em relação ao outro em movimento translacional uniforme"*,

que podemos expressar, em outras palavras, como "as leis da Física são as mesmas em todo referencial inercial", ou, ainda, "é impossível para um observador em movimento inercial saber se está em movimento ou repouso". Nesta última forma, o princípio da relatividade nos lembra a afirmação de Poincaré, que estendeu-o para ordem arbitrária em v/c no Eletromagnetismo. Einstein deu um passo além, e aplicou o princípio a *todas as leis físicas*, sem restrição.

Ao Princípio da Relatividade se acrescenta ainda um segundo postulado que também não é novo, a *constância da velocidade da luz*: a velocidade da luz no vácuo é igual a uma constante c em todo referencial inercial e não depende do "estado de movimento do corpo emissor". Apesar de não ser novo, este foi o princípio que atraiu mais críticas, já que não haviam experimentos que o provassem além de segunda ordem em v/c, e ele violava a teoria eletromagnética de Lorentz, onde o Princípio só se aplicava a referenciais fixos no éter.

Esses são os únicos dois princípios da *Teoria da Relatividade Especial* (ou Relatividade Restrita), como seria batizada por Planck mais tarde, enquanto Einstein parece ter preferido o nome *Teoria da Invariância* posteriormente esquecido. Tomando o exemplo da Termodinâmica, Einstein procurava a teoria que garantiria que esses dois princípios fossem cumpridos; tal teoria então serviria como uma *heurística* para todas as outras: qualquer teoria física deveria ser feita compatível com a Relatividade.

Em sua formulação Princípio da Relatividade, Poincaré afirmou que é impossível detectar movimento uniforme relativo ao éter. Na sua, Einstein *nem mesmo cita o* éter. Qual o *status* do éter na teoria Einsteniana? O eletromagnetismo Maxwelliano, como discutimos, não necessita por si só do éter; só o movimento relativo entre fontes de campo importa; e o movimento em relação ao éter torna-se indetectável pelo princípio da relatividade. O éter tivera até então o papel de um referencial absoluto, mas, nas palavras de Einstein,

> "*ao conceito de repouso absoluto não correspondem quaisquer propriedades dos fenômenos, nem em Mecânica, nem em Eletrodinâmica*".

O que resta para o éter? Para Einstein, no artigo da Relatividade,

> "*A introdução de um 'éter luminífero' se provará supérflua, porque a visão a ser desenvolvida aqui nem introduzirá um 'espaço em repouso absoluto' dotado de propriedades especiais, nem associará um vetor-velocidade a um ponto do espaço vazio no qual processos eletromagnéticos ocorrem*".

Ao demonstrar e aceitar a invalidade do conceito de "repouso absoluto", o éter, que já havia falhado em adquirir apoio empírico, perde também sua necessidade teórica; ao descartá-lo, Einstein finalmente torna a teoria eletromagnética *de fato* uma teoria de campo [Pais 1983].

A Eletrodinâmica se determina nessa teoria de campo a partir das equações de Maxwell, que já haviam provado sua validade para cargas em repouso. Sendo todo repouso agora relativo, dizemos que as equações de Maxwell descrevem a eletrostática *no referencial* da fonte; por definição, *em relação* ao seu referencial, a fonte está em repouso. A Eletrodinâmica é então obtida transformando as equações do referencial da fonte para um referencial em movimento inercial *em relação* à fonte. Einstein não cunhou o nome "Teoria da Relatividade", mas é clara a razão pela qual esse tornou-se seu nome.

As transformações adequadas para tal mudança de referencial deveriam ser aquelas que cumprem os dois princípios acima definidos. Antes de tratar dessas transformações, entretanto, Einstein reavaliou as duas quantidades que seriam transformadas: espaço (comprimentos) e tempo. Em resumo, Einstein postula que a forma das equações de Maxwell é a correta e procura as transformações que preservam sua forma, que são as transformações de Lorentz descritas da eq.(5.9). É muito interessante observar que *sem* a corrente de deslocamento na equação de Ampère, as equações de Maxwell são *invariantes galileanas*, ou seja, que sem esse termo introduzido por Maxwell somado à corrente, não seria fácil nem haveria motivo sério para considerar o problema que Einstein colocou: quais são as transformações que deixam invariantes as equações de Maxwell?

Para tal, Einstein usa a ferramenta de *figuras mentais* que se tornará uma de suas abordagens características a problemas físicos. Para a definição de comprimentos espaciais, ele começa definindo referenciais inerciais como "aqueles onde a mecânica Newtoniana se aplica". Em um referencial inercial, é sempre possível medir comprimentos com barras rígidas, ou réguas, que fazem o papel de comprimento na descrição. Essa é a chave da abordagem Einsteiniana: propor procedimentos *possíveis a princípio* para construir definições não-ambíguas de quantidades físicas.

Essa abordagem encontra um caso menos simples na definição de tempo e simultaneidade. Aqui, Einstein define primeiro um termo que continuaremos a usar, *evento*: uma ocorrência com posição bem definida, medida por barras rígidas, em um instante registrado por um relógio local. O tempo local de um dado observador é simplesmente aquele indicado pelo relógio. Em seguida, Einstein preocupa-se com o caso de dois observadores fisicamente separados, cada um com seus próprios relógios, e propõe um método de sincronização dos relógios por meio da troca de raios de luz; assim, ambos podem compartilhar um tempo comum. Com o relógio como definição do tempo local, e definido um método de sincronização de eventos distantes, tem-se uma maneira de definir a ordem dos eventos e sua simultaneidade. Mas o que acontece quando os observadores estão em movimento inercial relativo? Essa foi a questão atacada por Einstein em seguida, e consiste em duas das grandes consequências da Relatividade Restrita que expomos aqui. Neste caso também, nos é proposto um *experimento mental* (*Gedanken*), em que dois observadores, O1 e O2, em movimento relativo a um observador O3, mas em repouso entre si, sincronizam seus relógios trocando sinais luminosos. O3 acompanha a sincronização e mede o tempo que as trocas levam. Einstein demonstrou que, nesse caso, se O1 e O2 observavam seus relógios sincronizados, O3 *necessariamente* os observa dessincronizados, e vice-versa. Em outras palavras, dois eventos que são simultâneos em um dado referencial (como os ponteiros dos relógios de O1 e O2 batendo meia-noite) *não* serão simultâneos em qualquer outro referencial em movimento relativo ao primeiro. Essa é a chamada *relatividade da simultaneidade*.

A relatividade da simultaneidade, junto dos postulados da Relatividade, implica no segundo efeito: se dois observadores em movimento inercial relativo trocam um sinal luminoso, como consequência de dessincronização de seus relógios (relatividade da simultaneidade), cada um deles medirá um intervalo de tempo diferente para a transmissão do sinal. Nesse caso, a constância da velocidade da luz exige que, para compensar a variação do tempo do trajeto e manter essa velocidade constante, ocorra também uma variação compensatória no *comprimento* do trajeto. Em outras palavras, a *relatividade do comprimento* é forçada pela constância da velocidade da luz.

A demonstração rigorosa desses resultados precisou finalmente da definição das transformações entre as coordenadas de F e F' que garantissem os postulados. A derivação original foi inteiramente baseada no uso de réguas rígidas e relógios, e como já indicamos antes, Einstein obteve que as transformações de coordenadas consistentes com os postulados da relatividade, são as *transformações de Lorentz*.

O que há de novo, então, em relação a Lorentz e Poincaré? Primeiro o método: Einstein as derivou de primeiros princípios, assumindo apenas os dois postulados e empregando somente suas réguas, relógios e seu experimento mental da sincronização. Enquanto nós não reproduzimos aqui a derivação, indicamos que o uso desses procedimentos "possíveis a princípio" dá um significado físico fundamental para as transformações que não existiam nas versões anteriores: um mapeamento entre as medidas experimentais com réguas e relógios de um observador parado no referencial F para um observador parado no referencial F'. O referencial F pode ser comparado ao referencial fixo do éter no modelo de Lorentz, que era considerado real; mas a contraparte de F', que é *físico* para Einstein, é o referencial que Lorentz tratava como *imaginário*.

O Princípio de Covariância na Relatividade Especial também surge a partir somente desses dois princípios: o princípio da relatividade estabelece a existência de algum conjunto de transformações sob os quais as leis físicas são invariantes; a constância da velocidade da luz é suficiente para impor que essas sejam as transformações de Lorentz.

Das transformações, empregando novamente réguas e relógios, Einstein logo demonstrou os dois resultados que já mencionamos: a relatividade do comprimento e a do tempo; e também que a contração de Lorentz, ou espacial, emerge como consequência dos postulados, sem ser independentemente proposta. Em contrapartida, agindo para manter a velocidade da luz constante, emerge da teoria também a *dilatação temporal*: para dois observadores em movimento relativo, um sempre vê o ponteiro do relógio do outro andando mais devagar que o do seu próprio

Na Parte II do artigo da Relatividade, Einstein aplicou as ferramentas desenvolvidas na Parte I para o tratamento de problemas eletrodinâmicos. Sem nos aprofundarmos nas operações, vamos mencionar que Einstein voltou à assimetria que tanto o havia perturbado, e aplicou agora seus postulados à situação do imã móvel, tendo sucesso em demonstrar a *relatividade dos campos elétrico e magnético*.

Na última seção do artigo, Einstein tratou do problema do movimento de corpos microscópicos, e em particular aquela grande questão da época, a massa do elétron e sua dependência com a velocidade. Os resultados de Einstein para a dependência massa-velocidade seriam mais tarde testados por Kaufmann em comparação com outras teorias do elétron. Mas antes da conclusão do trabalho, Einstein ainda realizou um último cálculo: o da energia cinética do elétron. Aqui, Einstein nota que velocidades $v \geq c$ não são físicas, pois o elétron adquiriria *energia infinita* quando $v = c$.

No cálculo da massa do elétron, Einstein já tinha concluído que a dependência massa-velocidade se aplica a *todos* os corpos, e não só ao elétron, porque todo corpo pode "ser feito um elétron (no nosso sentido da palavra) pela adição de uma carga elétrica *arbitrariamente pequena*" (itálico original). Aqui, novamente, Einstein estende a expressão da energia cinética para *toda partícula em movimento*. Por um cálculo simples, Einstein obteve uma expressão equivalente a

$$E = \gamma m_0 c^2 \qquad (5.10)$$

onde E é a energia total, não somente cinética, da partícula, e m_0 é a massa da partícula em seu referencial de repouso (*massa de repouso*). No referencial de repouso, a expressão se reduz a

$$E = m_0 c^2 \tag{5.11}$$

a *relação massa-energia*, possivelmente a equação mais famosa de toda a Física. Nesse artigo, Einstein não notou o significado profundo desse resultado, de que *massa e energia são equivalentes*; sua única preocupação havia sido a energia cinética. Mas Einstein não demoraria em perceber o que havia encontrado, e por essa razão o ano de 1905 conta com um quarto artigo, publicado no volume seguinte do *Annalen der Physik*. Einstein discutiu esse resultado sob o título *Ist die Trägheit eines Körpers von seinem Energieinhalt abhängig* (*Depende a inércia de um corpo em seu conteúdo energético?*), concluindo que sim, e que a equivalência se aplicava a *qualquer* tipo de energia; esta seria uma relação muito mais geral que a origem eletromagnética da massa do elétron; em particular, todo corpo que emite energia na forma de radiação perde uma massa correspondente. Até 1911, Einstein ofereceria mais derivações da relação, assim como Max Planck quando estudou o mesmo problema.

Uma riqueza enorme de resultados e interpretações podem ser derivadas da Teoria da Relatividade Especial que nós não trataremos em detalhe aqui. Os exemplos que pudemos tratar bastam para ilustrar a nova quebra de paradigma oferecida por Einstein, que é sua mais importante contribuição para a evolução da Física.

A Relatividade Especial nas mãos de Minkowski

Em 1907, o já célebre matemático Hermann Minkowski (1864 - 1909), que fora professor de Einstein em Zurique, dispôs de sua experiência matemática, em particular o conceito de invariantes (o qual Poincaré já tinha aplicado à teoria de Lorentz; lembremo-nos que as equações de Maxwell são covariantes de Lorentz), para desenvolver a Relatividade Especial.

Seu trabalho foi fundamental para a *geometrização* das transformações de Lorentz, e consequentemente da Relatividade como um todo. O éter foi substituído por um "espaço-tempo" 4-dimensional, tal que cada evento é indicado por um "vetor espaço-tempo do primeiro tipo". Enquanto na relatividade Galileana é possível determinar intervalos espaciais *dx* e temporais *dt* que são independentemente invariantes Galileanas, esse não é o caso na relatividade Einsteiniana devido à contração espacial e a dilatação temporal. Em vez disso, é possível definir um *intervalo invariante ds*

$$ds^2 = dx^2 + dy^2 + dz^2 - c^2 dt^2 \tag{5.12}$$

que é um intervalo espaço-temporal invariante de Lorentz. O elemento central da abordagem de Minkowski é a magnitude *F*, também invariante de Lorentz, de um vetor espaço-tempo qualquer,

$$F = x^2 + y^2 + z^2 - c^2 t^2 \tag{5.13}$$

na qual cada valor de *F* define uma trajetória no espaço-tempo, a qual Minkowski chamou de *linha de mundo*. O caso *F=0* resulta na trajetória de um raio de luz, ou uma *linha de mundo tipo-luz*. Linhas tipo-luz aparecem como limites de um cone inclinadas em 45º no diagrama espaço-tempo e, em cada evento *E* (um ponto (x_E, y_E, z_E, t_E) no plano equatorial da Figura 5.8) podemos definir dois *cones de luz*, cuja superfície é formada por todas as linhas tipo-luz que cruzam E, "grudados pela ponta". O cone na região $t < t_E$ é composto pelos sinais luminosos que podem chegar até E; o em $t > t_E$, pelos que podem ser emitidos de *E*. Como a velocidade da luz é uma velocidade máxima, qualquer outro sinal que cruza *E* é representado por uma linha dentro dos cones. Em outras palavras, *E* só pode influenciar eventos dentro do cone $t > t_E$, que por isso é chamado de *cone de luz futuro* (superior). Da mesma maneira, E só pode *ser* influenciado por eventos dentro do cone $t < t_E$, que é então o *cone de luz passado* (inferior, Figura 5.8)

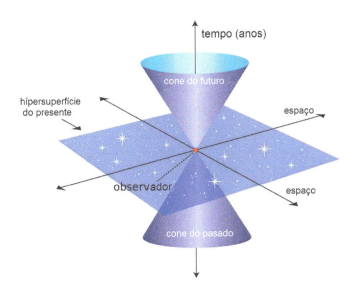

Figura 5.8. O cone de Minkowski que separa passado e futuro. O evento E esta no ponto vermelho.

E quanto à região fora dos dois cones de luz? Minkowski mostrou que sinais emitidos a partir dela só podem alcançar E, ou sinais emitidos em E só podem alcançar essa região, se tais sinais se propagam *acima* da velocidade da luz, o que é não-físico. Dizemos que elas estão *causalmente desconectadas* de E: não podem influenciá-lo nem serem influenciadas por ele. Elas são preenchidas, em vez disso, pelas coordenadas espaciais dos observadores que cruzam E; em outras palavras, enquanto o passado e o futuro de E são contidos pelos cones de luz, a região externa aos cones é preenchida pelos *planos do presente* de observadores que cruzam E. Para um dado observador O, dois eventos são simultâneos se eles estão sobre o mesmo plano do presente.

Em termos da quantidade F, aquelas linhas de mundo que podem ser normalizadas para $F=1$ estão dentro dos cones de luz, e podem representar o trajeto de observadores que cruzam E; Minkowski chamou-as de *linhas de mundo tipo-tempo*. Já aquelas que podem ser normalizadas para $F=-1$ estão fora dos cones e podem conter eventos simultâneos para algum observador; Minkowski chamou-as de *linhas de mundo tipo-espaço*.

Hermann Minkowski

Essa estrutura do espaço-tempo 4-dimensional, que ficou conhecida como *espaço de Minkowski*, seria a base, a partir de 1916, para o trabalho de Einstein após 1905. Antes de sua morte prematura em 1909, Minkowski ainda teve tempo de se envolver na acirrada discussão em torno dos experimentos de Kaufmann, que havia declarado, em 1906, ter falseado a teoria de Lorentz-Maxwell.

Os experimentos de Kaufmann, Bucherer e Neumann

Kaufmann e Planck foram os primeiros a citar o artigo da Relatividade, como reconhecido por Einstein. Enquanto Planck logo se tornou um ávido defensor, e cunhou o nome da teoria, Kaufmann encontrou que ela era desfavorecida por seus resultados em relação à de Abraham e de uma terceira teoria, onde o elétron se contraía na direção do movimento e se expandia transversalmente a ele, avançada por Alfred Bucherer (1863 – 1927) e Paul Langevin (1872 - 1946). Debate ferrenho e por vezes ácido se deu nos próximos anos, incluindo também Poincaré e Lorentz, apenas o último dos quais de fato adotou a relatividade, embora nunca tenha abandonado o éter.

Como já vimos, entretanto, Kaufmann já havia adotado um padrão de sucessivas correções a seus experimentos, que todavia nunca eliminavam de forma segura erros e desvios sistemáticos, cuja presença foi sugerida por Einstein. Em 1908, uma repetição do experimento veio nas mãos de Bucherer, que eliminou sua própria teoria e concluiu ter "elevado a validade do princípio da relatividade para além de qualquer dúvida". Um experimento seguinte por Günther Neumann (1914) reforçaria a validade da teoria de "Lorentz-Einstein", como foi inicialmente chamada. O clima após o anúncio dos resultados de Bucherer não pode ser melhor resumido que pela seguinte citação de Minkowski,

> "O elétron rígido é, em minha visão, um monstro em relação às equações de Maxwell, cuja harmonia interna é o princípio da relatividade... o elétron rígido não é hipótese de trabalho alguma, mas sim um obstáculo de trabalho."
> H. Minkowski, retirado de Miller [1981]

Enquanto a teoria sempre deve ser calcada em informação empírica, este caso serve ainda como uma recomendação de cautela contra leituras precipitadas, como é possível dizer que foi o caso com Kaufmann e Abraham. Como escreveu Einstein em 1946, a comparação entre teoria e experimento é um assunto "delicado".

E a Gravitação?

Em seu *annus mirabilis*, Einstein reavaliou os problemas da Física contemporânea, identificou (corretamente, parece seguro dizer) sua fonte, e atacou-o com grande sucesso por meio do desenvolvimento de uma nova teoria de princípio, a Relatividade (Especial), que impusesse as condições que outras teorias – em particular, a Mecânica, o Eletromagnetismo e Termodinâmica – deveriam seguir para representar dois postulados fundamentais: o princípio da relatividade, e a velocidade da luz.

Mas e quanto àquela outra grande área, a Gravitação? Einstein não se esqueceu dela – e nem haviam se esquecido os grandes nomes do Eletromagnetismo, como Poincaré, Heaviside e Abraham –. Vamos dar um passo para trás, e trazer a Gravitação de onde a deixamos, no início do século XIX, até o começo do século XX, para então relatar a grande contribuição de Einstein: a Teoria da Relatividade Geral.

Gravitação e a Relatividade Geral

A Gravitação antes de Maxwell

Durante todo o período entre Maxwell e Einstein, poderíamos dizer que a Gravitação se encontrou "correndo atrás" do desenvolvimento do restante da Física. Seu modelo fundamental era o Newtoniano, e os problemas eram os mesmos carregados desde o *Principia:* ação à distância e a propagação instantânea da interação gravitacional.

Em nosso último olhar para a Gravitação, vimos que, assim como com o Eletromagnetismo, tentativas de superar a ação à distância deram-se pela suposição da existência de partículas não diretamente percebidas, como a chuva isotrópica de Le Sage, ou mesmo um éter gravitacional, já proposto por Newton. Para o problema da propagação instantânea, já era possível, no sistema Newtoniano, avaliar o impacto de assumir uma velocidade de propagação finita, como fez Laplace em 1825. Seu resultado, entretanto, de que a velocidade da gravitação deveria ser tão maior que a da luz que seria efetivamente instantânea, desencorajou desenvolvimentos posteriores da hipótese.

Em 1853, o astrônomo John Couch Adams (1819 - 1892) publicou um trabalho onde determinou que perturbações de segunda ordem, que haviam sido ignoradas por Laplace, afetavam significativamente o resultado para a aceleração da Lua, que não mais correspondia aos dados observacionais. Dois outros nomes importantes se envolveram no problema da órbita lunar: os astrônomo franceses Urbain Le Verrier (1811 - 1877), que inicialmente rejeitou os resultados de Adams; e Charles Delaunay (1816 - 1872), que, motivado pelos resultados de Adams, recuperou a hipótese das forças de maré inicialmente formulada por Kant. A discrepância seria de fato explicada por efeitos de maré mais tarde, mas é só o primeiro dos exemplos de como discordâncias entre teoria e observações serviriam para motivar a procura por teorias alternativas da Gravitação ainda no século XIX. Desde um ponto de vista moderno poderíamos dizer que este é um exemplo da necessidade de "matéria escura", que resultou em ser finalmente um planeta, e não uma falha da Gravitação de Newton. Mas a semente que levou ao exame desta última estava plantada.

Le Verrier estaria intimamente envolvido nessas discordâncias emergentes, e é na verdade mais famoso por outro feito: a descoberta de Netuno, em 1846. Associada a essa descoberta esteve a descoberta de Urano, tipicamente atribuída a William Herschel (1738 - 1822) em 1781, o primeiro planeta além dos planetas clássicos (Mercúrio, Vênus, Marte, Júpiter, Saturno). Urano é visível a olho nu, e até então havia sido confundido com uma estrela, sendo confirmado como um planeta somente com o uso de um telescópio.

Urbain Le Verrier

Netuno não é visível a olho nu, mas o é com o telescópio, sendo também facilmente confundido com uma estrela. Sua descoberta foi a primeira feita de forma *indireta*, não por meio de sinais luminosos, mas sim por indícios *gravitacionais*. Em particular, tanto Le Verrier quanto Adams notaram perturbações na órbita de Urano que eram compatíveis com a presença de um planeta ainda mais distante do Sol. Munidos somente da gravitação Newtoniana, ambos foram capazes, independentemente, de caracterizar a órbita desse suposto planeta a partir das perturbações sobre a órbita de Urano, e de então prever onde esse planeta deveria poder ser observado em uma dada data. Le Verrier foi o primeiro a publicar seus resultados, e a primeira observação de Netuno foi realizada com base em suas previsões, e não as de Adams (como reconhecido pelo próprio), de forma que a ele é usualmente atribuída a descoberta de Netuno. A observação em si foi realizada por Johann Galle (1812 - 1910), que também atribuiu a descoberta a Le Verrier, e seu assistente, Heinrich d'Arrest (1822 - 1875), em setembro de 1846, no Observatório de Berlim.

O acordo de Galle em atribuir a descoberta a Le Verrier nos indica como o peso do método *indireto* empregado já foi entendido então: uma prova inquestionável do poder da gravitação Newtoniana, precisa o suficiente para revelar a existência de objetos que escapavam dos sentidos. Somos tentados até mesmo a traçar um paralelo entre os desenvolvimentos do eletromagnetismo naquele mesmo século, que aos poucos revelava as características do mundo microscópico, com esse exemplo da capacidade da gravitação de revelar características do mundo astronômico. No mesmo ano em que a gravitação Newtoniana ajudou a descobrir Netuno, em 1846, Faraday publicava seus *Pensamentos sobre Vibrações de Raios*, onde se perguntava se não seriam os *campos* as unidades fundamentais da matéria.

Até o final do século XIX, o posto de problema eminente da Mecânica Celeste passou da órbita lunar para a de outro astro: Mercúrio. Sendo tanto o planeta mais próximo do Sol quanto o menor de todos os planetas, observações de Mercúrio haviam sido tradicionalmente difíceis, limitando a descrição adequada de seu movimento. Le Verrier figura aqui mais uma vez, como o primeiro a produzir um modelo para a sua órbita, primeiro em 1843 e então em 1854, nove anos após a descoberta de Netuno, com observações mais precisas, quando anunciou ter encontrado uma discrepância entre os dados e o modelo Newtoniano que não poderia ser explicado por erros observacionais. Não surpreendentemente, Le Verrier tentou reproduzir seu sucesso anterior, e propôs a existência de um outro planeta, ainda mais próximo do Sol e portanto dificilmente observável, que estaria perturbando a órbita de Mercúrio; este planeta foi batizado de *Vulcano*.

Tentativas de observar Vulcano seguiram até o final do século XX, sem sucesso, ao mesmo tempo em que outras dificuldades foram demonstradas na proposta de Le Verrier, mantendo a questão em aberto. Apesar da demonstração de força que fora a descoberta de Netuno, o problema do avanço do periélio de Mercúrio começava a sugerir de novo que, mais de cinco décadas após Laplace ter pela primeira vez acreditado observar efeitos gravitacionais não-Newtonianos, tinha-se em mãos um verdadeiro sinal dos limites da gravitação Newtoniana.

A "Gravidade Eletromagnética"

Em 1865, Maxwell publicou o *A Dynamical Theory of the Electromagnetic Field*, e, em 1875, o *Treatise*. O enorme sucesso do eletromagnetismo Maxwelliano, que já cobrimos extensamente, não passou despercebido pelos teóricos da Gravitação. Não passou despercebida também, desde cedo, a forma coincidente de algumas de suas leis fundamentais: tanto a lei de Coulomb para a força elétrica, quanto a lei da Gravitação Universal para a força gravitacional, eram leis do inverso do quadrado da distância. No *A Dynamical Theory*, o próprio Maxwell comenta,

> *"Após associar à ação do meio circundante tanto as atrações e repulsões magnética quanto elétrica, e encontrado-as como dependentes no inverso do quadrado da distância, somos naturalmente levados a perguntar se a atração da gravidade, que segue a mesma lei da distância, não é também associável à ação de um meio circundante".*

O "meio circundante" aqui é o éter eletromagnético; e Maxwell se pergunta se a similaridade entre as teorias não indica que a interação gravitacional também é mediada por um tipo de éter. Maxwell havia acabado de demonstrar que interações eletromagnéticas se propagam com velocidade finita como perturbações no éter eletromagnético. Um éter gravitacional análogo resolveria simultaneamente tanto o problema da ação à distância quanto o da interação instantânea também na gravitação.

Dessa abordagem dois problemas surgem: o primeiro é que a descrição em termos mecânicos de um éter gravitacional carregaria as mesmas dificuldades que as de um éter eletromagnético; o segundo é que um tratamento análogo ao do eletromagnetismo, quando aplicado à gravitação, sugeriria a existência de fenômenos análogos mas que não dispunham de qualquer evidência empírica, como o que seria o "campo gravitomagnético", a velocidade de propagação finita ou ondas gravitacionais. Essa situação contrasta fortemente com a rica base de conhecimento prévio de fenômenos sobre a qual Maxwell construiu sua teoria.

Oliver Heaviside

Um responsável por procurar responder diretamente ao questionamento de Maxwell foi Heaviside, em 1893, em um artigo intitulado *A Gravitational and Electromagnetic Analogy* (Uma Analogia Gravitacional e Eletromagnética), onde derivou o análogo gravitacional das equações de Maxwell [Heaviside 2000a,b]. Nesse mesmo trabalho, tendo tomado a hipótese de uma velocidade finita para a propagação da gravidade, Heaviside mostrou que, mesmo com a gravitação mediada por ondas, observações continuariam a não poder distinguir esse caso do caso da propagação à distância, exceto sob uma "velocidade extraordinariamente grande da matéria pelo éter".

Mais tarde, Heaviside [2000b] ainda consideraria o campo gravitacional de um corpo em movimento, no qual perturbações propagam-se a velocidades finitas. Fazendo o cálculo para a atração do Sol sobre a Terra quando o sistema está em movimento uniforme, Heaviside concluiu, falando sobre perturbações em relação ao resultado Newtoniano, que, se essas perturbações existem e não são observáveis, então "a conclusão impressionante é de que a velocidade da gravidade pode até mesmo ser a mesma que a da luz".

Algumas das várias tentativas de estender ou modificar a gravitação Newtoniana na época foram sumarizadas por Jonathan Zenneck (1871 – 1959) em 1901, indo desde o trabalho de Laplace até o do alemão Paul Gerber (1854 - 1959), de 1898, que, assumindo a velocidade da gravidade como igual à da luz, foi capaz de calcular o valor correto para o avanço do periélio de Mercúrio, coincidindo com o valor numérico obtido mais tarde por Einstein. Essa coincidência levaria a uma controvérsia e a republicação do trabalho de Gerber em 1917, quando seria finalmente refutada por, entre outros, Max von Laue (1879-1960).

A quinta seção do *Gravitation* aborda a mecanização da gravitação por meio do éter, mencionando ideias de gradientes de pressão e correntes de éter. Ondas longitudinais no éter também foram propostas como causa da gravitação, em uma de duas formas: a primeira considera o corpo atrator como fonte de vibrações que são transmitidas pelo éter e causam a aproximação do corpo atraído ao alcançá-lo; já a segunda não atribui vibração aos corpos em si, mas explica sua atividade em termos de uma forma de blindagem ou absorção de vibrações do éter [Wittaker 1973 a,b].

No contexto do projeto de mundo eletromagnético avançado por Wien, Abraham e outros, a última seção do *Gravitation* tratou da "eletromagnetização" da gravitação, reinterpretando a lei de Newton em termos de uma teoria de campo e apontando para a quebra evidente para a analogia entre os dois fenômenos: "cargas gravitacionais" não só tem apenas um sinal, como também sempre se atraem. Maxwell abandonou sua tentativa exatamente pelas consequências desse fato: atração entre cargas de mesmo sinal exige que elas contribuam negativamente para a energia do campo, tal que a energia seja tão menor quanto menor a distância entre duas cargas de mesmo sinal (massas) e elas se atraiam; entretanto, Maxwell se preocupava com a ideia de uma "energia negativa", e a única maneira de evitar energia negativa, nesse caso, era assumir um campo de fundo com energia positiva muito alta, que seria máxima na ausência de cargas. Maxwell concluiu,

> "Como sou incapaz de entender de qual maneira um meio pode possuir tais propriedades, eu não posso ir mais longe nesta direção em procura pela causa da gravitação".

Lorentz também propôs sua própria hipótese de "gravidade eletromagnética", inspirada no modelo de Le Sage, mas substituindo os corpúsculos ultramundanos por radiação eletromagnética: os raios-X haviam sido descobertos poucos anos antes por Wilhelm Roentgen (1845 - 1923), junto de sua propriedade de atravessar certos tipos de matéria. Lorentz supôs se uma radiação ainda mais penetrante que raios-X não poderia explicar a gravitação, para a qual a matéria parecia ser completamente transparente. Se essa radiação é isotrópica, uma atração entre partículas carregadas próximas emerge quando estas são agitadas pela radiação; mas a teoria exigia que energia eletromagnética estivesse constantemente desaparecendo, e Lorentz a descartou. Zenneck conclui o *Gravitation* com,

> "Por ora, deve-se sumarizar as considerações acima como segue: todas as tentativas de conectar a gravitação com outros fenômenos de uma maneira satisfatória devem ser consideradas como mal-sucedidas ou ainda não adequadamente estabelecidas. Com isso, entretanto, tem-se, no começo do século XX, retornado à visão do século XVIII, à visão que toma a gravitação como sendo uma propriedade fundamental de toda a matéria."

A Gravitação então se encontra em uma posição similar àquela do Eletromagnetismo na mesma época, com o desenvolvimento final da teoria do éter luminífero na forma da teoria de Lorentz. Em ambos os casos, uma tentativa havia sido feita até então de estabelecer suas respectivas áreas sobre bases puramente mecânicas, na forma de teorias de éter. Em ambos os casos, as contínuas dificuldades em se caracterizar apropriadamente esse meio não-material em termos mecânicos forçavam o desenvolvimento teórico cada vez mais a alternativas que descartavam esse meio e se desfaziam de imposições mecanicistas. No caso eletromagnético, isso é bem visto pelo éter cada vez mais inacessível da teoria de Lorentz; no caso gravitacional, essa tendência é vista no comentário final de Zenneck, de que "tem-se [...] retornado à visão [...] que toma a gravitação como sendo uma propriedade fundamental de toda a matéria". A avaliação de Einstein, de que uma teoria de princípio nova era necessária, se aplicava mais uma vez.

Poincaré e Lorentz ainda tentaram, a partir de 1904, operar com a gravitação Newtoniana dentro da sua relatividade, e Poincaré concluiu que a gravidade deveria propagar-se à velocidade da luz na forma de ondas gravitacionais. Em 1905, no entanto, com a publicação da Relatividade Especial e da equivalência massa-energia por Einstein, o terreno estava preparado para o desenvolvimento da nova teoria.

O Princípio de Equivalência

O princípio da generalização da Teoria da Relatividade Especial foi simultâneo à validação experimental desta pelos experimentos de Kaufmann, Bucherer e Neumann. Em 1907, Einstein foi convidado por Johannes Stark (1874 – 1957) a escrever um artigo de revisão sobre a Teoria da Relatividade; a tentativa de incluir a gravidade no artigo (que só apareceu em uma seção curta) logo revelou os problemas intrínsecos relacionados à definição da massa, na tentativa de desenvolver uma teoria de campo gravitacional relativística. A base de uma nova teoria da gravitação deveria ser essa: o conflito entre a Relatividade Especial e o chamado princípio de Galileu, apresentado no Capítulo 3 do Vol. 1.

Em sua forma mais comum, o princípio de Galileu afirma que em campos gravitacionais todos os corpos caem com a mesma aceleração. Esse fato depende de uma relação inteiramente equivalente a essa forma do princípio:

a *igualdade massa inercial-gravitacional*, onde a massa inercial é aquela na 2ª lei de Newton, e a gravitacional aquela na lei da Gravitação Universal; insira a segunda na primeira, e as massas se anulam, levando a uma aceleração gravitacional independente de massa em queda. Esse fato que pode parecer completamente natural torna-se notável quando pensamos que no caso da lei de Coulomb, com exatamente a mesma forma, tal igualdade não existe. Se a gravidade é uma força tão comum quanto a elétrica, por qual razão ela teria essa relação tão próxima com uma das leis fundamentais do movimento?

Essa relação impactante tornou-se óbvia para Einstein quando ela foi perturbada pela equivalência massa-energia, que se aplica à *massa inercial*; nada exige que ela se estenda à massa gravitacional, a princípio. Se, na outra direção, assumirmos que o princípio de Galileu é preservado, então encontramos outro problema: o princípio afirma que a aceleração gravitacional é independente da velocidade inicial; mas a massa inercial agora depende da velocidade inicial.

A equivalência massa-energia também colocava em questão a definição das fontes do campo gravitacional: se a massa gravitacional é a massa inercial, então qualquer forma de energia deveria gerar um campo – mesmo a energia do próprio campo. Assim como no caso de um corpo extenso, há uma incompatibilidade fundamental entre uma teoria da gravitação especial-relativística e a redução de problemas ao de massas pontuais. Por essa razão, as tentativas de resolver a ação à distância entre massas pontuais, como feito por Minkowski e Poincaré, não encontraram tanto sucesso no desenvolvimento da teoria gravitacional quanto trabalhos que buscaram estender e *generalizar* a teoria da Relatividade.

Uma crítica que já havia sido levantada por Abraham e Kaufmann contra a Relatividade Especial era a de que o seu Princípio da Relatividade só se aplicava a referenciais inerciais, i.e., em movimento *não-acelerado*. Na busca das implicações do princípio de Galileu para uma generalização da relatividade, foi para referenciais *acelerados* que Einstein olhou.

O princípio de Galileu carrega uma consequência notável para referenciais acelerados. Tipicamente, a passagem para o referencial de repouso de um observador acelerado leva à percepção do que se chama *forças inerciais*, ou forças fictícias; o exemplo clássico é a força centrífuga sentida pelo passageiro de um carro quando este faz uma curva. Essa força tem origem na inércia do passageiro, sua tendência de continuar o movimento em linha reta, de onde vem o primeiro nome; e não é possível atribuir origem em uma interação física a ela, de onde vem o segundo nome. No exemplo do carro, a única origem possível seria o atrito entre passageiro e assento; mas como o carro realiza a curva, esse atrito só pode ser *para dentro* da curva, e não para fora.

Um observador em movimento acelerado é assim capaz de determinar que está acelerado graças ao surgimento de forças inerciais – a aceleração, ao contrário da velocidade, não é puramente relativa. Essas forças, é claro, só podem ser sentidas porque há aceleração *em relação a algo*.

No caso da queda livre em um campo gravitacional, entretanto, o princípio de Galileu implica que (na ausência de resistência de ar e outras forças) *não há aceleração relativa* entre os diferentes corpos em queda. A conclusão, que Einstein descreveu como "o pensamento mais feliz de minha vida" [Pais 1983], é de que *para um observador em queda livre não existe campo gravitacional* e ele "tem o direito de interpretar seu resultado como repouso". Assim como demonstrado na indução eletromagnética para o campo elétrico, a existência do campo gravitacional é *relativa*.

Crucialmente, no caso do campo elétrico, uma mudança de referencial que elimina o campo elétrico produzirá um campo magnético – há um e um campo associado real, o campo eletromagnético, que se quebra em componentes elétrica e magnética de acordo como referencial. O caso do campo gravitação é mais extremo: no referencial da queda livre, não há mais campo algum.

A conclusão fundamental é famosamente ilustrada com mais um dos experimentos mentais de Einstein. Imaginemos um observador dentro de um laboratório sem janelas ou qualquer outro meio de acessar o espaço externo, e consideremos dois casos. No primeiro, o laboratório é acelerado em uma direção que definimos como "para cima", em relação a um referencial inercial; o observador sentirá uma força dirigida para cima a partir do chão (força normal), e qualquer objeto que ele soltar no ar parecerá cair na direção do chão. No segundo caso, o laboratório está parado em relação a um referencial inercial, mas exposto a um campo gravitacional uniforme "para baixo"; nesse caso também o observador sentirá do chão uma força "para cima" (normal), e qualquer objeto solto no ar cairá na direção do chão. Em conclusão, o observador dentro do laboratório concluirá que as duas situações são iguais. "Deveríamos sorrir e dizer que ele errou?", perguntou Einstein. Não. Esse experimento, que em formulações seguintes ganhou o nome de "elevador acelerado" ou "elevador de Einstein", sugere que é impossível distinguir por experimentos entre um referencial (uniformemente) acelerado e um referencial inercial em um campo gravitacional (homogêneo). Esse é o *princípio de equivalência*, que também pode ser afirmado como a igualdade entre massas inercial e gravitacional, ou o "princípio de Galileu relativístico".

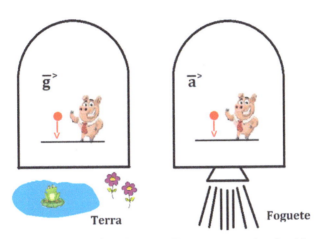

Figura 5.9. O elevador (ou foguete) de Einstein. O astrônomo no interior é incapaz de dizer se a bola vermelha cai pela atração de um campo gravitacional (esquerda) ou porque o foguete está acelerado uniformemente (direita), mostrando que gravitação e inércia são a mesma coisa, ou seja que a massa inercial e a massa gravitacional nas equações de Newton devem ser numericamente iguais.

Tal realização permitiu o estudo dos efeitos da gravidade ainda dentro da Relatividade Especial. O estudo de movimento acelerado já era possível por meio da definição de referenciais *comóveis*, que a cada instante do movimento de um objeto acelerado são iguais ao referencial inercial onde o objeto está em repouso naquele instante. A equivalência entre movimento acelerado e movimento em um campo gravitacional permitia a extensão desses métodos ao segundo caso. Com essas ferramentas, Einstein foi capaz de prever o desvio de raios de luz por campos gravitacionais (1911); e as propriedades de lentes gravitacionais (1912). Esses resultados estavam plenamente de acordo com (1) a equivalência massa-energia e (2) o princípio de Galileu: se a luz tem energia, ela se comporta como tendo massa inercial; e se a luz se comporta como tendo massa inercial, então deve ser afetada por campos gravitacionais.

O experimento do elevador destacou já em 1907 os limites da Relatividade Especial: o desvio da luz contradiz a constância da velocidade luz. Em particular, o conceito de sincronização de relógios é perdido: vimos que a relatividade da simultaneidade está associada ao fato de que dois relógios fisicamente separados que estão sincronizados em um referencial inercial não o estarão em um referencial inercial distintos. Um referencial acelerado F pode ser imaginado como uma sequência de referenciais inerciais distintos ao longo do tempo: nesse caso, relógios que estavam sincronizados em F em um instante não continuam sincronizados no próximo instante, já que o referencial inercial instantâneo muda.

Esse foi o princípio, mas o desenvolvimento de uma teoria de campo gravitacional completa condizente com o Princípio de Equivalência levaria ainda oito anos, período no qual Einstein ainda teria que adquirir as ferramentas matemáticas adequadas para tal. Em particular, o problema de como massa e energia geram um campo gravitacional e interagem com ele ainda estavam em aberto. Outras abordagens continuaram a serem desenvolvidas nesse intervalo.

Teorias Relativísticas da Gravitação

Tentativas de inserir a teoria clássica da gravitação na Relatividade Especial levaram à implicação de que a massa de uma partícula, a velocidade da luz, ou ambas deveriam ser uma função do potencial gravitacional. Ambas as rotas foram experimentadas e abandonadas por Einstein até 1907, quando o princípio de Galileu chamou sua atenção. Antes disso, entretanto, outros nomes continuariam a buscar essa conciliação.

Abraham foi um daqueles que tentou elaborar sua própria teoria da relatividade, após o descarte de seu modelo do elétron rígido. Sua teoria da gravitação adotou a sugestão de uma velocidade da luz variável, dependente do potencial gravitacional — o que de princípio, a diferencia da Relatividade de Einstein — e estendeu o formalismo de Minkowski para uma geometria 4-dimensional não-plana. A teoria de Abraham, publicada em 1912, estimulou Einstein a continuar seu trabalho em sua teoria da gravitação e, ao lado da teoria de Nordström, a seguir, foi uma de suas principais competidoras em anos iniciais.

A teoria previa também a emissão de radiação gravitacional por massas aceleradas, um fenômeno que Abraham discutiu extensivamente em uma palestra apresentada na Itália em Outubro de 1912 (publicada em 1913). Enquanto, por um lado, as ondas gravitacionais previstas por ele eram de natureza longitudinal, enquanto hoje sabemos experimentalmente que sua natureza real é transversal (Capítulo 6), por outro Abraham se atentou corretamente a uma diferença significativa entre a natureza das radiações eletromagnética e gravitacional. Enquanto o tipo de radiação eletromagnética dominante é a radiação de dipolo, a conservação de momento proíbe a emissão de radiação de dipolo gravitacional, de tal forma que o termo dominante da radiação gravitacional é o da radiação de *quadrupolo*, que tipicamente é consideravelmente mais fraca que a radiação de dipolo (vide Capítulo 6). Isso levou Abraham à conclusão de que a esperança de detectar ondas gravitacionais era "fútil" (no Capítulo 6 veremos como o "impossível" é somente "difícil" na maior parte das vezes).

Adicionalmente, em um artigo de 1912, Abraham tratou da queda livre no campo gravitacional de uma massa pontual, determinando a existência de um raio onde a velocidade da luz tornava-se nula. Assumindo que a velocidade da luz deve sempre ser maior que zero, Abraham concluiu que esse raio determinava o menor raio possível para uma estrela de dada massa, quantidade precursora do raio de Schwarzschild, que encontraremos mais tarde.

O físico finlandês Gunnar Nordström (1881-1923), por sua vez, trabalhou em uma teoria escalar que adotava a sugestão de uma dependência da massa de um corpo no potencial gravitacional, desenvolvida de maneira a manter-se dentro da estrutura da Relatividade Restrita. Em sua palestra de 1913, *On the Present State of the Problem of Gravitation* (*Sobre o Estado Presente do Problema da Gravitação*), Einstein, que sequer mencionou o trabalho de Abraham, dedicou uma parte considerável da palestra à exposição de teoria de Nordström, afirmando que ela satisfazia tudo que se requeria de uma teoria da gravitação com base no conhecimento contemporâneo. Vale notar que o próprio Einstein participou ativamente do desenvolvimento da teoria de Nordström, a um grau tal que o nome teoria de Einstein-Nordström é sugerido [Pais 1983].

Embora Nordström não tenha discutido explicitamente ondas gravitacionais, sua teoria previa precisamente ondas transversais, mas ainda assim falhava em fazer as predições corretas para alguns efeitos; dentre essas, a falha em predizer o desvio da luz por campos gravitacionais minou a viabilidade física da teoria, após a observação desse fenômeno em 1919.

A Teoria da Relatividade Geral

Não é simples traçar a história do desenvolvimento da teoria da gravitação de Einstein a partir de 1907, na qual Einstein foi guiado em parte pelo princípio de Mach e auxiliado por seu amigo de faculdade, o matemático Marcel Grossmann (1878 - 1936), que foi responsável por introduzi-lo à importância do *cálculo tensorial*, que, para além de sua utilidade operacional, está relacionada à generalização do *princípio de covariância*.

Nas teorias da Relatividade Especial e de Poincaré, este último havia tomado a forma do princípio da covariância de Lorentz: leis físicas devem manter sua forma sob as transformações de Lorentz. Entretanto, as transformações de Lorentz conectam apenas referenciais inerciais, enquanto, pelo Princípio da Equivalência, o tratamento da gravitação exige a passagem a referenciais *acelerados*, que não são tão simplesmente conectados. Como o princípio de covariância permanece aqui tão fundamental quanto sempre, era preciso uma formulação generalizada para ele.

Tensores, e equações tensoriais consequentemente, têm precisamente a propriedade de que podem ser expressos sem fazer referência a qualquer sistema de coordenadas particular. Essa é a raiz da afinidade entre o Cálculo tensorial e a Relatividade generalizada. O *princípio da covariância geral* pode então ser formulado, de uma forma simples, como: as leis físicas podem ser expressas como equações tensoriais, e resultam assim invariantes de coordenadas.

Einstein e Grossmann apresentaram seu trabalho em um artigo de 1913, *Entwurf einer verallgemeinerten Relativitätstheorie und einer Theorie der Gravitation* (*Contorno de uma Teoria da Relatividade Generalizada e de uma Teoria da Gravitação*), onde se dispõe uma versão prévia da Relatividade Geral que ficou conhecida como "teoria *Entwurf*" [Pais 1983]. No vácuo desprovido de campo gravitacional, é sempre possível definir um conjunto de coordenadas cartesianas $(x_0, x_1, x_2, x_3) \equiv (t, x, y, z)$, tal que a trajetória de uma partícula livre, composta por uma série de intervalos invariantes ds,

$$ds^2 = c^2 dx_0^2 - dx_1^2 - dx_2^2 - dx_3^2 , \qquad (5.14)$$

seja definida pela condição

$$\Delta \int ds = 0 , \qquad (5.15)$$

i.e., a trajetória da partícula é aquela para qual a integral de ds não varia sob pequenas variações do trajeto; nesse caso, o trajeto resulta uma linha reta. Essa condição é chamada de *princípio de mínima ação*, e é análoga à ideia de que o movimento segue o caminho de menor resistência. Einstein e Grossmann propuseram que, da mesma forma, na presença do campo gravitacional, existe alguma quantidade $g_{\mu\nu}$ (que pode ser representada por uma matriz de 4x4 com componentes $g_{00}, g_{01}, \ldots$) definida por

$$ds^2 = \sum_{\mu\nu} g_{\mu\nu} dx^\mu dx^\nu , \qquad (5.16)$$

tal que a condição acima é cumprida; $g_{\mu\nu}$ é a *métrica* do espaço-tempo 4-dimensional em coordenadas arbitrárias, e a trajetória de uma partícula livre na presença de um campo gravitacional é aquela cumpre a condição (5.15) acima sob a métrica; essa trajetória é chamada de *geodésica*, que é uma solução da *equação da geodésica*, derivável a partir do princípio de mínima ação.

A métrica $g_{\mu\nu}$ aqui pode ser entendida, como o nome sugere, como uma espécie de "régua" de um espaço qualquer; neste caso, o espaço-tempo 4-dimensional. Assim como o teorema de Pitágoras nos diz como calcular a distância entre dois pontos cujas coordenadas x e y são conhecidas, a métrica nos diz como calcular distâncias entre eventos no espaço-tempo. No caso da ausência de gravidade, temos a *métrica de Minkowski* que já encontramos, com

$$g_{\mu\nu} = \begin{pmatrix} -1 & \cdots & 0 \\ \vdots & \ddots & \vdots \\ 0 & \cdots & 1 \end{pmatrix} \quad , \quad (5.17)$$

definindo um espaço-tempo plano, onde vale uma espécie de "Teorema de Pitágoras espaço-temporal". A métrica é simétrica ($g_{\mu\nu} = g_{\nu\mu}$), tendo então 10, não 16, componentes independentes. Essas 10 componentes são 10 funções diferentes que substituem o potencial gravitacional único da gravitação Newtoniana.

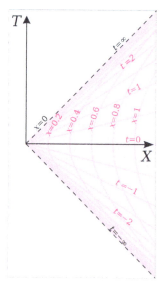

Figura 5.10. A *cunha de Rindler* (sistemas uniformemente acelerados), mostrando a distorção/curvatura dos eixos cartesianos quando existem observadores acelerados.

Essa é a diferença fundamental entre a gravitação Einsteiniana e todas as formulações anteriores. No problema do referencial acelerado, havia sido possível encontrar soluções por meio de referenciais comoveis: do ponto de vista de um observador inercial *O1*, que carrega um eixo de coordenadas cartesianas, observando um segundo observador acelerado *O2*, que carrega seu próprio sistema de eixos cartesianos, é como se o segundo girasse e distorcesse seus eixos ao longo do trajeto. Se *O1* marca a posição variante dos eixos de *O2* ao longo de seu trajeto, ele terá a impressão de que o sistema de coordenadas de *O2 se curva no espaço-tempo*. Ao notar a equivalência entre aceleração e gravitação, Einstein entendeu que poderia tratar o segundo problema da mesma maneira que o primeiro: na presença de fontes gravitacionais (massa/energia), as coordenadas *se curvam*. A métrica carrega a informação sobre essa distorção em relação ao sistema cartesiano, e diz ao observador como calcular distâncias e ângulos nesse espaço-tempo *curvo*. A gravidade é assim interpretada como um aspecto *geométrico* do Universo, e deixa de ser uma força no sentido tradicional. Contrariamente à visão popular, isto não é mandatório: é possível ver a gravitação como uma teoria de campo sem recorrer a nenhuma interpretação geométrica [Weinberg 2013].

O problema restante, então, era determinar *como* calcular a métrica definida por uma dada distribuição de massa-energia. Essa última etapa na direção de uma teoria de campo completa para a gravitação (embora o conceito tradicional de campo gravitacional seja nela perdido) alcançou sua conclusão em uma série de artigos publicados em 1915, dos quais nasceu a *teoria da Relatividade Geral*. O elemento central da teoria é o que chamamos de *equações de Einstein*; em notação tensorial, elas são escritas como uma única expressão

$$R_{\mu\nu} - \frac{1}{2} g_{\mu\nu} R = \kappa\, T_{\mu\nu} \qquad (5.18)$$

Aqui, $T_{\mu\nu}$ é o chamado *tensor estresse-energia-momento* (vide Figura 5.11), que descreve as fontes de gravidade e toma o lugar da distribuição de massa, considerada a equivalência massa-energia; $R_{\mu\nu}$ é o *tensor de curvatura de Ricci*, que, qualitativamente, expressa como os eixos cartesianos do observador acelerado/em um campo gravitacional *O2* se deformam ao longo de seu trajeto ; *R* é a chamada *curvatura escalar*, calculada a partir do tensor de Ricci, é um número que mede o quanto o espaço-tempo (rigorosamente, a métrica) se curva em um ponto; $g_{\mu\nu}$ é a métrica como antes, e k uma constante chamada *constante de Einstein*.

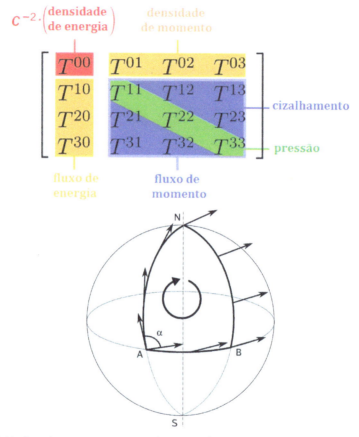

Figura 5.11. Superior: as componentes do tensor de energia-momento em um sistema de coordenadas particular. Inferior: imaginemos que, inicialmente (ponto A) temos duas cópias idênticas da mesma flecha (i.e., vetor), e então carregamos uma das flechas ao longo de um trajeto fechado (ANBA) sem alterar sua direção. De forma geral, em espaço-tempos não-planos, a flecha que carregamos não terá mais a mesma direção que sua cópia quando voltarmos ao ponto inicial (A). O tensor de curvatura de Ricci é uma forma de medir o desvio sofrido pela flecha ao longo desse caminho fechado em relação à sua cópia.

Sem entrarmos em detalhes matemáticos, basta dizer que o tensor de Ricci é definido a partir da métrica para ficar claro que, nas equações de Einstein, o lado esquerdo contém informação sobre a métrica somente, e o lado direito sobre a distribuição de massa-energia. Ou seja, dada uma distribuição de massa energia, descrita por $T_{\mu\nu}$, a equação de Einstein define as 10 componentes da métrica $g_{\mu\nu}$. Com a métrica definida, a equação da geodésica usada anteriormente permite determinar como a matéria se desloca em torno dessa distribuição; por outro lado, o deslocamento de matéria altera $T_{\mu\nu}$. Essa relação circular foi famosamente sumarizada por John Wheeler como "*a matéria diz ao espaço-tempo como se curvar, e o espaço-tempo curvo diz à matéria como se mover*" [Misner, Thorne e Wheeler 2017]. Esse é conteúdo das equações de Einstein mais a equação da geodésica, e o cerne da Relatividade Geral.

Embora é possível dar uma interpretação não geométrica para a Relatividade Geral, tratar a gravitação como a geometria dinâmica do Universo a coloca em terreno completamente distinto das outras três forças fundamentais estudadas ao longo do século XX: a eletromagnética, e as forças nucleares forte e fraca. Não sendo mais descrita em termos de interações entre partículas, está embutida na teoria uma incompatibilidade de princípio com a Mecânica Quântica, que continua a ser um dos principais problemas da Física moderna e que abordaremos adiante. A RG é uma teoria clássica, e resistiu todas as tentativas de quantização.

Devemos mencionar ainda que, quase ao mesmo tempo que Einstein, Hilbert determinou, a partir do princípio de mínima ação, as mesmas equações de campo gravitacional que Einstein. A derivação de Hilbert é um exemplo de enorme elegância matemática que bem complementa a firme fundamentação física do estilo Einsteiniano, baseado em figuras e experimentos mentais. A teoria da Relatividade Geral como um todo, entretanto, e todas as suas implicações e exigências que já discutimos, cabem a Einstein, como nunca foi contestado nem mesmo por Hilbert.

Soluções das Equações de Einstein

Encontrar as equações, no entanto, é só o primeiro passo; resolvê-las é todo um trabalho por si só. As primeiras soluções foram aproximadas: em 1916, Einstein derivou a aproximação "pós-Newtoniana", que só considera a massa relativística como fonte de gravitação; e mais tarde a *aproximação linear* das equações de campo. Essa aproximação permitiu pela primeira vez o cálculo rigoroso das ondas gravitacionais que já haviam sido encontradas por Heaviside em 1893.

A primeira solução exata veio em 1916 por Karl Schwarzschild (1873 - 1916); a solução de Schwarzschild previu um raio em torno de uma dada massa pontual que definem uma região interna e externa causalmente desconectadas; esse raio, o *raio de Schwarzschild*, e a superfície esférica, o *horizonte de eventos*, são o primeiro indício teórico moderno da existência de buracos negros. A solução exterior em si é válida acima da superfície de qualquer distribuição de massa esférica (na forma do *teorema de Birkhoff*, o velho teorema das cascas esféricas é ainda válido!), por exemplo, o Sol. Aplicada nesse caso, uma aproximação da solução de Schwarzschild permitiu calcular com grande sucesso o avanço do periélio de Mercúrio, a primeira grande demonstração de suporte empírico à Relatividade Geral [Weinberg 2013].

Mais demonstrações da validade da RG seguiram, algumas das mais famosas foram as observações de eclipses solares totais, incluindo em Sobral, Ceará, em 1919. Como Einstein já havia suposto em 1911, e a teoria de 1915 permitiu calcular, a gravidade solar deveria causar a curvatura de raios de luz que passam por perto do Sol; em particular, isso teria como consequência que, durante um eclipse solar, deveria ser possível ver em torno do eclipse a luz de estrelas localizadas atrás do Sol, em relação à Terra, resultado confirmado pelas observações.

Em 1917, Einstein indicou que suas equações não obedeciam o princípio de Mach, nome dado ao núcleo dos pensamentos de Ernst Mach sobre inércia que encontramos no Capítulo 4. Em uma de suas formulações mais comuns, o princípio afirma que a inércia de uma massa só é definida em relação a outras massas; ou, que uma massa isolada não tem inércia. No contexto da gravitação de Einstein, uma afirmação equivalente é que *não há campo/curvatura no espaço vazio*. As equações de Einstein, entretanto, admitem como solução uma métrica constante com tensor estresse-energia *nulo*. Para "corrigir" essa característica, Einstein adicionou um termo extra à equação, a *constante cosmológica* Λ, que ficou com a forma

$$R_{\mu\nu} - \frac{1}{2} g_{\mu\nu} R - \Lambda g_{\mu\nu} = \kappa\, T_{\mu\nu} \quad , \qquad (5.19)$$

para forçar que a métrica seja plana na ausência de matéria.

Na prática, essa constante cosmológica acrescenta uma "repulsão extra" às partículas a partir da origem, que se torna considerável a distâncias muito grandes.

Tal repulsão se balanceia com a atração entre as partículas para um Universo com uma distribuição uniforme de matéria, possibilitando seu equilíbrio; caso contrário, um Universo finito se expandiria ou contrairia (vimos que Newton enfrentou o mesmo problema em sua Cosmologia). Nesse trabalho, com uma constante cosmológica positiva, Einstein obteve um Universo esférico *estático* como modelo preferido, i.e., sem expansão ou contração. Esse modelo, chamado de *Universo de Einstein*, seria abandonado, e a constante cosmológica declarada nula, depois das observações de Hubble indicando um Universo em expansão. A constante cosmológica seria retomada na segunda metade do século XX para a construção de um modelo de Universo em expansão *acelerada*, como veremos mais adiante.

A solução esférica estática de Einstein foi generalizada por Alexander Friedmann (1888 - 1925) para uma solução cuja curvatura depende do tempo, admitindo um *Universo em expansão*. Enquanto o resultado original não atraiu muita atenção, ele foi rederivado por Georges Lemaître (1894 – 1966) em 1927, que provou que o Universo de Einstein é instável: ele entra em expansão, tendendo para um Universo de De Sitter; este trata-se de uma solução descoberta por Willem De Sitter (1872 – 1934) em 1917, como uma generalização da solução de Schwarzschild para $\Lambda \neq 0$ que corresponde à métrica de um espaço-tempo de curvatura constante, com uma contribuição insignificante da matéria em relação à da própria Λ.

O belga Georges Lemaître foi o primeiro a derivar a chamada *lei de Hubble*, que descreve o afastamento de galáxias devido a expansão do Universo e que discutiremos mais tarde, mas seu trabalho só ficou largamente conhecido depois da determinação da lei por Hubble, após ter chamado a atenção de Eddington em 1930 e ser traduzida por ele para o inglês. As observações de Hubble também serviram para motivar Einstein a abandonar o modelo do Universo estático e incluir a constante cosmológica nas equações — mas esta não é a última vez que a veremos.

Ainda na mesma década, Howard Robertson (1803 – 1961) e Arthur Walker (1909 – 2001) provaram que a métrica obtida por Lemaître é a única possível para um espaço-tempo espacialmente homogêneo e isotrópico.

Dadas todas essas contribuições, a métrica é hoje alternativamente chamada de métrica de Friedmann-Lemaître-Robertson-Walker (FLRW) ou por um subconjunto desses nomes. A métrica FLRW é parte do modelo padrão da cosmologia moderna (vide a seguir).

Ondas Gravitacionais na Relatividade Geral

Até aqui, quando mencionadas, ondas gravitacionais tratavam-se de vibrações de um éter, assim como ondas eletromagnéticas haviam sido antes da Relatividade. Com a dispensa do éter, ondas eletromagnéticas podem ser tratadas simplesmente como perturbações que se propagam sobre os campos elétrico e magnético. No caso gravitacional, não temos um campo gravitacional análogo definido, e tudo aquilo que percebemos como gravidade torna-se a geometria do espaço-tempo descrita pela métrica. Ondas gravitacionais tornam-se então *perturbações que se propagam sobre a métrica do espaço-tempo*.

Vemos aqui a origem do problema: para falar em ondas gravitacionais, devemos falar sobre variações das componentes da métrica. Falar em componentes da métrica exige a definição de um referencial como um sistema de coordenadas. E, embora não exista mais "referencial absoluto" ou "coordenadas preferidas", ainda existem escolhas *mais convenientes*, que simplificam a matemática, para cada problema tratado; em contraponto, outras escolhas podem ser problemáticas. Em particular, certas escolhas de referencial podem levar a fenômenos aparentes que não têm origem física, analogamente ao surgimento de forças inerciais em referenciais acelerados.

Nos primeiros artigos de 1915, Einstein usou um sistema de coordenadas particular chamado "unimodular", que aparentava ser útil de forma geral o suficiente para se tornar a escolha mais usual na Relatividade Geral. Em 1916, Einstein estudou a aproximação linearizada da gravitação relativística, que já foi mencionada e agora detalhamos: partindo-se do espaço plano de Minkowski, adicionava-se pequenas perturbações sobre a métrica e resolvia-se as equações de Einstein até primeira ordem (termos lineares). Einstein escreveu [Pais 1983],

> "*Mostraremos que esses [componentes da perturbação da métrica] podem ser calculados de uma maneira análoga àquela de potenciais retardados em eletrodinâmica. Disso segue que campos gravitacionais se propagam com a velocidade da*

luz. Subsequentemente a essa solução geral investigaremos ondas gravitacionais e como elas se originam. Resultou que minha escolha sugerida para um sistema de referência [...] não é vantajosa para o cálculo de campos em primeira aproximação. Uma carta do astrônomo De Sitter me alertou para sua descoberta de que uma escolha de sistema de referência, diferente daquela que eu havia anteriormente dado [em 1915], leva a uma expressão mais simples do campo gravitacional de uma massa pontual estática".

O sistema obtido na aproximação linear são as "equações de Maxwell gravitacionais", das quais resulta uma equação de ondas gravitacionais que sempre se propagam com a velocidade da luz. Esse *gravitoeletromagnetismo* corresponde à derivação formal das equações estudadas por Heaviside em 1893, e é de grande importância como uma aproximação das equações de Einstein no "regime de campo fraco"; além de ondas gravitacionais, ele é adequado para descrever lentes gravitacionais fracas. Mesmo o campo gravitacional da Terra, bem descrito pelo modelo Newtoniano (campo gravitoelétrico), tem uma pequena componente gravitomagnética detectável por experimentos modernos.

Para as ondas gravitacionais, nas coordenadas sugeridas por Willem De Sitter (1872 - 1934) (ditas "isotrópicas"), três tipos de ondas emergiram, batizadas por Hermann Weyl (1885 - 1955) de "transversal-transversal", "transversal-longitudinal" e "longitudinal-longitudinal", de acordo com as direções de oscilação em relação à de propagação. As coordenadas isotrópicas, entretanto, eram uma "armadilha": quando Einstein calculou a energia transportada por essas ondas, só as do tipo transversal-transversal transportavam alguma energia; as outras eram mero efeito do sistema de coordenadas. Em 1922, Arthur Eddington (1882 - 1944) chegaria a essa mesma conclusão, demonstrando que as ondas transversal-transversal viajavam a velocidade da luz em qualquer referencial; já as dos outros dois tipos podiam ter qualquer velocidade desejada, mediante uma escolha adequada de referencial. Nas palavras de Eddington, para elas "a única velocidade que importa é a *velocidade do pensamento*", afirmação irônica que seria corrigida muitos anos depois, mas que Eddington não chegou a ver.

Em termos fenomenológicos, a passagem de ondas eletromagnéticas por um observador afeta suas medições de intensidade dos campos elétrico e magnético; estas podem ser aferidas, por exemplo, pelo uso de cargas teste, para o campo elétrico, e circuitos fechados, para o campo magnético. Quanto à passagem de ondas gravitacionais, como a métrica define a medida de distância de intervalos espaço-temporais, seu efeito é o de alterar essas distâncias; para um dado observador, a passagem de ondas gravitacionais acarreta variações em comprimentos e intervalos de tempo. A detecção dessas variações é o meio a princípio pelo qual ondas gravitacionais seriam detectáveis – o desafio é a construção de um equipamento sensível o suficiente.

A realidade das ondas gravitacionais continuou intensamente debatida, e o próprio Einstein nunca se convenceu inteiramente dela. Só após sua morte, em 1955, o assuntou voltou a ser mais abertamente debatido, e, sua realidade aceita, deslocou-se para a possibilidade de sua detecção, a qual viria a ser feita sessenta anos após a morte de Einstein, por meio de um interferômetro de Michelson: a passagem das ondas altera o comprimento dos braços, gerando o padrão de interferência que Michelson e Morley esperavam que o éter gerasse. E o desenho, construção e operação destes instrumentos fantásticos seria premiada com detecções de eventos concretos precisamente um século depois do primeiro trabalho de Einstein da Relatividade Geral, abrindo uma nova janela de observação do Universo, como veremos no Capítulo 6.

Se soubessemos o que estavamos fazendo, não se chamaria "Pesquisa", certo?
A. Einstein

À descoberta do mundo microscópico elementar

Enquanto o espaço e o tempo eram transformados pela Relatividade, até o ponto que Hermann Minkowski declarou que somente uma fusão deles sobreviveu ao tratamento de Lorentz, Poincaré, Einstein e outros, a hipótese de Planck vinha ao encontro da primeira evidência de uma componente do átomo: o elétron, a primeira partícula elementar conhecida. Ninguém tinha previsto em 2000 anos de Ciência a "quebra" do átomo, mas esta realidade levou a explorações ainda mais incríveis e complexas do mundo microscópico, como discutiremos a seguir.

J.J. Thomson e o elétron

Era sabido que até fim do século XIX, e ainda que a hipótese atômica tivesse mais de dois milênios de história e tivesse recebido um importante suporte experimental pelo trabalho de John Dalton, o mundo era concebido basicamente como um *contínuo* (na prática, o atomismo era desconsiderado). Um passo muito importante para a evolução do conceito de "matéria" aconteceu bem no final do século XIX com a descoberta do *elétron* com a medida de sua razão carga/massa. Esta descoberta é creditada a J.J. Thomson e colaboradores.

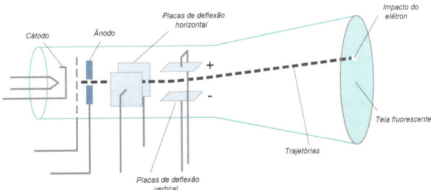

Figura 5.12. Superior: J.J. Thomson, descobridor do elétron. Inferior: um esquema do tubo catódico com placas carregadas que desviavam as componentes positivas e negativas em direções opostas. Na tela fluorescente, os pontos de impacto convenceram Thomson da realidade de partículas pontuais negativamente carregadas. Esta era a primeira vez que uma componente discreta da matéria era identificada.

Thomson era então diretor do Laboratório Cavendish e com tal descoberta teve início uma era de caracterização das *partículas* que constituem os átomos (ou seja, de mudança no nível de elementaridade) e de construção de modelos atômicos detalhados, indo além de uma vaga descrição contínua. Aliás, um dos primeiros modelos (precisamente o modelo de Thomson) postulava um fluído carregado positivamente no qual os elétrons estavam embebidos, ou seja, a quantidade de carga atribuída à componente contínua não era discreta, e nem era claro que seu total devesse igualar a carga dos novos elétrons, que tampouco era determinada. Robert Millikan, nos Estados Unidos, contribuiu pouco tempo depois ao problema com seus experimentos que mostraram a *quantização* da carga elétrica do elétron, e mediu seu valor numérico, mas a origem e estrutura da componente carregada positivamente no átomo, necessária para manter a neutralidade elétrica global, era desconhecida [Eisberg e Resnick 1979].

Em torno de 1900, uma confluência das medidas de J.J. Thomson para a razão carga/massa dos raios catódicos (elétrons livres); e das medidas de Lorentz e seu aluno Pieter Zeeman (1865 – 1943) da razão carga/massa da parte livre do íon de hidrogênio, levou Thomson a concluir que a carga das partículas dos raios catódicos e da parte livre do íon de hidrogênio era a mesma. Essa foi a descoberta do *elétron*, nome devido principalmente a Lorentz, FitzGerald e Joseph Larmor (1857 – 1942).

Descoberta do núcleo atômico

A descoberta do elétron trouxe um grande interesse para o estudo do átomo, em particular da componente positivamente carregada que imaginou Thomson para, junto com os elétrons, ter um átomo neutro. E. Rutherford no Laboratório Cavendish foi o principal responsável pelo salto qualitativo que resultou dos experimentos do seu grupo para compreender melhor o átomo. Rutherford foi uma figura notável no mundo das Ciências e tinha um talento singular para perceber as questões fundamentais e propor experimentos para resolvê-las. Sua grande descoberta, a existência do *núcleo atômico*, resultou precisamente de uma série de medidas que ele propôs e executou junto aos seus associados (entre eles Hans Geiger e Ernest Marsden).

Neste experimento foi estudado o espalhamento de partículas alfa que atravessavam uma folha de ouro através de um detector recém inventado por

Hans Geiger. Esse método de estudo, baseado na interação de partículas cada vez mais energéticas com uma dada amostra, e a conseqüente detecção de partículas conferindo os princípios básicos de conservação, tornou-se a marca experimental dos físicos atômicos e nucleares.

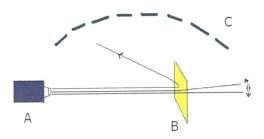

Figura 5.13. Esquema do experimento de Rutherford que levou à descoberta do núcleo atômico. A fonte de partículas alfa A é utilizada para espalhar elas por uma lâmina de ouro B. Os detectores C contam o número de partículas espalhadas para cada unidade de ângulo θ. Embora a predição do modelo de Thomson era a de ter quase todas as partículas espalhadas dentro de um ângulo pequeno, o experimento mostrou que elas se distribuíam em uma área muito maior, e também que uma porcentagem significativa delas sofria espalhamento com ângulos maiores de 90º. A explicação de Rutherford foi que a carga positiva estava concentrada em uma região muito pequena (o núcleo), e este agia como *centro dispersor*.

No estudo de Rutherford, verificou-se que a maior parte das partículas atravessavam a folha sem grande deflexão. No entanto, foram detectadas partículas em grandes ângulos de espalhamento, o que sugeria que os elementos que compunham a folha de ouro não eram uniformemente distribuídos sobre a folha, mas apresentavam adensamentos em meio a grandes espaços vazios. Ficou claro depois destes experimentos que o modelo de Thompson (que era baseado em um fluido clássico contínuo) era inadequado, e que a natureza estava montada estruturalmente em pequenas unidades (*núcleos*) cujo comportamento estava fora do domínio intuitivo da Física Clássica. As descobertas de Rutherford abriram o caminho para métodos e estudos que posteriormente levariam à formulação da Mecânica Quântica, que rege o comportamento das partículas elementares. Juntamente com H. G. Moseley, Rutherford usou "raios catódicos" (elétrons acelerados por uma diferença de potencial) para bombardear átomos de diferentes elementos. Com isso ele conseguiu mostrar que a estrutura interna de núcleos era caracterizada por um número atômico *inteiro* e que as mais diferentes propriedades dos elementos estavam associadas a este número. Em 1919, ele descobriu que o núcleo de certos elementos leves poderiam ser "desintegrados" pelo impacto de partículas alfa (em si mesmos, núcleos de hélio como conferido posteriormente) provenientes de alguma fonte radioativa e que neste processo prótons individuais eram emitidos, consolidando a ideia sobre esta última partícula. Blackett provou posteriormente, com um instrumento conhecido como *câmara de bolhas*, que tal processo correspondia a uma *transmutação* entre elementos, a muito sonhada pelos alquimistas de séculos anteriores, mas que era impossível com energias muito baixas e agora ficava em evidência.

Ernest Rutherford em 1920

Considerando que em estado comum a matéria é eletricamente neutra, surgiu o argumento de que isto ocorreria porque os efeitos de cargas opostas se compensariam. Inspirados novamente na macroestrutura, físicos passaram a pensar átomos como sistemas planetários onde um núcleo positivo era envolvido por órbitas de elétrons. Mas como conciliar as idéias do eletromagnetismo com a estabilidade dos átomos? Elétrons perderiam continuamente energia, segundo o eletromagnetismo, ao sofrerem a aceleração que os manteriam em suas órbitas, fazendo com que as mesmas diminuíssem em um movimento espiral e promovendo um colapso entre prótons e elétrons. A coesão entre estas partículas seria incompatível com os experimentos citados anteriormente, e com a relativa facilidade de se remover elétrons da matéria.

Em 1913 Niels Bohr trabalhou sobre este problema e construiu um *novo modelo atômico*, o primeiro que levava em conta a quantização de Planck. Veremos como isto aconteceu.

Bohr e a quantização do átomo

A descoberta do núcleo atômico, por Rutherford, indicava sua forma, mas não era claro como tal estrutura poderia sequer existir, uma vez que elétrons orbitando núcleos positivamente carregados tinham caráter instável. Foi então que, em 1913, Niels Bohr construiu um *novo modelo atômico* postulando a existência das órbitas *estáveis* para o movimento do elétron, sendo que a perda ou ganho de energia só ocorreria *entre* as transições de órbitas. Esta teoria foi eficiente para justificar linhas de emissão ou absorção de elementos hidrogenóideos, respectivamente emitindo, ou absorvendo energia. Além disso, era compatível com as ideias introduzidas por Planck.

Niels Bohr explicando seu modelo inicial do átomo

Como a Física Clássica era incapaz de explicar como os elétrons poderiam orbitar em torno do núcleo, Bohr teve a ideia de *postular* tais órbitas – estados estáveis, como ficaram conhecidos, e investigar o que mais deveria ser verdadeiro para que existisse. Ou seja, começar das consequências e achar as causas. Assim sendo, o problema se torna análogo ao de dois corpos na gravitação Newtoniana, o que leva a órbitas elípticas (como formulado por Kepler), ou circulares, em um caso particular.

Pensando também no átomo mais simples possível – o hidrogênio –, Bohr pôde mostrar que a energia total desse sistema era

$$E = -\frac{q^2}{2r}, \qquad (5.20)$$

com $q \equiv e^2/4\pi\varepsilon_0$ e o sinal negativo devido ao referencial adotado. Dos resultados dos estudos sobre o Efeito Fotoelétrico (e dos trabalhos de Max Planck) sabia-se que, quando um elétron emite luz, sua energia deve diminuir. Bohr assumiu que essa variação de energia seria o resultado de uma mudança no raio de sua órbita.

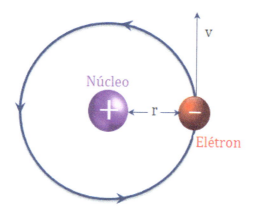

Figura 5.14. Representação gráfica elementar do átomo de hidrogênio - núcleo com apenas uma carga positiva sendo orbitado por um elétron. Veremos que esta imagem quase-clássica é insustentável, mas foi importante para os primórdios das ideias de Bohr.

Assim

$$\Delta E_{i \to f} = -\frac{q^2}{2r_i} - \left(-\frac{q^2}{2r_f}\right) = \frac{q^2}{2}\left(\frac{1}{r_i} - \frac{1}{r_f}\right) \qquad (5.21)$$

Agora, segundo o postulado de Max Planck, essa mesma variação de energia deveria ser *quantizada* e relacionada à frequência do fóton emitido. Logo

$$\Delta E_{i \to f} = h\nu = h\frac{c}{\lambda} \quad \Rightarrow \quad \frac{1}{\lambda} = \frac{q^2}{2hc}\left(\frac{1}{r_i} - \frac{1}{r_f}\right). \qquad (5.22)$$

Após tomar conhecimento sobre a "fórmula de Balmer", um ajuste fenomenológico ao resultado experimental das posições das linhas de absorção do hidrogênio, desenvolvido trinta anos antes por Johann Balmer, e que ficara este tempo todo sem justificativa física, Bohr conseguiu chegar à seguinte equação para os raios das órbitas estáveis

$$r_n = n^2 a_0 \qquad (n = 1, 2, 3 ...) \qquad . \qquad (5.23)$$

Onde a_0 é o *raio de Bohr*, que representa a menor distância que o elétron pode permanecer estável em torno do núcleo. Por fim, os momentos angulares de cada uma das órbitas é

$$L_n = n\hbar \qquad \left(\hbar = \frac{h}{2\pi}\right) \qquad . \qquad (5.24)$$

Dessa forma, refazendo o caminho inverso, o modelo atômico de Niels Bohr pode ser construído a partir das três hipóteses seguintes:

1. Existe no átomo um conjunto discreto de órbitas onde o elétron pode permanecer. O estado de menor energia ($n = 1$ para o átomo de hidrogênio), chamado de *estado fundamental*, é o único verdadeiramente *estável*.

2. Os estados estacionários são aqueles que possuem *momento angular* dado pela equação (5.24) acima.

3. Quando um elétron passa de um estado de energia E_n para outro de energia E_m (com $E_n > E_m$), há emissão de um fóton de frequência

$$\nu_{n \to m} = \frac{(E_n - E_m)}{h} \qquad . \qquad (5.25)$$

O processo contrário também pode acontecer, com o elétron absorvendo a energia do fóton e indo para um estado de energia superior E_n.

Portanto, pela primeira vez uma teoria física podia explicar a distribuição das linhas de emissão do hidrogênio e outros íons hidrogenóideos, atribuindo credibilidade às ideias de Bohr. Seu sucesso em descrever a estrutura atômica a partir da quantização da energia reforçava mais uma vez o pensamento de um mundo microscópico gerido por uma Física distinta da bem conhecida Física Clássica. Porém, seu modelo falhava em descrever as linhas dos demais átomos neutros, e foi somente com o desenvolvimento de uma Mecânica descritiva de sistemas *quantizados* que a solução geral foi encontrada.

Radioatividade, estrutura nuclear e muitos prêmios Nobel

Em 1896, Wilhem Röntgen tinha descoberto no seu laboratório em Würzburg, que algum tipo de "raio" emergia dos tubos de descarga (chamados de *tubos de Crook*) que utilizava, e provocava fluorescência numa lâmina de platina-bário localizada a *vários metros* de distância. Esta fluorescência continuava quando ele envolvia os tubos de descarga com papel opaco à luz. Röntgen determinou depois que os "raios" penetravam até os tecidos do corpo humano, mas não os metais ou os ossos. Assim conseguiu as primeiras placas de *raios X* (denominação que deu a esta misteriosa radiação) da história, e ganhou o Prêmio Nobel de 1901, ainda sem saber o que eram exatamente os raios X que tinha descoberto. Algumas aplicações militares e médicas foram imediatamente formuladas embora demorassem para ser testadas e utilizadas.

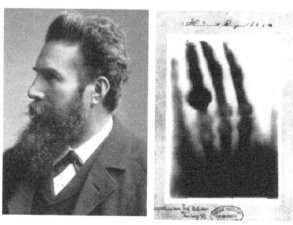

Wilhem Röntgen e uma das primeiras radiografias da mão de Anna Röntgen

No mesmo ano em que Röntgen anunciou a descoberta (1896), estudando as possíveis relações entre a fluorescência de compostos de urânio e os recém descobertos raios-X, Antoine Becquerel acabou por revelar que as emissões do urânio *não* eram provocadas por reações químicas (sua hipótese inicial), mas por alguma propriedade do próprio átomo, ou seja, num nível mais fundamental de elementaridade e com escala de energia bem maior.

Antoine Henri Becquerel.

Assim, o quebra-cabeça da estrutura do átomo estava sendo montado com contribuições várias. Uma dessas peças foi resolvida na França, quando de forma independente Pierre Curie e sua esposa Maria Skłodowska (conhecida como *Madame Curie*) trabalharam no fenômeno que tinha sido estudado por Henri Becquerel. Marie Curie, ao ficar sabendo desses estudos, viu nesses fenômenos envolvendo os átomos de urânio um tema para sua Tese de pesquisa.

Utilizando um eletrômetro desenvolvido por Pierre Curie anos antes e usando dois compostos químicos com compostos de urânio (a *pechblenda* e a *torbernita*) Marie verificou que eles emitiam *muito mais* radiação que os próprios sais de urânio anteriormente usados por Becquerel. Daí, em julho de 1898, os Curie publicaram um artigo anunciando a descoberta de um novo elemento químico com propriedades similares ao urânio - o *polônio* (nome dado em homenagem à terra natal de Marie e que, à época, tinha sido repartida por três impérios, Russo, Austro-Húngaro e Prussiano). Em dezembro do mesmo ano, publicaram mais um artigo, anunciando a descoberta de um segundo elemento, o *rádio*. Foi durante esse período que Marie cunhou o termo *radioatividade*. Por estas contribuições Becquerel, Pierre e Marie Curie ganharam o prêmio Nobel de Física de 1903. Em 1911, Marie Curie ganhou também o Prêmio Nobel de Química, *"em reconhecimento por seus serviços ao avanço da Química, por meio da descoberta dos elementos rádio e polônio, do isolamento do rádio e do estudo da natureza e dos compostos desse elemento notável"*.

Marie Curie, Pierre Curie e a sua filha, a futura Prêmio Nobel Irene Joliot-Curie.

Mais adiante, no ano de 1924, Walther Bothe e Hans Geiger [1925] (o segundo era o ajudante de Rutherford que o auxiliou a formular sua teoria do núcleo atômico) demonstraram que massa e energia são *conservadas* nos processos atômicos. Foi a *conservação da energi*a, por muito tempo advogada na Física e elevada finalmente ao status de *lei* da Termodinâmica, que se tornou um metapostulado aos olhos da Física vigente até hoje.

Neste mesmo ano, a filha de Pierre e Marie, Irène Curie iniciou seus ensinamentos de técnicas de radioquímica ao engenheiro químico Frédéric Joliot, que tornou-se, posteriormente, seu marido. Ambos trabalharam em diversos experimentos para entender a natureza do núcleo atômico. Em 1928, um de seus testes revelou a existência dos pósitrons e nêutrons, mas, como não conseguiram interpretar corretamente os resultados, a oficialização da descoberta dessas duas partículas teve que esperar mais algum tempo. Mesmo assim, ganharam o prêmio Nobel de Química de 1935, por seus trabalhos "*alquímicos*", irradiando partículas α sobre isótopos de alumínio, descobriram a formação de isótopos estáveis de fósforo, por exemplo em

$$Al^{27} + \alpha^4 \rightarrow P^{30} + n \quad , \tag{5.26}$$

que era o tipo de transmutação perseguida pelos alquimistas séculos antes, agora possível pelas energias envolvidas ~ milhões de vezes maior que na Química tradicional.

Irène Joliot-Curie e Frédéric Joliot em 1934.

Nesse mesmo ano, Chadwick recebeu o Prêmio Nobel de Física, pela sua descoberta de uma nova partícula que constituía o núcleo atômico. A ideia de um núcleo de partículas positivas tão fortemente ligadas parecia contraditória com as idéias eletromagnéticas, em especial devido à repulsão Coulombiana extremamente elevada que surgiria entre partículas de mesma carga. Com estas ideias em mente, James Chadwick e E.S. Bieler concluíram que uma força *muito forte* deveria manter o núcleo junto. Em seus estudos e em uma sucessão de brilhantes experimentos, Chadwick oficialmente descobriu, em 1931, os nêutrons, e que a relação destes com os prótons promoviam, de alguma forma ainda desconhecida (e fundamental), a coesão do núcleo [Eisberg e Resnick 1979]. Embora não havia nenhum modelo concreto desta "força" que funcionasse, pelo menos era mais claro que tipo de partícula encontrava-se dentro do núcleo atómico.

Já no ano seguinte (1936), foi a vez de Carl David Anderson ganhar o Nobel de Física: quatro anos antes, investigando a composição dos Raios Cósmicos e a energia que essas partículas possuíam, notou a presença de uma partícula distinta, de massa semelhante ao elétron, mas com carga positiva. Baseando-se nas teorias de Mecânica Quântica de Paul Dirac, Anderson interpretou corretamente que esta deveria ser a antipartícula do elétron – o *pósitron*. As antipartículas dificilmente constituiriam o núcleo ou o átomo, já que se aniquilavam muito rapidamente, mas uma janela para a simetria do mundo físico tinha sido aberta.

Enfim, é notável o avanço no conhecimento da estrutura atômica nas primeiras décadas do século XX, partindo do total desconhecimento de seu formato até o entendimento de seus constituintes, e quantos cientistas contribuíram para que entendêssemos cada vez mais o funcionamento da parte fundamental que constitui todo o Universo.

A construção da Mecânica Quântica

Depois das primeiras décadas do século XX, e na saga das descobertas recém discutidas, havia evidentemente uma necessidade de formular uma dinâmica para os objetos quânticos diferente das expressões clássicas, que incorporassem os fenômenos medidos, impossíveis de ser "encaixados" na Física Clássica. Veremos a seguir como Erwin Schroedinger, em 1926 desenvolveu os conceitos da sua *Mecânica Ondulatória*, conciliando as naturezas corpuscular e ondulatória das partículas. Mas sua "função de onda" $|\Psi\rangle$ era difícil de interpretar. Paralelamente, Heisenberg chegou a uma estranha versão da dinâmica quântica, a *Mecânica de Matrizes*.

Embora a discussão tenha sido muito intensa e todo tipo de hipótese tenha sido testada, houve ao menos um pouco de sossego quando Max Born desenvolveu a *interpretação probabilística* do que veio a ser conhecido como *Mecânica Quântica*, estabelecendo um paradigma longamente discutido para o significado da função de onda $|\Psi\rangle$. Porém, o outro grande desenvolvimento do início do século, a Relatividade, ainda não participava nessa construção.

Como grande resumo, e para situarmos nossas ideias neste "novo mundo" da Física, discutiremos a seguir a Mecânica Quântica que abriu (e nunca mais fechou) a Caixa de Pandora do mundo microscópico, radicalmente diferente do que conhecemos intuitivamente.

Louis de Broglie: é a matéria feita de ondas ou partículas?

Nascido na França em 1892, em uma família aristocrata de militares, políticos e diplomatas, Louis de Broglie se formou inicialmente em História com o intuito de se tornar um diplomata. No entanto, ao ler os rascunhos dos trabalhos apresentados no 1º Congresso Solvay no ano de 1911 no qual participavam os maiores físicos da época, e que contou também com a presença de seu irmão, o físico experimental Maurice de Broglie, Louis de Broglie tomou conhecimento dos problemas que a teoria clássica apresentava para explicar novos fenômenos que vinham sendo descobertos. O contato com este evento e a influência de seu irmão lhe inspiraram a se dedicar aos estudos de física e matemática. Durante a 1ª Guerra Mundial, se voluntariou a prestar serviços militares trabalhando no desenvolvimento de comunicações por rádio, em um laboratório construído na Torre Eiffel. Embora este período possa, por um lado, ter retardado sua carreira científica, De Broglie precisou estudar muito sobre os elétrons e ondas eletromagnéticas, o que certamente ajudou a aprofundar seu conhecimento teórico sobre tais fenômenos.

Louis de Broglie

Neste momento, a teoria quântica estava apenas começando a se desenvolver e havia uma busca para entender as propriedades ondulatórias e corpusculares observadas da luz e da matéria, enquanto resultados experimentais favoreciam ora o caráter ondulatório, ora o caráter corpuscular da radiação. Como já discutimos, os modelos atômicos também apresentavam falhas em sua formalização e a solução encontrada por Bohr naquele momento foi a de quantizar o momento angular das órbitas, embora seu modelo só fosse válido para o hidrogênio.

Intrigado com o problema, de Broglie achava necessário elaborar uma teoria que pudesse explicar simultaneamente as propriedades da luz, e foi guiado pela ideia metafísica de que a Natureza apresenta uma certa simetria (como a existência de cargas positivas e negativas) logo, se as ondas se comportam como partículas, então as partículas também devem se comportar como ondas. Seu irmão Maurice possuía um laboratório de espectroscopia e difração de raios X, e sua familiaridade com o assunto e as discussões que tinha com ele lhe deixaram convencido de que o caráter dual também estava presente nos fenômenos em raios X.

A quantização das órbitas eletrônicas para garantir a estabilidade do átomo foi um dos fatores que levou de Broglie a considerar que os elétrons também deveriam estar associados a ondas [Eisberg e Resnick 1979], já que os únicos fenômenos que envolvem números inteiros são aqueles de caráter ondulatório. Seus intensos estudos sobre a Relatividade Restrita lhe permitiram obter a relação fundamental entre o momento da partícula e seu comprimento de onda associado. Dada a quantização da energia e a relação entre massa e energia obtida por Einstein ($E = mc^2$), de Broglie postulou a equação

$$\lambda = \frac{h}{p} \quad , \quad (5.27)$$

onde p é o momentum da partícula, e a partir da qual se interpreta que todas as partículas estão associadas a uma onda que acompanha seu movimento. Suas ideias foram publicadas em três notas no ano de 1923, e em 1924 de Broglie defende sua Tese de Doutorado, intitulada *Pesquisas sobre a Teoria dos Quanta*, que reunia suas ideias publicadas anteriormente. Seu trabalho previa que os elétrons deveriam apresentar *propriedades ondulatórias*, como a difração.

Este resultado introduziu o conceito de *dualidade onda–partícula*, que não foi prontamente aceito pela comunidade científica e levantou e continua levantando discussões epistemológicas sobre a natureza quântica. Albert Einstein foi o primeiro a defender o trabalho desenvolvido por de Broglie, apontando que aquele poderia ser o início para desvendar o maior dos enigmas da Física à época. Até aquele momento, a construção da Física Quântica parecia ser apenas "um amontoado de hipóteses, princípios e teoremas ao invés de uma teoria logicamente consistente", como declarou M. Jammer [1974]. O caráter "ondulatório" do elétron foi comprovado experimentalmente em 1927, pelos físicos Davisson e Germer, a partir do uso de monocristais de níquel. No experimento, um feixe catódico é direcionado a uma placa de níquel que pode ser rotada, alterando o ângulo com os quais os elétrons incidem sobre a placa. Os resultados mostraram a presença de um padrão de interferências construtivas e destrutivas. A confirmação do fenômeno de difração dos elétrons garantiu a de Broglie o Prêmio Nobel de Física de 1929.

De Broglie era um grande defensor da causalidade (relação de causa e efeito) dos fenômenos naturais, e continuou trabalhando no problema buscando por uma interpretação que explicasse o comportamento dual sem romper com o determinismo clássico, enquanto outras interpretações surgiam de forma paralela, como discutiremos em outro momento. Seus primeiros trabalhos sobre o assunto defendiam a concepção de que partículas são regiões de singularidade no interior de uma onda estendida, e que seu movimento deve satisfazer a condição de equivalência entre o princípio de Maupertuis, que estabelece o princípio de mínima ação, e de Fermat, um princípio da óptica geométrica que estabelece que a trajetória que a luz percorre de um ponto a outro é tal que o tempo gasto é mínimo.

Figura 5.15. 5° Congresso de Solvay, em 1927, onde de Broglie apresentou sua teoria da onda piloto.

Em 1927 de Broglie publica o artigo *A Mecânica Ondulatória e a estrutura atômica da matéria e da radiação*, onde introduz a *Teoria da Dupla Ação* que considerava que as equações lineares da Mecânica Ondulatória deveriam apresentar duas soluções: uma função contínua com significado puramente estatístico, e uma função de onda que possui uma singularidade móvel. Neste mesmo artigo ele propõe uma versão simplificada de suas ideias onde assume que a partícula material e a onda contínua possuem realidades distintas e postula que o movimento da partícula é determinado em função da fase da onda, que chamou de *onda piloto*, que fornece a velocidade da partícula. Neste mesmo ano de Broglie é convidado a falar no 5° Congresso de Solvay onde apresentou sua teoria simplificada, que o mesmo considerou como "um ponto de vista provisório". Durante as discussões, Pauli e Born apresentaram objeções ao tratamento da onda piloto. Há quem diga que foram as críticas de Pauli que levaram de Broglie a abandonar seu formalismo causal, no entanto, foram suas próprias considerações, publicadas ainda em 1928, que o fizeram concluir que a onda piloto era uma teoria indefensável e se render ao formalismo probabilístico.

Como o próprio de Broglie disse:

> *"... quando fui indicado para ensinar na Faculdade de Ciências de Paris em novembro de 1928, eu não sentia ter o direito de ensinar um ponto de vista que não estava em condições de justificar. Então eu entrei para o grupo da interpretação puramente probabilística apresentada por Born, Bohr e Heisenberg. Apesar das críticas de poucos cientistas isolados tais como Einstein e Schrödinger, a interpretação puramente probabilística foi posteriormente adotada por quase todos os físicos teóricos."*

de Broglie só voltou a realizar pesquisas em busca de uma interpretação causal para a Mecânica Quântica a partir do ano de 1951, quando tomou conhecimento do trabalho de David Bohm com um tratamento análogo à onda piloto que resolvia algumas objeções feitas em 1927, e das discussões com o jovem Vigier que lhe fizeram considerar uma equação não-linear para descrever a singularidade. Embora nunca tenha se convencido do caráter não determinista da Mecânica Quântica, de Broglie faleceu em 1987 sem conseguir propor uma descrição causal robusta. As discussões epistemológicas sobre o assunto continuam nos dias de hoje.

A busca por uma nova Mecânica

A incapacidade de explicar fenômenos observados experimentalmente sobre a natureza da radiação e sua interação com a matéria através da Mecânica Clássica, além da descoberta do fenômeno da dualidade onda-partícula por de Broglie, levantaram uma necessidade urgente de propor uma nova formulação mecânica que fosse válida no mundo microscópico. Embora o conceito de quantização combinado às leis clássicas fosse capaz de apresentar soluções plausíveis para alguns dos problemas à época, sempre apresentava falhas ao se tentar expandir suas aplicações. Afinal, era um modelo inspirado na Física Clássica com a quantização como característica superposta. O modelo atômico de Bohr, por exemplo, falhava em explicar as linhas espectrais de um gás de hidrogênio quando submetido a um campo elétrico externo, além de não ser válido para átomos mais pesados.

N. Bohr   M. Born

Ao contrário das revoluções científicas que ocorreram anteriormente, este momento no início do século XX exigia um rompimento com conceitos físicos já bem estabelecidos (ou que pareciam ser). As discussões sobre a essência e a divisibilidade da matéria voltaram à tona, assim como a preocupação – embora não por parte de todos os cientistas – a respeito da relação entre Física e Filosofia, que parecia ter sido extinta a partir do legado de Newton. As discussões tanto ontológicas quanto epistemológicas se refletem, ainda nos dias de hoje, na percepção do ser humano quanto ao Universo, ao lugar que ocupa no mesmo e à sua liberdade e capacidade de controlar ou não o próprio destino.

Dois dos principais nomes que contribuíram para a construção da descrição matemática desta nova disciplina, entre os anos de 1925 e 1926, foram Werner Heisenberg e Erwin Schrödinger, ainda que outros nomes tenham fornecido importantes contribuições, tal como Einstein, Sommerfeld, Bohr, Pauli, Jordan, entre outros. Apesar de estarem investigando o mesmo fenômeno físico, é curioso o fato de que estes dois físicos defendiam ideias diferentes quanto à concepção filosófica da natureza da quantização, como discutiremos mais adiante. A formulação matricial desenvolvida por Heisenberg, que foi posteriormente utilizada por Pauli para resolver o problema do átomo de hidrogênio, foi guiada pela teoria atômica de Bohr e se ocupava apenas das grandezas que pudessem ser verificadas experimentalmente, representando os objetos quânticos através de fenômenos corpusculares. Já a formulação de Schrödinger foi inspirada nos trabalhos de Louis de Broglie e fornecia uma equação de propagação da onda de matéria, centrando-se na ideia de que qualquer partícula é representada por um conjunto de ondas, e que também apresentava resultados para o átomo de H em concordância com os dados experimentais.

W. Heisenberg   E. Schrödinger

Ainda em 1926, Schrödinger mostrou que ambas as formulações matemáticas *eram equivalentes*, apesar de terem sido desenvolvidas com motivações diferentes [de la Peña 2010]. A facilidade de resolver equações de onda comparada à manipulação de matrizes infinitas foi responsável por garantir o sucesso da formulação ondulatória entre os físicos, além de permitir interpretar os fenômenos subatômicos em termos de ondas estacionárias, embora a notação matricial também tenha suas vantagens. Enquanto físicos concordavam quanto à equivalência matemática das diferentes abordagens, o que causava e continua causando discordância e gerando discussões na comunidade científica é a interpretação filosófica da teoria quântica, que atualmente conta com diversas frentes como veremos a seguir.

Werner Heisenberg

Nascido na Alemanha em 1901, Werner Karl Heisenberg iniciou seus estudos de física teórica na Universidade de Munique no ano de 1920, obtendo seu título de doutor três anos mais tarde. Sua inteligência e habilidade com a matemática eram notórias, e o mesmo aprendeu cálculo diferencial e integral por conta própria durante o colegial. Sua formação colegial teve uma grande influência da filosofia grega e ainda na adolescência, Heisenberg leu a obra *Timeu* de Platão, enquanto fazia caminhadas pelos Alpes da Baviera. Foi esta obra a responsável por despertar seu interesse pela origem do átomo, que o levou então a estudar Física. Segundo o próprio, dificilmente "podemos ocupar-nos de física atômica sem conhecermos a filosofia grega". Ao longo de sua carreira ele escreveu trabalhos e realizou palestras onde abordava assuntos filosóficos e humanísticos difundindo a Interpretação de Copenhague sobre a teoria dos quanta [Eisberg e Resnick 1979].

Durante os estudos de Física Heisenberg foi orientado por Sommerfeld, que notando o interesse de seu aluno pela física atômica o incentivou a participar de um evento no qual Niels Bohr estaria presente ministrando diversas aulas sobre o assunto. Foi nesta ocasião que os dois tiveram seu primeiro contato, que posteriormente se transformou em uma importante relação profissional. Em 1924, Heisenberg se tornou assistente de Max Born na Universidade de Göttingen e no ano seguinte se mudou para Copenhagen onde passou a trabalhar junto a Bohr. Foi no ano de 1925 que ele desenvolveu a *Mecânica Matricial*, que foi fundamental para a primeira formulação matemática da Mecânica Quântica, e que lhe rendeu o Prêmio Nobel no ano de 1932.

A teoria de Heisenberg é muito sintética e abstrata, e nunca gozou da preferência dos físicos para seus cálculos. Mas é construída de forma estritamente lógica e posteriormente foi demonstrado que era equivalente à abordagem de Schrödinger. Desta forma, existe uma convergência entre os formalismos desenvolvidos, mas sem que ninguém saiba o quê realmente estão descrevendo (!). Voltaremos a esta difícil questão mais para frente.

O princípio da incerteza

O caminho da Mecânica Matricial de Heisenberg foi bem tortuoso e precisou de rupturas importantes com a tradição clássica, às vezes de forma muito inesperada [Green 1965]. Em 1927, Heisenberg publicou um trabalho intitulado *Sobre o conteúdo perceptivo da cinemática e mecânica quântica*, onde investigava o problema da medição em sistemas quânticos, a partir do qual surgiu o que ficou conhecido como o *Princípio da Incerteza*. Sua constatação fornece a justificativa fundamental para o fato da Mecânica Quântica ser expressa em termos de *probabilidades* (segundo a interpretação da função de onda de Max Born), ao contrário da Mecânica Clássica que é determinística, e estabelece um limite para a observação de quantidades observáveis canonicamente conjugadas (não comutáveis).

Um observável em Mecânica Quântica é uma quantidade física que pode ser medida, tal como a posição, o momento e a energia do sistema. Estes observáveis estão associados a operadores matemáticos que atuam sobre a função de onda. No *espaço de Hilbert*, de dimensão infinita, correspondente as amplitudes da função de onda em cada ponto, dois observáveis que não comutam, ou seja, cuja ordem com a qual são medidos afeta o resultado da medida, correspondem a bases ortonormais (sistemas de referência com os infinitos eixos perpendiculares uns aos outros, convenientemente normalizados) que são transformadas de Fourier uma da outra. Para uma função não nula não é possível determinar com precisão absoluta sua transformada de Fourier.

O trabalho original de Heisenberg fornecia apenas uma descrição parcial para a relação de incerteza entre a posição e o momentum, para funções de onda gaussianas, que ele desenvolve a partir de um experimento mental de um microscópio de raios gama para determinar a posição de um elétron, que segundo ele mesmo menciona, deve levar em conta o efeito Compton:

"Toda observação da luz espalhada vinda do elétron pressupõe um efeito fotoelétrico, o qual pode, também, ser interpretado como se um quantum de luz atingisse

o elétron, como se fosse refletido ou espalhado e, então, ao ser curvado pelo microscópio, produzir o efeito luminoso. Nesse instante, a posição é determinada - contudo, no momento em que o fóton é espalhado pelo elétron o elétron sofre uma mudança descontínua em seu momentum."

Desta forma, a posição do elétron pode ser conhecida com precisão proporcional ao comprimento de onda da luz empregada, mas em compensação o momentum só poderá ser conhecido até magnitudes correspondentes à mudança descontínua, segundo uma relação $pq - qp = ih/2$. Considerando Δq como a dispersão média da posição e Δp a precisão com a que o impulso pode ser determinado, Heisenberg nesse trabalho conclui que

$$\Delta p \Delta q \sim h \tag{5.28}$$

Esta relação foi posteriormente generalizada pelos trabalhos de Hermann Weyl (1928) que a obteve para *qualquer forma da função de onda*, e de onde resulta a desigualdade matemática amplamente utilizada:

$$\sigma_q \sigma_p \geq \frac{\hbar}{2} \tag{5.29}$$

com σ_i as dispersões de cada variável. Robertson (1929) provou ainda que era válida para quaisquer variáveis canonicamente conjugadas, como decorrência da álgebra dos comutadores, ou seja, sem recorrer a qualquer visualização experimental. Mas há um aspecto importante do Princípio de Incerteza que pode ser contrastado com a Física Clássica e resulta revelador: as dispersões na medida de uma variável clássica (por exemplo, o comprimento de uma vara) *podem ser reduzidas* aumentando o número de medidas para ganhar precisão (Fig. 5.16)

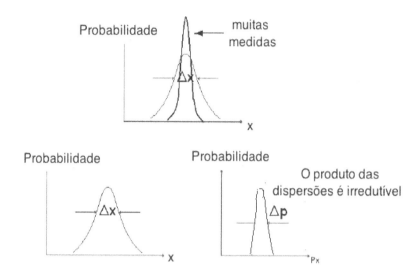

Figura 5.16. Acima, a determinação da posição de uma partícula afina a Gaussiana tanto quanto o número de medidas o permitir. Abaixo, as Gaussianas de variáveis conjugadas não podem ser afinadas indefinidamente, o produto das suas dispersões é a constante de Planck.

Agora bem, um objeto quântico, tal como um elétron, tem uma localização e um momento cujas dispersões satisfazem o Princípio de Incerteza. O produto é impossível de ser reduzido para um valor aquém da constante (reduzida) de Planck. O contraste com a Física Clássica é revelador do que a Mecânica Quântica traz como novidade fundamental.

De fato, as diferentes interpretações do Princípio de Heisenberg deram origem a diferentes linhas de interpretação da Mecânica Quântica como um todo. Na interpretação *ontológica* a incerteza é tida como intrínseca ao sistema, sendo uma propriedade fundamental da Natureza e por esta razão não podemos determinar os observáveis com precisão tão grande quanto se queira (se a descrição é correta, é isto o que revela a álgebra do espaço de Hilbert). Em outras palavras, o erro nas medidas das variáveis conjugadas de um objeto quântico é *irreduzível*, como afirmamos anteriormente. Já para a interpretação *epistemológica* é o entendimento humano que é limitado e incapaz de determinar com precisão tais observáveis, já que precisaríamos perturbar o sistema medido (discussão original de Heisenberg). E na interpretação *tecnológica* a incerteza é atribuída à limitação da tecnologia atual, podendo ser superada à medida que os instrumentos são refinados, mas somente se houver realmente um domínio sub-quântico. Por fim, a interpretação *estatística* estabelece que as *relações de incerteza* são produto de análises *estatísticas* de sistemas complexos e não individuais, e portanto o que se analisa são "populações" (atreladas a probabilidades), e não indivíduos. Veremos como esta relação fundamental leva a uma consideração diferente do *vácuo* e do conceito de *elementaridade* desde um ponto de vista empírico mais adiante.

Erwin Schrödinger

Erwin Rudolf Josef Alexander Schrödinger nasceu em 1887, na Áustria, e realizou seus estudos de Física entre os anos de 1906 e 1910. Seus trabalhos sobre teoria atômica e dos espectros só começaram a ser desenvolvidos cerca de dez anos depois, após ter se mudado para a Alemanha e ter se aproximado de Sommerfeld e Wolfgang Pauli. Assim como Heisenberg, Schrödinger também tinha um grande interesse por Filosofia e chegou até mesmo a cogitar abandonar a carreira científica para se dedicar ao estudo desta disciplina.

Schrödinger foi convidado por Debye, no ano de 1922, a apresentar um colóquio sobre as idéias de de Broglie, que associavam o movimento de partículas à propagação de uma função de onda - porém sem explicar como se dava esta propagação. Esta preparação lhe despertou o interesse pelo assunto, e nos meses seguintes ele trabalhou na generalização das ideias de de Broglie, sendo capaz de justificar a estatística de Bose-Einstein utilizando um sistema quantizado de ondas de matéria. A primeira solução que obteve partia de conceitos relativísticos, mas não fornecia resultados consistentes com os experimentais para os níveis de energia atômicos. Os cálculos corretos em sua formulação vieram a partir de uma aproximação não relativística do problema.

Em 1831, Willian Rowan Hamilton havia proposto a analogia óptica-mecânica que identifica que a trajetória de uma partícula com energia total E em um campo conservativo associado a um potencial V é idêntica à trajetória de um raio de luz em um meio com um índice de refração n [Quaglio 2021]. No ano de 1926, Schrödinger publicou uma série de quatro artigos sob o título *Quantização como um Problema de Autovalores*, onde utiliza-se da mesma analogia para sua Mecânica Ondulatória, e aplica o *Princípio de Hamilton*, que estabelece que a trajetória seguida por uma partícula que se desloca de um ponto a outro no espaço é aquela na qual a *ação* ($S \equiv \int_{t_0}^{t} L dt = \int_{t_0}^{t} (T - V) \, dt$) é estacionária, o qual leva a

$$\frac{dS}{dt} + \frac{1}{2m}\left[\left(\frac{\partial S}{\partial x}\right)^2 + \left(\frac{\partial S}{\partial y}\right)^2 + \left(\frac{\partial S}{\partial z}\right)^2\right] + V(x,y,z) = 0 \ . \quad (5.30)$$

Partindo de uma equação de onda que tem a forma geral

$$\nabla^2 \Psi(r,t) - \frac{1}{v^2}\frac{\partial^2 \Psi}{\partial t^2} = 0 \quad , \qquad (5.31)$$

e satisfazendo tanto as identidades de de Broglie ($\lambda = h/p$) quanto de Einstein ($\nu = E/h$), Schrödinger chegou inicialmente à sua equação que indica os estados estacionários para uma partícula material:

$$\frac{\hbar^2}{2m}\nabla^2\Psi + (E - V)\Psi = 0 \qquad (5.32)$$

No último artigo desta série, ele obteve a equação completa para uma função de onda com dependência temporal do tipo $\Psi = ae^{-(i/\hbar)Et}$, que adota a forma

$$i\hbar\,\frac{\partial \Psi}{\partial t} = -\frac{\hbar^2}{2m}\nabla^2\Psi + V\Psi. \qquad (5.33)$$

(compare com e eq.(5.31) acima). Esta forma evidencia o caráter da função de onda quântica ψ, que tem em geral uma *parte imaginária*. Como consequência, é impossível associar esta função a uma grandeza real e mensurável, tal como feito com uma onda ordinária. De fato, a presença da primeira derivada temporal mostra que a (5.33) *não é* realmente uma equação de onda, mas uma *equação de difusão* com tempo imaginário, se definimos que $\tau = -it$. Schrödinger discute neste mesmo artigo algumas implicações filosóficas desta sua abordagem, que segundo ele teria implicações profundas em nossa compreensão da realidade física, e defende que sua solução era meramente uma descrição matemática de um sistema físico quântico [Dirac 1967].

Mas então o que representa essa função ψ? Foi Max Born quem, em 1928, utilizou-se do formalismo de Schrödinger e propôs que a função de onda representa a *densidade de probabilidade* de uma partícula, na qual a probabilidade de observar uma partícula em uma determinada região é

$$P(x) = \int_{x_1}^{x_2} |\Psi(x)|^2 \, dx \quad , \tag{5.34}$$

ou seja, interpretou ψ como uma "onda de probabilidade", numa descrição do mundo que resulta probabilística para satisfazer o Princípio de Incerteza [Born 1956, Freire Jr. 2004]. Obviamente, a discussão não parou por aí, e se estende até hoje. Veremos algumas formas de interpretar a Mecânica Quântica e os problemas que confrontam.

Interpretações da Mecânica Quântica [de la Peña 2010]

Toda a complexidade sobre a Natureza da matéria levantada pela fundamentação da Mecânica Quântica trouxe consigo uma série de diferentes interpretações filosóficas.

Estas "interpretações" pretendem dar significado físico aos objetos matemáticos da teoria, algo que também acontece na Física Clássica, mas que geralmente é resolvido de forma inequívoca e em tempos curtos. Agora, quase um século depois da formulação da Mecânica Quântica que conhecemos, não há ainda consenso efetivo a respeito desta interpretação. As principais frentes à época em que a teoria estava começando a ser construída se dividiram entre uma interpretação *realista* e uma interpretação *positivista*, e posteriormente até *idealista* (vide Capítulo 6). A seguir destacamos algumas delas.

Interpretação de Copenhagen

Proposta por Bohr e Heisenberg, recebe este nome por ter sido desenvolvida na cidade de Copenhagen onde trabalhavam. Defendia que o estado quântico de uma partícula não é uma propriedade objetiva da mesma, mas sim uma descrição probabilística que reflete a incerteza fundamental da natureza quântica. Segundo essa interpretação, a medição de uma partícula necessariamente altera seu estado quântico de forma irreversível, de forma que a função de onda "colapsa" para um estado em particular, que matematicamente deve corresponder a uma das possíveis soluções da equação de Schrödinger.

Embora a posição de Bohr tenha mudado ao longo do tempo, a chamada interpretação de Copenhagen contém vários elementos importantes bem distintos aos da Física Clássica que formam sua essência. Talvez o mais importante é a afirmação de que não existe nenhuma "Realidade Quântica" concreta, isto é, as propriedades dos objetos microfísicos *não têm* valores definidos (estes não existem!) *antes* de serem medidos. Para Bohr e os ortodoxos o ato de medir *cria* a "Realidade", isto é, define o tipo de fenômeno medido.

Outro postulado importante é que os estados do sujeito, dos aparelhos de medida e os resultados obtidos são *expressáveis* somente em termos clássicos. A interpretação de Copenhagen admite ainda que a lógica da MQ é aristotélica (ou Booleana), mas mantém que os resultados obtidos refletem a natureza *probabilística* do fenômeno quântico, e que esta situação não poderá mudar com a introdução de *variáveis ocultas*, tal como almejado por Einstein e outros físicos para que a teoria seja restaurada no determinismo.

Nos últimos anos, o próprio Bohr manifestou que a MQ é uma teoria que diz *quanto podemos dizer* dos objetos (epistemológica), e que não versa a respeito da "Realidade", esta última considerada em Copenhagen como um problema metafísico.

Como é público, o caráter não determinístico levantou diversas críticas por parte de físicos e filósofos, e foi neste contexto que Einstein ponderou "Deus não joga aos dados" e levantou o questionamento sobre a interpretação de Copenhagen que sugere, por exemplo, que a existência da Lua precisa da presença de um observador, uma consequência que é inescapável daquela doutrina. Embora pareça um disparate, há elementos concretos para considerar que estas afirmações podem ser mais reais do que pensamos (Capítulo 6).

Interpretação da Realidade não-local (de Broglie-Bohm et al.)

Na versão de de Broglie-Bohm, a "Realidade Quântica", os objetos estudados e suas propriedades, os fenômenos medidos e o próprio sujeito (S) *não podem ser separados*. Os objetos quânticos *guardam memória* de sua história espaço-temporal. Esta característica é conhecida como *embaralhamento de fases*, e resulta uma novidade bem além da Física Clássica.

Esta interpretação apresenta uma visão determinística da natureza, onde onda e partícula são entidades reais. Além disso propõe, de forma análoga à solução de onda-piloto sugerida anteriormente por de Broglie, que as partículas quânticas possuem um estado quântico objetivo e a incerteza quântica é causada por um "campo quântico" (não observado) que guia a partícula de acordo com a equação de Schrödinger, sem haver necessidade de um colapso da função de onda a partir da medição.

Nesta interpretação o Universo inteiro é um *Todo* indivisível (ou seja, extremamente não-local). As partículas "cavalgam" nas funções de onda, mas permanecem ocultas (*hidden variables*) sem influenciá-las (o qual para a escola de Copenhage seria sinônimo de serem supérfluas). Assim, enquanto a ontologia dos objetos é essencialmente clássica, deve-se aceitar a existência do embaralhamento de fases para que a MQ faça sentido. Veremos que o embaralhamento de fases é *medido* e conferido, dando suporte para esta interpretação, no Capítulo 6.

Segundo esta visão, conceitos como os de causalidade, posição e trajetória possuem um significado físico concreto. Esta interpretação também encontrou fortes objeções, até mesmo por físicos como Einstein, que defendiam o caráter determinista da Mecânica Quântica, principalmente por ser *não-local*.

Mais tarde Bohm desenvolveu ainda uma imagem ainda mais radical da microfísica, que postula que os processos e estruturas são mais fundamentais que as entidades individuais. Segundo ele existem infinitos níveis de realidade, e num dado nível a realidade é produto da "ordem implícita" do resto. Assim, as "variáveis ocultas" o seriam somente no nível analisado, produto de todas as estruturas subjacentes [Bohm 1980].

A interpretação dos múltiplos mundos (H. Everett)

Na interpretação de Everett, a "Realidade Quântica" é a de um conjunto de sistemas *disjunto no tempo*, e os objetos quânticos se "bifurcam" para cada possível resultado de uma medida e seguem existindo nos seus próprios universos paralelos (que são reais!). Cada medida corresponde a uma das possibilidades, e não há nenhum "colapso da função de onda", mas tão somente uma escolha do sistema, sendo a distribuição de probabilidades da função de onda a amplitude para cada desfecho. Existe um relato de J.L. Borges (*O Jardim dos Caminhos que se Bifurcam*, 1941) que de fato precede em mais de uma década à publicação de interpretação de Hugh Everett III em 1957. Borges negou ter conhecimento do problema quântico. Embora atrativa, esta interpretação não goza do favor da comunidade de físicos pelo seu caráter "fantástico", mas ideias similares em outros contextos emergem o tempo todo (por exemplo, o ensemble de meta-Universos do Capítulo 6).

A interpretação da Lógica Quântica (Birkhoff- von Neumann)

Segundo os trabalhos de Wittgenstein (1921) a respeito do significado da linguagem, o sujeito S está condicionado pela estrutura do raciocínio humano (linguagem), representado pelos silogismos aristotélicos/booleanos, e aquele paira encima de todo resultado obtido e sua interpretação. Para Birkoff e von Neumann, o problema é que a MQ *não segue* esta lógica, mas antes uma lógica não Booleana própria. Os problemas que a MQ origina estão na interface que conecta os resultados da medida com o Sujeito-observador S. Dificilmente conseguiremos aprender a lógica não humana para nos desfazermos dos paradoxos.

A Consciência cria a Realidade (von Neumann-Wigner)

Embora muitas abordagens New Age propõem que a Consciência (cósmica) está por trás dos problemas quânticos, têm sido dois dos mais brilhantes cientistas do século XX os que levantaram e defenderam este ponto de vista.

János Lajos von Neumann, matemático de formação e capaz de ir ate as últimas consequências de uma hipótese, chegou à conclusão com Wigner que o colapso da função de onda e outros postulados quânticos podem ser possíveis somente se produzidos por uma consciência, e assim introduziu não só subjetivismo, mas um idealismo de Berkeley "puro" no qual o mundo físico resulta o produto das mentes que o experimentam. Nesta interpretação, além do mais, há uma distinção entre "observador" (por exemplo, um leitor automático) e uma "consciência" que resulta imprescindível para que tudo funcione. É bastante evidente que o risco da Física cair no solipsismo resulta muito grande se aceita esta interpretação.

A interpretação da potentia *de Heisenberg*

Numa tentativa de dar uma resposta ao problema ontológico fundamental, Heisenberg argumentou que os objetos da "Realidade Quântica" existem, de certa forma, a "meio-caminho" entre a Realidade mais profunda (incognoscível, ao estilo do *noumena* de Kant) e os fenômenos, em uma espécie de limbo chamado por ele de *potentia*. Heisenberg concorda em que o ato de medir define o tipo de fenômeno medido, retirando o resultado do mundo da *potentia* P, onde este realmente existe, mas em estado latente. Sendo Heisenberg um dos criadores da MQ, sua proposta se conta como única na hora de tentar superar o "*no-go*" da escola de Copenhagen, mas não conseguiu adesões significativas.

A interpretação estatística (Born-Einstein)

No campo oposto a Bohr e Copenhagen, Born, Einstein e colegas formularam a ideia que a descrição quântica não é aplicável a um objeto individual, mas sim a um *ensemble* de objetos (não confundir com a interpretação de Everett, onde o conjunto -*ensemble*- é real). Assim, a função de onda contém informação a respeito das probabilidades de medir os valores permitidos das propriedades físicas dos objetos do *ensemble*, em paralelo com a Mecânica Estatística clássica de Gibbs.

Enquanto esta interpretação deixa muitos assuntos sem resposta elaborada, ela é em geral considerada "mínima" enquanto as hipóteses feitas, e constitui um marco de ordem zero para começar a resolver os problemas conhecidos da MQ. É por isso que resulta bastante atrativa.

O Instrumentalismo

Depois do período inicial da MQ e com a confirmação dos resultados e predições desta, a ortodoxia produziu um novo paradigma para compreender como isto era possível. Foi enunciado que a descrição quântica é meramente um *conjunto de regras de cálculo*, sem qualquer pretensão ontológica, ou seja, renuncia ao *logos* da Realidade Quântica explicitamente, e se concentra no formalismo que conecta o sujeito S com os resultados dos experimentos. Segundo esta proposta, seu domínio é a interfase que Wittgenstein levantou (esta última estendida ao formalismo matemático) e as próprias medidas, e qualquer pretensão ontológica resulta "expulsa" para a Metafísica (o qual é um palavrão para os físicos profissionais). Este recuo positivista tem muitos adeptos entre quem nem quer refletir a respeito do que a Mecânica Quântica significa.

A interpretação dos Quons/Quantons (Bunge e outros)

Finalmente, na proposta defendida por M. Bunge, a natureza dos objetos microfísicos é suposta fundamentalmente diferente do quadro clássico: eles *não tem* valores únicos definidos (mas estes existem!) para um instante qualquer. Assim, os objetos quânticos são denominados *quons* (ou *quantons*). O formalismo quântico permite calcular os valores esperados para uma medida de alguma propriedade. Mas não há nada de idealista/místico nisto, é tão somente a correção da "extrapolação" feita anteriormente do mundo clássico para o quântico, efetuada no nível ontológico. Dito de outra forma, nossa experiência começou pelo extremo clássico do mundo físico, mas quando confrontados com o microcosmos deve-se aceitar que as coisas são diferentes, e que aquele é um caso limite deste. Os quons não são partículas, nem ondas, mas tão somente objetos quânticos *sui generis* que nós tentamos enxergar em termos clássicos, o qual acarreta os paradoxos decorrentes.

O gato de Schrödinger

Schrödinger era um dos principais opositores da interpretação de Copenhagen e, em 1935, propôs um experimento mental com o objetivo de invalidá-la. O experimento proposto tem a virtude de utilizar um sistema clássico macroscópico (um gato dentro de uma caixa) para expor o significado dos estados misturados e suas consequências. A proposta consiste em imaginar um gato no interior de uma caixa, junto a um frasco contendo uma substância radioativa e um contador Geiger que identifica se a substância decaiu. Caso haja o decaimento, é acionado um martelo que quebra o frasco contendo o veneno.

Segundo a interpretação de Copenhagen, *antes* da caixa ser aberta novamente o gato estaria em uma superposição de estados, *estando vivo e morto ao mesmo tempo*, segundo a expressão da função de onda como a soma desses dois estados

$$|\Psi\rangle = \frac{1}{\sqrt{2}}\left(\,|\text{🐱}\rangle + |\text{☠}\rangle\,\right) \,. \qquad (5.35)$$

Segundo as ideias defendidas por Bohr e Heisenberg, quando uma medida é realizada (ou seja, quando a caixa é aberta), o estado que era antes formado pela superposição dos diferentes estados vivo/morto "colapsa" para um deles, e o bicho está ou vivo ou morto. Não é que nós não conhecemos se o gato está vivo ou morto, ele precisa estar vivo *e* morto, um elétron está em um estado misturado dos dois *spins*, mas não causa espanto. No entanto, a possibilidade de considerar que um gato (ou qualquer outro ser vivo) possa estar simultaneamente vivo e morto soa muito absurda, e essa foi precisamente a intenção do Schrödinger ao propor este exemplo. A mesma situação com um elétron como sujeito não causa esse efeito.

É notório porém que este experimento, no entanto, se dá em dimensões *macroscópicas* enquanto os efeitos quânticos são observados em sistemas *microscópicos*. É justamente esta transição entre escalas que ainda levanta inúmeras questões acerca da realidade que nos cerca, e da qual teremos mais o que dizer no Capítulo 6.

Figura 5.17. O gato de Schrödinger. O bicho está em um estado quântico misturado, vivo e morto, *ao mesmo tempo*. Somente quando abrimos a caixa saberemos a qual destes autovalores colapsou a função de onda. Com isto, Schrödinger quis mostrar que a Mecânica Quântica levava a considerações absurdas e que devia estar incompleta ou ser inaplicável. Porém, veremos que o emaranhamento quântico expressado aqui é sempre comprovado em experimentos com elétrons e fótons.

A visão da Filosofia científica nos começos do século XX

O novo século trouxe novas correntes de pensamento, algumas que já tinham começado no século XIX e outras que levaram as Ciências a patamares completamente diferentes, como veremos a seguir. Esta situação foi contemporânea com novas ideias no campo da Filosofia científica, em alguns casos lançadas pelos próprios praticantes e em outros por correntes e escolas filosóficas que participaram da construção geral da Ciência no século XX, pautado na primeira metade pelas duas grandes guerras e mudanças de grande porte. Veremos brevemente alguns representantes destas posturas que participaram da construção científica mencionada.

Arthur Stanley Eddington

A.S Eddington

Sir Arthur Stanley Eddington (1882-1944) foi um astrônomo e físico inglês com uma notável habilidade para a Matemática, opiniões singulares em Filosofia e uma grande capacidade de comunicar Ciência para o público. Suas contribuições originais são muitas e ficaram impressas na Teoria da Evolução Estelar e a Cosmologia.

É difícil transmitir com exatidão a importância do Eddington para as Ciências na primeira metade do século XX. Seu modelo "padrão" da Estrutura Estelar foi utilizado amplamente por mais de 50 anos, até a chegada dos computadores que permitiram soluções numéricas. Foi um dos primeiros que compreendeu e espalhou a Relatividade de Einstein, e seu livro *The Mathematical Theory of Relativity* [1923] foi considerado pelo próprio Einstein como "a melhor apresentação da Relatividade feita em qualquer língua". Sua tarefa de divulgação e esclarecimento público deste assunto fez com que o descobridor do elétron, J.J. Thomson, dissesse que "Eddington falou tanto, e com tanta competência, que convenceu todo mundo de que realmente entendemos a Relatividade".

Entre sua obra científica podemos mencionar que foi Diretor do Observatório de Cambridge e liderou uma das expedições enviadas para medir a deflexão da luz durante o eclipse de 1919, na Ilha do Príncipe, na África. Sua confiança na Relatividade Geral era tanta que forçou os dados obtidos algo além do desejável, para concluir que a predição Einsteiniana havia sido confirmada, resultado que descansou por anos no seu enorme prestígio como cientista e se impôs como "verdadeiro" rapidamente [Soares 2006, Matsuura 2019]. Porém, um século depois, a deflexão foi medida inúmeras vezes em eclipses e outras situações, e os resultados batem muito bem com a "forçação" que Eddington publicou originalmente, e que realmente tinha pouco sustento objetivo.

Eddington era muito religioso, com um viés místico, e pertencia à Sociedade Religiosa dos *Quakers*. Isto paira nas suas singulares visões da Ciência e da Filosofia Científica que ficaram escritas. Em primeiro lugar, Eddington sempre se posicionou entre os que opinaram que a Ciência sozinha nunca conseguiria dar resposta às perguntas fundamentais (vide Ostwald e o Energeticismo). Sua postura filosófica pode ser descrita como uma espécie de *estruturalismo*, pioneiro da série de variantes que o sucederiam. Eddington sempre esteve convencido que a Física construída reflete a influência seletiva da mente do observador. Sua caracterização deste processo a denominou *"world building"*, ou *construção do mundo*. Vemos assim que em grande medida Eddington acreditava que o mundo é um resultado da mente, e portanto que o Materialismo está equivocado. Esta postura colidia de frente com o Realismo de Einstein e outros cientistas de renome. No seu livro *The Nature of the Physical World* [1948], Eddington escreve com clareza que:

> *"É difícil para um físico de fato aceitar a visão que o substrato de tudo é de caráter mental"* (p. 141, tradução nossa),

conclusão à que chegou depois de presenciar e contribuir à discussão da construção da Mecânica Quântica, terminando na vereda oposta a Einstein e os realistas. Podemos afirmar que Eddington enxergou nas ideias quânticas a *desmaterialização* da matéria no nível mais fundamental, e que não estava sozinho nessa visão.

Como se esta declaração forte não bastasse, Eddington se referiu repetidamente a uma consequência muito perturbadora da sua posição: se o mundo físico é um produto mental, e resulta "construído" a partir da mente, as respostas podem ser procuradas também na mente. Afirmava assim que, por exemplo, se uma unificação da Mecânica Quântica e a Relatividade fosse atingida, as constantes fundamentais (de Newton, a velocidade da luz c, etc.) *emergiriam* dela como resultado automático do processo. Ou seja, poderíamos calcular a velocidade da luz, a constante de Planck etc. de primeiros princípios, sem olhar nem efetuar qualquer experimento. Obviamente, ele nunca passou perto desta façanha, que provocaria por sua vez a "resurreição" do dogmatismo Kantiano.

A título de curiosidade, Eddington gostava muito de deixar perplexos os jornalistas com seu humor e ironia finíssimos. Como exemplo, ao assistir a apresentação do Princípio de Incerteza desenvolvido por Heisenberg, foi interrogado ao sair por um jornalista e declarou que "*algo desconhecido está fazendo aquilo que ignoramos*". Não temos notícia da matéria que o jornalista teria escrito a respeito.

Bertrand Russell

Bertrand Russell

Lord Bertrand Russell (1872-1970) foi um lógico e matemático inglês que cumpriu um papel importante na Matemática e na Lógica da primeira metade do século XX. Russell entrou para o *Trinity College* em 1890 para estudar Matemática, mas a influência de vários colegas o fez se interessar pela

Filosofia. Nessa época publicou *Essay on the Foundations of Geometry*, de inspiração neo-Kantiana, já que desenvolveu a Tese que a Geometria era uma descrição de intuições espaciais humanas.

Ativo e interessado em controvérsias políticas, seu Idealismo metafísico foi se diluindo, para chegar a expressar que a Matemática precisava de fundamentos lógicos rigorosos, e que no fundo, era um ramo da Lógica. Uma exposição desta tentativa é a obra *The Principle of Mathematics* (1903), onde Russell tenta construir um edifício matemático baseado em proposições e classes. No entanto, descobriu que Gottlob Frege se tinha lhe antecipado em quase todo, mas a correspondência entre os dois aparou as rusgas e levou a uma síntese. No entanto, ele percebeu uma objeção fatal aos sistemas lógicos deste tipo: os chamados *paradoxos de Russell*, que decorrem da tentativa de construir a classe de todas as classes que não são membros de si mesma, e perguntar se é ou não um membro. Tanto se a resposta é positiva, quanto negativa, leva a uma contradição insolúvel. Como exemplo, o cabeleireiro de um povoado é a pessoa que corta o cabelo de todos os que não cortam de si mesmos. Corta ou não seu próprio cabelo? Se a resposta é "sim", então está excluído da classe logo mais. Mas se a resposta é "não", também é contraditório, já que viola a definição. Russell tentou modificar seu sistema lógico sem grande sucesso, já que isto implicou entrar em outros problemas, e Frege entrou em depressão e abandonou o trabalho.

O resultado deste e outros trabalhos levou Russell a escrever, em colaboração com A. Whitehead a obra *Principia Mathematica* [1910-1913], trabalho complexo e extenso que poucos têm estudado a fundo. De novo, a Tese central é que a Matemática é um ramo da Lógica, e o livro contém as demonstrações que fundamentam esta conclusão. Porém, a discussão a respeito do *que logrou exatamente* é ainda substancial, mais ainda quando Kurt Gödel demonstrou os Teoremas de Incompleteza (vide a seguir). Tanto Russell quanto Frege são considerados platônicos, aceitando que havia uma realidade imutável e eterna, acessível somente à Razão.

Imediatamente depois dos três anos da escrita de *Principia Mathematica*, Russell precisou um longo descanso intelectual de várias décadas. Foi ativista contra a Primeira Guerra Mundial e também na Segunda. Escreveu sobre Educação, Socialismo e foi detido duas vezes por «idéias subversivas». Durante os anos da Primeira Guerra defendeu um chamado *atomismo lógico*, onde o mundo é composto por unidades mínimas (não materiais) derivadas dos sentidos que se compõem nos objetos do mundo. Esta postura foi também abandonada por volta de 1927, para dar passagem ao *monismo neutral*, onde o mundo não resulta nem materialista nem idealista. Esta postura não emplacou em absoluto e foi esquecida.

Russell nunca se recuperou do esforço da escrita dos Principia, no sentido de abordar outra vez problemas muito complexos. Mas aceitou como estudante ao austríaco Ludwig Wittgenstein, quem trouxe novas ideias e desenvolveu a noção que a Lógica não possui "verdades", mas somente tautologias, e que estas são sustentadas pelo *uso da linguagem*.

Ludwig Wittgenstein

Russell tinha uma habilidade especial para escrever a respeito de qualquer assunto do seu domínio e fazê-lo acessível ao público. Sua clareza de conceitos era notável e a utilizou para expor temas políticos, sociais, e científicos. Seu livro *History of Western Philosophy* vendeu como um *best-seller* por décadas, e permitiu seu sustento, por exemplo, depois de ser expulso do *Trinity College* pelas suas ideias pacifistas e contestação à políticas do governo inglês. Sua contribuição à Matemática consistiu em mostrar que esta disciplina é de caráter *analítico*, e não sintético, como defendia David Hilbert. Russell e Frege foram importantes pra a criação, o estabelecimento e funcionamento do Círculo de Viena que veremos a seguir.

David Hilbert

David Hilbert

Possivelmente David Hilbert (1862-1943) foi o matemático de maior influência no século XX. Nascido e formado em Königsburg, em 1895 aceitou uma posição na Universidade de Göttingen, berço de matemáticos notáveis como Gauss e Riemann, até sua morte acontecida assim que acabava a Segunda Guerra Mundial.

Hilbert tinha ideias muito originais e um método de trabalho similar ao dos gregos peripatéticos: gostava de discutir assuntos em longos passeios pelo parque universitário. Além do seu trabalho de Doutorado na Teoria de Formas Invariantes, Hilbert reformulou completamente a Geometria Euclidiana no livro *The Foundations of Geometry* [1902] com um conjunto de axiomas diferente do original, numa abordagem sintética de grande alcance e solidez.

A preocupação de Hilbert com os fundamentos matemáticos o levou a propor o chamado *programa de Hilbert*, ou seja, provar que num sistema lógico será possível desenvolver qualquer demonstração num número *finito* de passos sem contradição. Mas uns anos mais tarde, seu amigo e colega Kurt Gödel deu por terra com o programa, provando que qualquer sistema lógico contém proposições indecidíveis, que somente podem ser resolvidas ampliando o sistema. Porém, o novo sistema abrangente terá, por sua vez, outras proposições do tipo, e o programa de Hilbert resulta impraticável.

Kurt Gödel

David Hilbert dedicou muito tempo à Física-Matemática, em colaboração e individualmente. Seu colega Hermann Minkowski foi um dos colaboradores assíduos. Suas contribuições também são destacadas neste campo: o funcional da ação para a Relatividade Geral leva o nome de *ação de Einstein-Hilbert*, entre outros feitos. Em breve veremos como essa visão da gravitação foi desenvolvida e constitui um dos pilares da Física moderna.

O Círculo de Viena (1921-1936)

Já nos começos do século XX, a constituição do chamado *Círculo de Viena* é um fato de importância para o pensamento científico como um todo e merece uma menção.

O *Círculo de Viena* foi uma sociedade científica que funcionou na Universidade de Viena, integrado por pensadores, filósofos e matemáticos que tinha como objetivo desenvolver uma visão científica completa do mundo, e desenvolver critérios para refinar os conceitos e práticas da Ciência.

O fundador e líder do Círculo foi Moritz Schlick, e um número variável de membros o integrou durante seu funcionamento, entre os quais se incluem O. Neurath, H. Hahn, H. Feigl, P. Frank, R. Carnap, K. Gödel e muitos outros. O Círculo recebeu visitas, correspondência e intercâmbio de pensadores que nunca o integraram formalmente, tais como Bertrand Russell e Karl Popper.

O Círculo de Viena tinha como base doutrinaria a rejeição de qualquer juízo sintético *a priori* do tipo Kantiano. Viam as teorias científicas em mudança constante, e aderiam a um empirismo extremo, completamente oposto à qualquer abordagem "metafísico". Este conjunto de posturas caracterizou o chamado *positivismo lógico* que definiram na prática. Mas é claro que a diversidade do pensamento dos membros, e as novidades científicas, sociais e políticas da época provocaram não poucas controvérsias e debates, às vezes não totalmente aparados. Os membros do Círculo coincidiam em ver a Filosofia Analítica como uma reflexão a respeito da Ciência, esta mais fundamental segundo eles.

Seria difícil enumerar as contribuições dos membros do Círculo por inteiro. Mas como exemplo basta o trabalho de Schlick e Carnap a respeito do papel da linguagem na Ciência (que foi denominado *linguistic turn* na literatura, e enfatizado na obra de Wittgenstein entre outros). Tanto *General Theory of Knowledge* [1925] de Schlick quanto *The Logical Structure of the World and Pseudoproblems of Philosophpy* [1928] de Carnap são exemplos claros desta visão. Nessas obras, questões tais como a realidade do mundo físico (Carnap) são consideradas como mal colocadas, e o papel dos entes teóricos (em contraste com as quantidades empíricas) discutido. Há uma tendência a considerar as teorias físicas como regras de cálculo, não como esquemas explicativos da realidade ,que reaparecerá depois com força nas interpretações da Mecânica Quântica.

M. Schlick   O. Neurath   H. Hahn

Existe uma tendência contemporânea a desestimar o positivismo lógico por inteiro. Certamente boa parte do conteúdo daquele não é sustentável, mas há elementos na verificação científica, a ideia de reducionismo e outras que contribuem ainda à análise dos problemas científicos de forma substancial (vide Popper, Kuhn, Lakatos e Feyerabend). O legado do Círculo de Viena transcendeu a sua época e aos seus membros, o qual revela uma importância inegável para a construção de um quadro da visão do mundo.

Figura 5.18. Sede do *Wenier Kreis*, Viena, Áustria

O Universo do século XX

Medindo e observando o Universo

Enquanto a descoberta do elétron e posteriormente do núcleo atômico tinham inaugurado uma nova era para explorar como a matéria se estrutura na microfísica, o desenvolvimento tecnológico alavancava, por sua vez, o estudo do maior sistema físico conhecido: o próprio Universo. Tinham transcorrido quase 3 séculos desde a adaptação de Galileu da invenção de Lippershey, o *cannochiale*, e sucessivas melhoras mecânicas e ópticas levaram a construção do chamado telescópio de Herschel que funcionou até 1840 (Figura 5.19), e muitas perguntas tinham se acumulado nesse tempo, por exemplo, a origem do Sistema Solar já mostrada nos trabalhos de Kant e Laplace. Somente haveria avanços conseguindo observar diretamente as componentes do Cosmos.

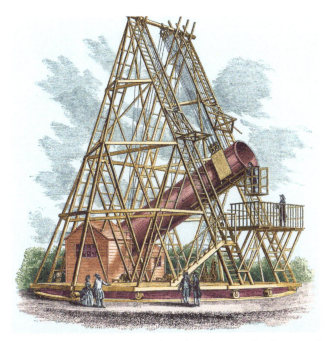

Figura 5.19. Desenho do telescópio de 40 pés (12 m) de distância focal construído por William Herschel e que inaugurou a era das descobertas astronômicas no século XIX.

Como exemplo desta afirmação, podemos ver na Figura 5.20 a estimativa da distância às estrelas ao longo da História. Antes de 1838 esta distância era estimada como o raio das esferas de cristal onde as estrelas se localizavam, de acordo com Aristóteles. As ideias de Nicolau de Cusa e Giordano Bruno converteram esta distância em um limite inferior, já que para eles o Cosmos deixava de ser finito. Mas foram os trabalhos de F. Bessel que conseguiram medir a distância até uma estrela real, através da paralaxe estelar. Este valor resultou quase 10 vezes maior que o esperado. A barra pontilhada no final reflete a faixa de distâncias dentro da nossa galáxia, entre as mais próximas e a borda do disco (vide abaixo).

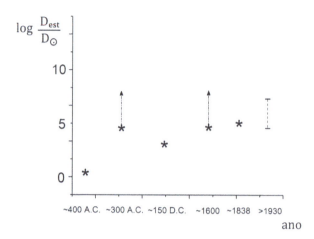

Figura 5.20. A distância até às estrelas através do tempo (vide texto) D_{est}, expressada em unidades da distância ao Sol $D_{\odot}$. Note-se a escala logarítmica no eixo vertical. A medida de Bessel de 1838 é a primeira determinação que não estava baseada em argumentos filosóficos ou inferências indiretas.

Com esta perspectiva começou o século XX, onde vários cientistas decidiram explorar mais a fundo a questão do Cosmos. Havia um limite (como dizia Aristóteles)? O quê há "lá fora" da Terra exatamente? Do que é feito nosso Universo?

Quando o telescópio de 40 pés de William Herschel começou a operar, no fim do século XVIII, não havia como determinar as distâncias às estrelas (vide Figura 5.20) e por isso ele começou supondo que todas tinham o mesmo *brilho absoluto*. Herchel fez com este método um *mapa da Galáxia*. No século XIX, devido à essa distribuição das estrelas, era consenso que estávamos no centro de um Universo pequeno, achatado e alongado em uma direção.

Figura 5.21. A nebulosa M51 (galáxia do Redemoinho) conforme observada por Lord Rosse em 1850 com seu telescópio de 1,8 m de diâmetro. Só a partir da década de 1920 foi possível identificar que muitas nebulosas eram de fato *outras galáxias*, compostas por ~ bilhões de estrelas.

Como parte destes estudos, estruturas conhecidas como "nebulosas", objetos de aparência difusa, similar a uma nuvem, passaram a ser catalogadas, por Herschel e Charles Messier e pela família Herschel (William e seus filhos, também cientistas). Ainda antes de 1800 já tinham observado milhares destes objetos, estruturas de difícil resolução e de origem incerta (depois ficaria claro que haviam várias classes juntas) perante a capacidade dos telescópios. Como exemplo destas dificuldades mostramos na Figura 5.21 a observação de 1845 feita por Lord Rosse, utilizando o telescópio mais avançado da época. Ele já enxergava claramente uma estrutura espiral, como mostrado na figura, mas continuava sem entender o que era. Como não eram identificadas estrelas individuais nestas estruturas, isto poderia se dever à distância ou à natureza diferente das "nebulosas". Houve na segunda metade do século XIX bastante discussão a respeito, incluso levantando a possibilidade de que fossem nuvens em rotação ou "Universos-ilha", semelhantes à Via Láctea, como proposto por Immanuel Kant.

Medir distâncias em Astronomia envolve compreender o comportamento da propagação da luz com o caminho percorrido. Ao acender uma lâmpada, por exemplo, a luz que sai desta é emitida igualmente em todas as direções. Chamamos de luminosidade a energia emitida por unidade de tempo (taxa de emissão, o equivalente à potência de uma lâmpada) por uma dada fonte. A intensidade de luz observada, ou fluxo, F, dependerá da luminosidade intrínseca, L, do objeto e da sua distância ao observador, r. Em um ambiente sem obstáculos ou sem a presença de nenhuma outra fonte de luz, podemos escrever que o fluxo é dado pela luminosidade dividida pela área total sobre a qual se observa,

$$F = \frac{L}{4\pi r^2} \; . \tag{5.37}$$

A intensidade da luz que será observada em uma determinada região será inversamente proporcional ao inverso do quadrado da distância à fonte, de modo que as fontes parecem cada vez mais fracas com o aumento da distância.

Uma forma comum de quantificar a luz que observamos proveniente de um objeto em Astronomia é referir-se ao conceito de *magnitude*. Em termos dos fluxos de duas estrelas quaisquer, a diferença de magnitudes, originalmente definida por Hiparcos na Grécia antiga, mas atualizada no século XX satisfaz

$$\frac{F_2}{F_1} = 100^{\frac{(m_1 - m_2)}{5}} \; , \tag{5.38}$$

a magnitude aparente, m, de um objeto como função do fluxo, F, observado é assim

$$m = -2{,}5 \, \log_{10} F + C \; , \tag{5.39}$$

com C uma constante a ser definida (com o procedimento chamado *calibração* da escala, ou seja, o estabelecimento de um "zero" referencial na Astronomia). O "ponto zero" da escala é normalmente escolhido como a magnitude da estrela Vega por convenção.

Vemos das eqs. (5.37) e (5.39) que a magnitude aparente de um objeto depende da sua luminosidade e da *distância* entre a fonte e o observador. Várias fontes com luminosidade diferentes e distâncias diferentes terão a mesma magnitude aparente. Esta não caracteriza de forma absoluta a fonte, no sentido de que somente com esse valor não saberemos quanta energia emite a estrela.

Agora, se soubermos quanto um dado objeto emite por unidade de tempo (sua luminosidade) e medirmos o quanto de luz chega vindo desta fonte sobre uma certa área (sua magnitude aparente), é possível usando a eq. (5.39) *calcular sua distância* ao ponto de medição. Quando existe um objeto com luminosidade bem definida conhecida *a priori*, permitindo realizar tal tipo de comparação de distâncias, este se denomina numa *"vela-padrão"*.

Uma vela-padrão estudada no início do século XX são as chamadas variáveis Cefeidas. Estas são estrelas de grande massa que, em determinado estágio avançado de sua evolução, entram uma fase "pulsante", na qual os seus raios, e consequentemente suas temperaturas superficiais, passam por variações regulares em um intervalo de tempo bem definido. Henrietta Leavitt e colaboradores observaram Cefeidas nas nuvens de Magalhães (galáxias anãs próximas da Terra) por volta de 1910. Nesta época as mulheres não podiam assumir cargos de liderança em instituições científicas, cabendo a elas trabalhos mais mecânicos como compilar tabelas, realizar cálculos repetitivos e outros menos "nobres". Leavitt, trabalhando como um desses "computadores humanos", partiu de uma suposição válida para correlacionar o período de pulsação e a luminosidade destes objetos, a de que, por pertencerem a mesma nebulosa, estavam aproximadamente à mesma distância da Terra, portanto as estrelas com brilhos aparentes maiores também tinham brilhos intrínsecos maiores. O gráfico por ela obtido encontra-se reproduzido na Figura 5.22. No entanto, na época as distâncias às nuvens de Magalhães não eram conhecidas, e justamente por isso o estudo foi fundamental. Ejnar Hertzprung comparou a seguir Cefeidas próximas para calcular a distância à Pequena Nuvem de Magalhães e obteve uns 37.000 anos-luz. Na sequência, Harlow Shapley expandiu a amostra de Cefeidas e, propondo uma nova calibração, obteve o valor de 95.000 anos-luz para a mesma nebulosa. Estes trabalhos sugeriam que as nuvens estavam *fora* da Vía Láctea, ou seja, que havia *outros* sistemas estelares (que hoje chamamos de *galáxias*) e que finalmente seriam reconhecidos quando Hubble finalmente identificou e mediu uma Cefeida na "nebulosa" de Adrômeda e obteve distâncias ainda maiores [Paulucci, Moraes e Horvath 2022].

Por outro lado, H. Shapley estudou Cefeidas em aglomerados globulares, e calculando as distâncias concluiu que eles não estavam distribuidos simetricamente em torno do Sistema Solar, e que o Sol estava a uns ~60.000 anos-luz do centro da Via Láctea, que por sua vez possuia uma extensão total de cerca de 300.000 anos-luz. O "Universo" de Kapteyn e van Rhijn estava questionado .Agora sabemos que a razão é que há poeira que absorve luz e distorce as determinações, mas isso era desconhecido nos começos do século XX. Também eram identificadas como "Cefeidas" dois grupos de variáveis com diferenças de mais de 1 magnitude, o qual levava a distâncias com erros substanciais, já que tanto a calibração como a dependência com o período são diferentes, mas ficavam embaralhadas. Levou décadas identificar e aperfeiçoar estes métodos.

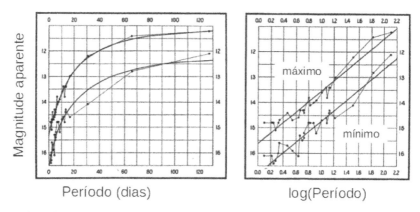

Figura 5.22. Relação período-luminosidade para variáveis Cefeidas na Pequena Nuvem de Magalhães, conforme obtida por Leavitt e Pickering em 1912 como função do logaritmo do período (direita). Os pontos na curva de cima representam as máximas luminosidades observadas para as Cefeidas, enquanto os de baixo, representam seus valores mínimos. Note que, por não ser possível ainda determinar a distância até a nuvem, o gráfico é apresentado em função da magnitude aparente dos objetos e não da absoluta, o que não prejudica o indicativo de correlação entre as duas variáveis pois as distâncias às Cefeidas da nuvem são essencialmente as mesmas.

Havia, porém, uma visão oposta a uma Vía Láctea "gigante" e ainda outras tantas como ela a distâncias enormes: H. Curtis propunha uma Via Láctea com apenas 30.000 anos-luz de extensão e com o Sol a menos de 10.000 anos-luz do centro. Estas visões conflitantes estão na figura (5.23). Shapley e Curtis, em 1920, mantiveram um debate público histórico no Museu Smithsonian de Ciência Natural, na cidade de Washington, EUA a respeito da Via Láctea e as distâncias. Outro dos temas do debate foi precisamente a natureza das "nebulosas espirais", com Curtis afirmando que eram outras galáxias ("Vias Lácteas"), grandes e distantes, enquanto Shapley afirmava que eram apenas nuvens de gás, pequenas e mais próximas, embora admitisse que poderiam não fazer parte da Via Láctea. Ambas as posições tinham pontos que seriam confirmados ou descartados mais tardiamente.

O século XX, o século da Física

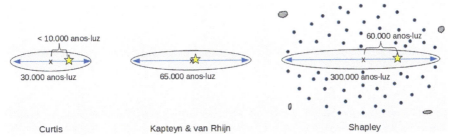

Figura 5.23. Representação pictórica dos modelos de Universo propostos à época do Grande Debate de 1920. À esquerda, o modelo de Curtis, de uma Via Láctea pequena, achatada, com o Sol (representado pela estrela amarela) deslocado do centro, marcado com um xis. Ao centro, o modelo de Kapteyn e van Rhijn, cerca de duas vezes mais extenso que o de Curtis e com o Sol praticamente no seu centro Nestes dois casos, as nebulosas (não mostradas) são de tamanho comparável à Via Láctea e muito distantes, são "universos-ilha". À direita, o modelo de Shapley, de uma Galáxia muito maior, com uma distribuição de matéria praticamente esférica, com o Sol fora do centro e nebulosas (representadas pelas nuvens cinzas) pequenas e muito próximas à Via Láctea (Figura cortesia da Dra. Laura Paulucci)

Mas mesmo antes da compreensão destes efeitos, observações importantes foram feitas em 1924 por Edwin Hubble, com a determinação da distância a uma Cefeida em Andrômeda (vide Figura 5.24).

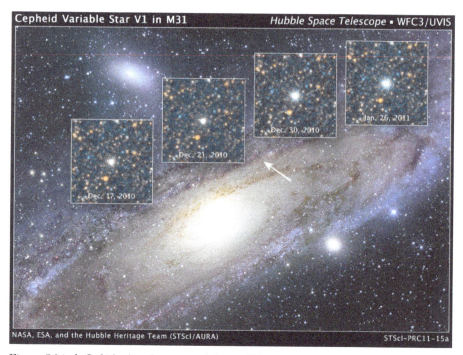

Figura 5.24. A Cefeida descoberta e medida por Edwin Hubble em Andrômeda, observada com o telescópio espacial Hubble, mostrando a variação da magnitude no período. Com esta observação ficou estabelecida a distância até Andrômeda, embora o valor numérico estava superestimado porque a "constante de Hubble" era muito mal determinada (vide Fig. 5.27 abaixo).

A distância de Hubble estava ainda subestimada por um fator de ~3, mas era muito maior do que a estimativa de tamanho da Via Láctea de Shapley, o que as colocavam sem dúvida como objetos *extragalácticos*, além de ficar agora inegável que as "nebulosas espirais" continham estrelas, não sendo compostas apenas por gás. Na realidade, as Cefeidas observadas por Hubble estavam nas galáxias de Andrômeda e Triângulo, que se encontram a 2.537.000 e 2.723.000 anos-luz de distância, respectivamente. Ainda assim, com esta observação, a natureza da Via Láctea e das "nebulosas espirais" fica estabelecida e começam a ser desvendadas as características de um Universo com bilhões de outras galáxias [Paulucci, Moraes e Horvath 2022].

Figura 5.25. Estrutura da Via Láctea. À esquerda, representação das principais componentes da Galáxia: o bojo central, com cerca de 6.500 anos-luz de raio, o disco com 160.000 de comprimento e 1000-3200 anos-luz de espessura, e o halo com pelo menos 326.000 anos-luz de extensão (considerando-se a distribuição de matéria escura). O Sol encontra-se a ~26.000 anos-luz do centro (adaptado de Agência Espacial Européia, ESA). À direita, representação artística com detalhes do disco galáctico, seus braços espirais e uma barra central (fonte: NASA/JPL-Caltech/R. Hurt (SSC/Caltech)).

A expansão do Universo

Após a constatação de que Andrômeda era uma estrutura fora da Via Láctea, Hubble continuou com observações de distâncias a diferentes galáxias. Além de se dedicar a buscar Cefeidas em outras galáxias, percebeu que somente este método era inviável para as nebulosas mais fracas, e estimou as distâncias usando luminosidades de eventos conhecidos como novas ou de galáxias inteiras para estimar suas distâncias.

Figura 5.26. Edwin Hubble (1889 - 1953), primeiro astrônomo a fazer uma medida de distância extragaláctica e identificar observacionalmente uma relação linear entre a velocidade de recessão e a distância da maioria das galáxias.

Em 1929 Hubble combinou seus resultados de distância de nebulosas com suas velocidades determinadas com os espectros (apesar da falta de crédito a Vesto Slipher, que havia desenvolvido estudos pioneiros) e notou uma *relação linear* entre a velocidade de recessão e a distância às galáxias, como mostrado na figura (5.27). É importante apontar que Georges Lemaître já havia derivado das equações relativísticas a relação linear entre distância e velocidade de recessão, com seu modelo do "átomo primordial", em uma publicação ocorrida dois anos antes [Lemaître 1927].

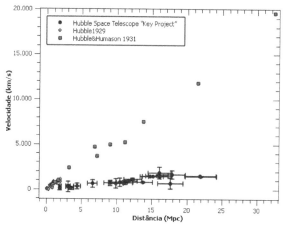

Figura 5.27. Comparação entre os dados para distâncias obtidas a partir da observação de variáveis Cefeidas publicados em por Hubble [1929], Hubble e Humason [1931] e devidas ao *Hubble Space Telescope "Key Project"* [2001]. Note que a inclinação da reta indicada pelos dados de Hubble era maior do que a estimativa atual por um fator de ~7. As distâncias são dadas em milhões de parsecs, sendo que 1 parsec equivale a 3,26 anos-luz [Paulucci, Moraes e Horvath 2022].

Um segundo trabalho junto a M. Humason, que expandiu o trabalho de Slipher para observar galáxias ainda mais fracas, ampliando a amostra de galáxias, mas ainda sem corrigir a calibração das Cefeidas, levou de novo a uma proporcionalidade (Fig. 5.27). A constante de proporcionalidade entre a velocidade e a distância ficou conhecida como *constante de Hubble*, e a relação como lei de Hubble-Lemaître. As implicações da Lei de Hubble-Lemaître levaram a uma nova Cosmologia, completamente diferente do pensamento vigente até então. E estava inaugurada a era da Cosmologia observacional, na qual detecções de precisão dão suporte, questionam e retroagem com o modelo cosmológico vigente.

A nova Cosmologia

Uma relação linear entre a velocidade de recessão das galáxias e a sua distância até nós deu por terra com a ideia de um Universo estático, no qual se supunha a noção Newtoniana de distribuição homogênea, já apresentada no Capítulo 3.

Um ponto importante que convém destacar é que os deslocamentos das linhas espectrais observadas por Slipher, Hubble e Humanson foram interpretadas como um *efeito Doppler*, com as galáxias movimentando-se sobre o tecido do Universo. Hoje sabemos que não se trata de um efeito Doppler, no qual há movimento relativo entre a fonte e o observador sobre um plano de fundo estático. Não se trata de um processo cinemático entre os objetos, mas sim de uma expansão do próprio espaço-tempo que "estica" os comprimentos de onda da luz, causando um efeito de deslocamento para o vermelho, o que ficou conhecido como *redshift* cosmológico. A diferença se mostra graficamente na Figura 5.28.

No entanto, estas observações que indicam que as galáxias "fogem" de nós em todas as direções *não implica* que estamos no centro do Universo. A Lei de Hubble-Lemaître não é exclusiva para um observador na Terra, antes qualquer observador a mediria se estivesse em qualquer galáxia do Universo. Isto pode ser visualizado com o auxílio de um *panettone* que cresce no forno (Figura 5.28) [Horvath et al. 2006]

Figura 5.28. Analogia da expansão do Universo, mas precisamente da *escala* do Universo que cresce com o tempo e provoca um afastamento de todas as passas (galáxias) do *panettone* segundo a mesma proporção.

Das implicações mais profundas, porém, envolve considerar que se as galáxias estão se afastando de nós, significa que no passado estavam mais próximas entre si. O tempo que demora para uma galáxia apresentar-se na sua configuração atual, com a distância medida, pode ser estimado de forma simples utilizando-se a Lei de Hubble-Lemaître, supondo que o parâmetro H_0 seja uma constante, como

$$tempo = C/H_0 \qquad (5.40)$$

ou seja, proporcional ao inverso da constante de Hubble, um resultado universal. Assim, o tempo que demorou para uma dada galáxia estar a uma distância r de nós independe da galáxia em questão. Isso implica que existe um tempo no passado, $1/H_0$, no qual as distâncias entre as galáxias são simultaneamente "zero", ou seja todas as galáxias, toda a matéria e todo o espaço do Universo convergiram a um mesmo ponto: uma singularidade! Isso nos leva à conclusão de que a expansão do Universo teve início há um tempo finito, em um estado de enorme densidade, pressão e temperatura. Aqui vemos uma mudança de paradigma fundamental na Cosmologia: pela primeira vez na história, o Universo passava a ter uma *origem* do ponto de vista científico, mas *dentro* da Ciência, não na mitologia e religiões.

Alguns estudiosos apresentaram forte oposição a este modelo cosmológico e o termo *Big Bang* foi cunhado em 1949 por Sir Fred Hoyle em palestra veiculada pela rádio BBC de Londres, criticando a ideia de origem para o Universo, em um estado muito quente e denso. É importante notar, no entanto, que a ideia do Universo surgindo em uma *explosão* não é o sustentado pela teoria do Big Bang. Uma explosão acontece dentro de um espaço-tempo pré-existente, mas o Big Bang se refere a uma expansão *do* próprio espaço-tempo.

Cosmologia Relativística

Nos começos do século XX as descobertas de Hubble levaram a uma necessidade de repensar por completo o modelo do Universo. A expansão sugeria que o quadro Newtoniano não era uma boa descrição da realidade, e de fato, os trabalhos de Einstein que culminaram na Teoria Geral da Relatividade ofereciam uma nova perspectiva da gravitação. Assim, Friedmann, Lemaître, Milne, Einstein e outros procederam a aplicar a nova teoria da gravitação ao maior sistema físico onde ela é aplicável: ao Universo mesmo.

Na Relatividade Geral, Einstein construiu um esquema matemático que relaciona o conteúdo de energia do Universo com as propriedades da gravitação que o governa e cujas consequências observamos (a expansão de Hubble-Lemâitre). Ou seja, deveríamos "contar" a energia disponível em todas suas formas (matéria, radiação, etc.), e achar as soluções das equações de Einstein para obter um modelos comparável às observações. Como exemplificamos na Figura 5.28, a variável mais adequada para descrever isto é uma quantidade que leve em conta o "tamanho" do Universo, ou mais precisamente, descreva a *escala* do mesmo (já que assim o volume até poderia ser infinito sem mudar de descrição). Convencionalmente esta quantidade é conhecida como *fator de escala*. A dependência com o tempo diz que a evolução da escala do Universo não precisa ser a mesma para qualquer época.

Agora bem, que sabemos dessa expansão que limite e ajude a determinar o fator de escala? Na Cosmologia, e mesmo muito antes da construção da Cosmologia Relativística, existe um *metapostulado* que prescreve propriedades do Universo. Este é um enunciado indutivo (mas também prescritivo e estético) que afirma que o Universo precisa ser *homogêneo* e *isotrópico* em escalas cosmológicas. Essa *homogeneidade* significa que as mesmas observações precisam ser conferidas por observadores em qualquer lugar do Universo, ou seja, que não existe lugar privilegiado ou "centro" (lembremos a esfera de Pascal...). E a *isotropia* neste contexto significa que as mesmas observações serão obtidas para quaisquer direções em que se observa o Universo. Chegamos assim à formulação do *Princípio Cosmológico* [vide Paulucci, Moreas e Horvath 2022].

> *Em escalas suficientemente grandes, as propriedades do Universo são as mesmas para qualquer observador localizado em qualquer lugar do mesmo*
> A. Liddle, *An Introduction to Modern Cosmology*
> (John Wiley & Sons, NY, 2003)

Isto justifica que o fator de escala $a(t)$ seja uma função que multiplique a parte espacial do Universo, a qual por sua vez tem sua geometria determinada pelo conteúdo de energia (e matéria, já que $E = mc^2$). Nos livros didáticos aparecem assim geometrias espaciais análogas à esfera, ao hiperboloide e ao espaço Euclideano, precisamente as que estudaram Gauss, Riemann e Lobachevsky

(Capítulo 4). A curvatura k positiva, negativa ou nula respectivamente é determinada pelo conteúdo total de energia.

Antes de mostrarmos como é que determinamos a evolução do fator de escala, precisamos dizer algo a respeito desse conteúdo de energia. Diferentes tipos de energia/matéria existem no Universo, mas é normal que em uma época somente uma delas seja a mais importante e assim "domine a dinâmica do Universo". O que queremos dizer com isto é que a densidade desta componente dominante é muito maior do que a densidade dos demais para essa época da evolução do Universo. Veremos que diferentes componentes dominantes levam a diferentes evoluções temporais para a taxa de expansão do Universo $a(t)$.

Dentre o que conhecemos, as principais componentes do Universo são a "radiação" (na forma de luz, ou fótons, mas também são assim chamados os componentes relativísticos como os neutrinos e outras partículas que eram relativísticas no início do Universo, quando a temperatura era extrema), matéria (toda, a bariônica e a escura que parece haver) e energia escura (novidade do fim do século XX). A matéria bariônica (ou seja, formada por prótons e nêutrons) é também denominada *matéria ordinária*. Esta é a matéria usual que nos compõe, bem como compõe planetas, estrelas etc. Enquanto a energia escura (possivelmente representada pela constante cosmológica), bem como a matéria escura, há propostas de todo tipo e bastante incerteza, embora seus efeitos globais são o que estamos aqui discutindo e isso parece bem determinado pelas observações.

Pelas hipóteses da homogeneidade e isotropia do Universo, o fator de escala $a(t)$ é uma função apenas da coordenada temporal. Esse fator de escala é a quantidade fundamental para seber como as distâncias evoluem no Universo. Consideremos duas galáxias distantes no Universo, onde a distância entre essas galáxias, num dado tempo em particular é r, um valor bem definido. Para sabermos a distância D entre as galáxias em qualquer outro tempo ou época t na história do Universo, fazemos simplesmente $D = a(t) \times r$, ou seja, escalonamos com o fator de escala (daí seu nome). Note-se de passagem que o fator de escala é *adimensional*.

Agora, se a taxa da expansão (ou "constante de Hubble") precisa ser calculada, e o fator de escala é a solução matemática que obtivemos, então aquela deve estar relacionada com esta. A "constante de Hubble" H_0 neste esquema nada mais é do que a razão $(da/dt)/a$, calculada no presente. Para qualquer outra época, o parâmetro de Hubble $H(t)$ é definido conforme $H = (da/dt)/a$. Vemos que $H(t)$ essencialmente descreve a taxa de expansão instantânea, e foi muito diferente no passado do Universo, já que a forma com que a varia com o tempo não é a mesma desde o *Big-Bang* até os dias atuais. Falta ainda mostrar a dependência com t para o fator de escala segundo o conteúdo material que domina a dinâmica do Universo em diferentes épocas.

Para continuarmos, voltamos brevemente ao Princípio Cosmológico acima apresentado. Para propósitos quantitativos, dizer que o Universo é homogêneo e isotrópico em escalas cosmológicas é dizer que o fator de escala depende apenas do tempo, mas que outras quantidades também são assim, como a densidade ρ e a pressão p dos *fluidos* que compõem o Universo, ou seja, o Universo é considerado um sistema tão grande que podemos aplicar para o seu conteúdo a aproximação de fluido. Cada uma dessas componentes da mistura de fluidos tem uma forma com a qual sua respectiva densidade e pressão variam com o tempo.

O sistema de equações de Einstein que determina o comportamento de $a(t)$ é [Paulucci, Moraes e Horvath 2022]

$$3\left(\frac{1}{a}\frac{da}{dt}\right)^2 = \frac{8\pi G}{c^2}\rho + \Lambda + 3\kappa\frac{c^2}{a^2} \quad , \tag{5.41}$$

$$\frac{3}{a}\frac{d^2a}{dt^2} = -\frac{4\pi G}{c^2}(\rho + 3p) + \Lambda \quad , \tag{5.42}$$

conhecido como *equações de Friedmann*, e que respeitam o Princípio Cosmológico. A quantidade Λ é a chamada constante cosmológica, e κ é a chamada *curvatura*, determinada pelo conteúdo de matéria/energia e que parece ser nula (embora este valor nulo não seja algo óbvio *a priori*), já que $\kappa = 0$ é um resultado que emerge das análises modernas do Universo real.

Se observarmos as equações de Friedmann, vemos que para construir modelos cosmológicos relativísticos, precisamos conhecer a *equação de estado* dos componentes do Universo, sendo esta simplesmente uma forma de escrever a pressão como função da densidade do componente. Caso contrário, teremos uma variável "de sobra". A equação de estado é uma relação do tipo

$$p = p(\rho) \quad . \tag{5.43}$$

Embora em geral as equações de estado podem ser muito complicadas, na Cosmologia, lidamos com "fluidos" muito diluídos, de modo que em geral as equações de estado são bastante simples, tais como a forma genérica

$$p = \omega\rho \quad , \tag{5.44}$$

sendo ω um número adimensional.

As equações de Friedmann nos dão a possibilidade de desvendar como a dinâmica do Universo se comportava há bilhões de anos, no que chamamos *Universo primordial*. Elas prevêem a taxa atual da expansão do Universo, quantidade que pode ser contrastada com a obtida das observações das galáxias distantes. Temos também a possibilidade de, a partir delas, prever como será a dinâmica do Universo nos *próximos* bilhões de anos.

Outras características importantes a respeito das Equações de Friedmann que vale a pena destacar são

a) o primeiro termo ao lado esquerdo na primeira equação é nada menos que três vezes o parâmetro de Hubble ao quadrado, de modo que quando calculado no presente, seja 3 vezes a constante de Hubble ao quadrado. O parâmetro de Hubble é um *observável* do Universo e representa, efetivamente, sua taxa de expansão. É isto o que foi medido por primeira vez pelo astrônomo Hubble a partir da observação do movimento de afastamento de galáxias e hoje pode ter seu valor inferido a partir de diversos outros métodos;

b) A variável ρ *não* representa a densidade de massa como na gravitação Newtoniana, mas a *densidade de energia total*, por isso escrevemos antes "massa/energia", já que $E = mc^2$ e ambas são quantidades equivalentes. Esta equivalência permite a inclusão de partículas de massa zero, como fótons, no formalismo.

c) à época da publicação da Relatividade Geral (25 de novembro de 1915), ainda *não tínhamos ciência da expansão* do Universo. Nossa própria noção de Universo era significativamente mais restrita, de modo que podemos dizer que o Universo à época era entendido como sendo a Via Láctea apenas (vide acima). Acreditava-se desde Newton e antes também que este

Universo era estático, ou seja, não passava por um processo de expansão ou de contração. Não havia até então nenhuma evidência observacional que apontasse para um Universo dinâmico, em expansão. Para evitar um Universo dinâmico, Einstein inseriu "à mão" a constante cosmológica em suas equações de campo eqs. (5.41-5.42), pois assim esta poderia gerar soluções *estáticas* para o Universo. Quando Edwin Hubble detectou o *afastamento* de galáxias, cuja velocidade apresentava dependência linear com a distância, o que indicava um Universo em expansão (dinâmico), fez com que Einstein viesse a considerar a inserção da constante cosmológica em suas equações como a "maior tolice de sua vida", já que ele quis "forçar" que Universo fosse estático, mas a realidade mostrava que não é. Na década de 1990 no século passado, a partir da observação da distribuição do brilho de explosões de supernovas do tipo Ia progressivamente distantes, inferiu-se que a expansão do Universo existe e ocorre de forma *acelerada*. Este foi um marco na história da Astronomia, uma vez que esperava-se que a gravidade, sendo uma força atrativa, freasse (ou desacelerasse) a expansão. Sabe-se que a re-inserção de Λ nas equações da Relatividade Geral, e consequentemente nas equações de Friedmann (5.41-5.42), prevê tal efeito.

Para fins didáticos, podemos resolver as equações de Friedmann acima considerando que o Universo é ora preenchido apenas por radiação, ora apenas por matéria (bariônica e escura) e ora apenas por energia escura. Isso vale com boa aproximação, conforme será descrito abaixo.

Antes de tratarmos, em particular, cada estágio da evolução do Universo, vale ressaltar que na presente abordagem, energia escura e constante cosmológica representam *a mesma* componente do Universo. Conforme acima mencionado, a expansão acelerada do Universo ainda é um mistério a ser esclarecido na Astronomia. Justamente por não se saber exatamente a causa da expansão do Universo no presente ocorrer de forma acelerada, deu-se à esta causa o nome "energia escura". A constante cosmológica, assim, pode ser entendida como o "modelo padrão" da energia escura, a forma mais simples e direta de se prever a expansão acelerada do Universo, mas sem que isto queira dizer que realmente é a causa da aceleração.

Comecemos tratando o Universo dominado por radiação (as considerações físicas mostram que se fromos "para trás" no tempo, a radiação ganha importância respeito do resto). Até atingir uma idade de aproximadamente 400.000 anos (a idade atual do Universo é de aproximadamente 14 bilhões de anos, calculada usando as equações de Friedmann (5.41-5.42)), a dinâmica do Universo foi dominada pela radiação (que também pode ser referida como "matéria relativística", já que como dissemos as partículas muito leves são "ensacoladas" junto a verdadeira radiação, por levarem aos mesmos efeitos). O Universo primordial era muito quente, os fótons eram muito energéticos e impediam a formação dos átomos. De fato, os primeiros núcleos atômicos (com prótons e nêutrons) já estavam formados desde os primeiros *minutos* de existência do Universo (já que são muito ligados e estáveis, e assim sobrevivem em altas temperaturas), mas os átomos ainda não se formavam porque os fótons livres eram muito abundantes e arrancavam os elétrons, impedindo, assim, sua formação. Aproximadamente 400.000 anos depois do Big Bang o Universo esfriou o suficiente a ponto de que os fótons não mais possuíam energia para desligar os elétrons.

Vejamos agora as componentes do Universo e seu comportamento. Os fótons não tem massa como um elétron, mas eles têm *momentum*, e, portanto, exercem *pressão*. A equação de estado dos fótons é assim

$$p = \frac{1}{3}\rho, \qquad (5.45)$$

ou simplesmente $\omega = \frac{1}{3}$. Quando substituída nas equações de Friedmann, leva à seguinte solução para o fator de escala:

$$a(t) \propto t^{1/2} \qquad . \qquad (5.46)$$

O Universo evoluiu assim na chamada *Era da radiação*. Nesse período, onde a radiação dominava a dinâmica, as distâncias aumentavam com o tempo segundo a equação (5.46) acima.

A Era da radiação acabou, como acima mencionado, quando os fótons não mais impediram a formação dos átomos e passaram a viajar livremente pelo Universo, devido à neutralidade atómica. Esses fótons que viajam livremente pelo Universo desde que este tem aproximadamente 400.000 anos, são observados hoje na forma da *Radiação Cósmica de Fundo*, um dos mais importantes observáveis da Cosmologia.

Naturalmente, desde o momento em que os primeiros átomos começam a se formar, já temos a matéria prima necessária para a formação das primeiras estrelas e, de fato, com cerca de uma centena de milhões de anos passados, as primeiras estrelas começam a se formar no Universo. Estas, por sua vez, são a matéria prima para a formação das primeiras galáxias, que posteriormente irão formar os aglomerados de galáxias, as maiores estruturas gravitacionalmente ligadas do Universo. Os dados mais recentes mostram que as primeiras galáxias já se formaram quando o Universo tinha uns milhões de anos [https://skyandtelescope.org/astronomy-news/the-james-webb-space-telescope-is-finding-too-many-early-galaxies/]

Estes processos de formação de estrutura já acontecem especialmente na chamada *Era da matéria*, que dura desde o fim da Era da radiação até o Universo atingir cerca de 10 bilhões de anos de existência. De novo enfatizamos que seguindo nosso entendimento de gravidade Einsteiniana, o conteúdo material "diz" ao Universo como este deve evoluir em função do tempo. No caso, o componente dominante da dinâmica do Universo na *Era da matéria* é (conforme esperado), a matéria.

No entanto, como vimos já no início da abordagem da era da matéria, a velocidade média das partículas da matéria é $\langle v^2 \rangle \ll c^2$, isto nos leva a que $\omega \approx 0$, e assim

$$p = 0 \quad , \tag{5.47}$$

que é a equação de estado utilizada para a matéria, ou seja, ignorar a pequena pressão que ela exerce e fazer $p = 0$ nas equações de Friedmann. A equação de estado acima simplifica significativamente as soluções destas, levando de imediato à seguinte solução simples para o fator de escala

$$a(t) \propto t^{2/3} \quad , \tag{5.48}$$

de modo, então, que esta seja a forma com que distâncias evoluem no Universo na Era da matéria. Neste momento, devemos salientar que o Universo expande desde o *Big Bang*, mas que até o fim da Era da matéria esta expansão ocorre de forma *desacelerada*, ou seja, a velocidade da expansão diminui com o tempo como esperado, já que o caráter atrativo da gravitação "freia" a expansão do Universo, causando sua desaceleração. Ao final da Era da matéria, à época em que o Universo tem cerca de 10 bilhões de anos, este cenário muda radicalmente e começa a *Era da energia escura*, já que esta última domina a dinâmica da expansão, de forma bastante inesperada.

No entanto, no Universo "recente", passamos a observar uma *aceleração* na taxa de expansão. Matematicamente, verificamos que esta aceleração pode ocorrer se o Universo tiver como componente dominante de sua dinâmica, um tipo de fluido "exótico" com uma equação de estado com *pressão negativa*. Isto pode ser visto diretamente das eqs. (5.41-5.42) ao examinar o segundo membro, já que podemos colocar em evidência de forma direta que

$$\frac{\ddot{a}}{a} = -\frac{4\pi G}{3}\left(\sum \rho_i + \rho_{EE} + 3\sum P_i + 3P_{EE}\right) \quad (5.49)$$

com $\sum \rho_i$ a soma das densidades de todas as componentes que não são exóticas, e $\sum P_i$ a soma das suas pressões. Agora, o sinal negativo no segundo membro mostra que se quisermos aceleração ($\frac{\ddot{a}}{a} > 0$), então precisamos algo com pressão $P_{EE} < -\frac{1}{3}(\sum \rho_i + \rho_{EE})$. Como as densidades de energia são sempre positivas, chegamos à conclusão que somente pode haver uma expansão do Universo acelerada se $P_{EE} < 0$. Isto pode parecer absurdo, mas resulta possível para a componente exótica da Energia Escura.

As soluções para $a(t)$ obtidas a partir das equações de Friedmann indicam na verdade uma aceleração na expansão do Universo já quando $\omega < -1/3$. O sinal da quantidade d^2a/dt^2 é quem efetivamente informa se a expansão ocorre de forma acelerada ou desacelerada, tal que $d^2a/dt^2 > 0$ indica expansão acelerada e $d^2a/dt^2 < 0$ expansão desacelerada. A título de curiosidade, o sinal de da/dt, por outro lado, indica contração ou expansão do Universo, tal que $\frac{da}{dt} > 0$ para um Universo em expansão (nosso caso) e $\frac{da}{dt} < 0$ para um Universo em contração.

Devemos advertir que postulamos um fluido ao qual damos o nome "Energia Escura" como solução possível para explicar as observações, mas nem sabemos se é a causa real. A partir do momento em que a aceleração da expansão do Universo inicia, temos também o início da chamada *Era da energia escura*.

O que seria essa Energia escura? A constante cosmológica introduzida por Einstein pode ser simplesmente entendida como um componente do Universo com equação de estado

$$p = -\rho \qquad . \qquad (5.50)$$

Se supomos que é a componente dominante a partir de uma época (recente, segundo as observações), o fator de escala obtido para a equação de estado acima, é dado por

$$a(t) \propto e^t \quad , \qquad (5.51)$$

que indica uma expansão *exponencialmente acelerada*.

Em resumo, a análise acima, feita separadamente para cada estágio do Universo, como se este fosse preenchido apenas por sua componente dominante (radiação, matéria e energia escura), revela mais uma vez a forte relação entre matéria e energia (ρ e p) e geometria (a). O conteúdo material existente no Universo, refletido a partir de uma equação de estado nas equações de Friedmann, determina a evolução deste, como indicado pelas soluções particulares e distintas para o fator de escala [Horvath et al. 2006].

O Lado Escuro do Universo

Percorremos ao longo deste livro uma jornada desde as primeiras conjecturas feitas pelos pensadores gregos e indianos, cerca de cinco séculos antes da era atual, sobre o átomo, as partículas indivisíveis que compõem a matéria. Chegamos no século XX, com a revolução da Teoria Quântica e culminando no Modelo Padrão da física de partículas, que pode ser pensado como a "Tabela Periódica" das partículas elementares. Será então que chegamos no entendimento definitivo do que é feito o Universo? A pergunta que fundamenta o título deste livro.

Definitivamente avançamos muito em relação as pensadores gregos e indianos, mas estamos muito longe de ter uma resposta para esta pergunta. A matéria comum que compõe estrelas, planetas, gás intergaláctico e os seres vivos; chamada de maneira mais técnica de *matéria bariônica*, que interage com a força eletromagnética, emite e reflete luz (estamos falando de todo o espectro eletromagnético) e é descrita pelo Modelo Padrão da física de partículas, compõe míseros 4% de todo o conteúdo de matéria-energia do Universo conhecido. O restante compõe um desconhecido *setor escuro* composto pela *matéria escura* e a *energia escura*. Repare que este é um nome que poderia facilmente ser substituído por "elefante cor de rosa". Apenas os cientistas gostam de chamar de "escuro" tudo aquilo que eles desconhecem, mas é apenas um nome, motivado pelo fato de não haver luz (fótons) emitida por estas possíveis componentes.

Já que não ha "luz", estas substâncias não podem ser "vistas" (i.e., observadas em alguma faixa do espectro eletromagnético), apenas sua existência inferida por efeitos gravitacionais e cosmológicos. A primeira, seria uma matéria que interage gravitacionalmente de forma idêntica à matéria bariônica, mas que não emite nem reflete luz. Já a segunda, mais misteriosa ainda, seria responsável pela aceleração da taxa de expansão do universo. E para complicar ainda mais, pode ser que essas substâncias nem existam de fato, e a nossa compreensão da força gravitacional é que esteja incompleta. Pode ser até mesmo indício da existência de dimensões extras. Este é o grande mistério a ser desvendado pela Física e Cosmologia do século XXI.

Matéria Escura

A primeira pista de que há muito mais *matéria* no Universo do que a que podemos observar veio com as observações do astrônomo suíço Fritz Zwicky (1898-1974) que em 1933, estudando a distribuição de velocidade das galáxias do Aglomerado Coma, notou que, para manter o aglomerado coeso, deveria de existir *muito mais* matéria do que a observada, e cunhou o termo "matéria escura" para designar essa hipotética matéria invisível (Zwicky inicialmente falava de "luz faltante", querendo dizer que a matéria total que existiria não produz a quantidade de luz esperada, portanto, uma fração é "escura").

O tema ficou esquecido por quatro décadas (na verdade, ninguém queria lidar com isso e até esperavam que fosse um erro, mas não era), até que a astrônoma norte-americana Vera Rubin (1928-2016), estudando a *curva de rotação das galáxias,* conseguiu evidência muito forte e independente desta presença. Lembremos da *Terceira Lei de Kepler* que nos diz que *o quadrado do período de rotação de um planeta é proporcional ao cubo da distância média do planeta ao sol.*

Esta lei pode também ser aplicada para as galáxias de forma estatística (a galáxia não é um objeto, mas uma coleção de objetos), e foi o que Rubin fez. Era esperado, segundo o esquema Kepleriano normal, que a velocidade de rotação das estrelas caísse drasticamente quanto mais se afastassem do centro da galáxia, mas o que se observou foi que essa velocidade caía de forma muito mais suave ou nem caía, o que significava que havia muito mais "matéria escura" do que a matéria visível, e esta matéria estaria concentrada em *halos* ao redor das galáxias. Vejamos o argumento de forma simples.

A forma mais direta de concluir a existência da matéria escura é a partir de igualar, para uma partícula (estrela) a uma distância r a força centrífuga e a ligação da gravitação pela matéria encerrada no raio r, que chamaremos M_r

$$v^2 = \frac{GM_r}{r} \quad . \tag{5.52}$$

Agora, das curvas de rotação de galáxias (Figura 5.29), num determinado r, v passa a ser aproximadamente constante. Nesta região, podemos, então, escrever $v = \sqrt{k}$, sendo k uma constante positiva. Temos, então, da equação acima, que

$$k = \frac{GM_r}{r} \quad , \tag{5.53}$$

ou

$$M_r = \frac{kr}{G} \quad . \tag{5.54}$$

A equação acima nos diz que nessa região, M_r deve ser diretamente proporcional a r, mesmo para valores de r em que *não há matéria luminosa/visível*. Se a massa deve crescer com r mesmo para regiões externas ao "raio luminoso" da galáxia, então infere-se a existência de um halo de matéria escura que se estende até regiões bem maiores que este raio.

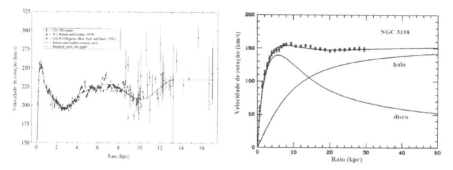

Figura 5.29. Curva de rotação da Via Láctea (adaptado de [Clemens 1985]), à esquerda, e de NGC 6503 (adaptado de [Rubin, Ford Jr. e Thonnard 1978]) à direita, onde são evidenciadas as contribuições da matéria do disco, do gás e a do halo de matéria escura necessário para explicar a constância da curva para grandes distâncias, embora no halo não haja estrelas ou gás ou qualquer outra compnente normal em número suficiente.

De forma alternativa e tentando *eliminar* a necessidade dessa matéria invisível, o astrofísico israelense Mordehai Milgrom (1946-) propôs a Teoria MOND (do inglês *Modified Newtonian Dynamics*, ou Dinâmica Newtoniana Modificada), em que a lei da gravitação newtoniana é modificada em escalas galácticas, de forma que a aceleração gravitacional não depende apenas da massa, mas também da densidade de matéria presente. Assim, não haveria necessidade de matéria escura, mas a gravitação teria que ser diferente à que conhecemos.

Se pararmos para analisar, o dilema entre matéria faltante vs. gravidade modifica não é novo na história da Ciência. Já vimos que Netuno foi descoberto em 1946 pelo astrônomo francês Urbain Le Verrier e pelo britânico John Couch Adams, que usaram a lei da gravitação de Newton para explicar oscilações na órbita de Urano, inferindo a existência de um novo planeta, que foi finalmente observado pelo astrônomo alemão Johann Gottfried Galle. O mesmo Le Verrier propôs a existência de um planeta chamado Vulcano (que depois vai ser usado pra nomear o planeta natal do Mr. Spock de *Star Trek*) que seria ainda mais próximo do Sol do que Mercúrio e explicaria a precessão do periélio da órbita deste planeta. Vulcano nunca foi encontrado, e a precessão do periélio de Mercúrio foi explicada pela Teoria Geral da Relatividade de Einstein. No primeiro caso, triunfou a existência de uma componente "escura" (no caso o planeta Netuno), noutro foi uma nova teoria da gravitação.

No entanto, as evidências para a existência da matéria escura vão muito além da curva de rotação de galáxias. O efeito de *lente gravitacional*, em que a trajetória da luz é curvada ao passar próximo de um corpo massivo predito pelo próprio Einstein é hoje detectado de forma corrente. No caso, quando a luz de galáxias distantes passa por uma galáxia mais próxima, luz é desviada de maneira que *não pode* ser explicada somente pela matéria visível nas galáxias. Nisso se destaca o famoso Aglomerado da Bala (*Bullet Cluster*, Figura 5.30), em que dois aglomerados de galáxias estão em processo de colisão, e o efeito de lente gravitacional detectado é tão forte que não pode ser explicado pela matéria visível, e nem mesmo por MOND, além de mostrar que há duas componentes que ocupam regiões separadas. Também é importante dizer que as anisotropias da radiação cósmica de fundo (CMBR), as "manchas" quentes e frias que viajam até nós desde o momento da recombinação do Universo, tem um padrão não pode ser explicado somente pela matéria bariônica da qual estamos feitos. Assim, outra linha de evidência independente sugere que existe sim matéria adicional que não emite luz.

Figura 5.30. O Aglomerado da Bala. Os dois aglomerados de galáxias atravessaram um ao outro na colisão. Mas enquanto a maior parte da massa de cada esta na região lilás, o gás de cada aglomerado "ficou para trás" (vermelho). O cálculo com o uso das lentes gravitacionais da imagem revela que a maior parte da massa está realmente na região lilás, o qual quer dizer que a colisão separou a componente normal (gás) da escura, sendo a melhor interpretação possível deste caso.

Sabemos apenas características gerais da matéria escura. Uma é que ela não interage com a radiação eletromagnética, outra é que ela deve ser "fria", i.e., se move em velocidades não-relativísticas (pequenas se comparadas a da luz). Para os físicos, o mais óbvio é a procura de algum tipo de partícula elementar inerte, produzida no Universo primordial. Mas que tipo de partícula exatamente deve compor a matéria escura? Existe uma penca de possíveis candidatos, entre eles podemos destacar:

1) WIMP's: Do inglês *Weakly Interacting Massive Particle* ou Partícula Massiva que interage fracamente. São partículas hipotéticas, de natureza supersimétrica, como o neutralino (o par supersimétrico do neutrino) e que só interage via força nuclear fraca. As WIMP's são as candidatas favoritas para matéria escura, devido ao chamado "milagre das WIMP's". Quando se calcula a abundância de WIMP's formada durante a nucleossíntese do Big Bang, esta coincide muito bem com a abundância observada da matéria escura. O "milagre" também estaria no fato das WIMP's explicarem as propriedades hipotéticas da matéria escura e ser detectáveis via interação nuclear fraca. No entanto, nenhuma WIMP foi até hoje detectada.

2) Áxions: Partículas hipotéticas propostas para explicar a violação CP (Carga-Paridade) das interação nuclear forte. Devem possuir massa leve e interagir fracamente com a matéria bariônica.

3) MACHO's : Do inglês *Massive Compact Halo Objects*, seriam objetos compactos e massivos compostos de matéria bariônica mas tão densos que não emitem luz própria, sendo difíceis de detectar. Estes não são "exóticos", mas uma forma de esconder matéria normal. Porém, a abundância prevista desse tipo de objeto não seria suficiente para explicar toda a matéria escura existente. Entre os MACHO's, teríamos buracos negros de massa estelar, estrela de nêutrons e anãs marrons. Um tipo interessante de MACHO seriam os buracos negros primordiais, formados no início do universo por flutuações quânticas e que teriam massa entre 10^{-20} $M_\odot$ e 10^3 $M_\odot$ massas solares (ou seja, quase qualquer valor seria possível). No entanto, nenhum desses objetos foi detectado.

A detecção direta de matéria escura se daria pela interação desta com núcleos atômicos em detectores terrestres, ou pelo decaimento de partículas de matéria escura em partículas do modelo padrão, a serem detectadas em raios cósmicos e outros processos astrofísicos. Existem alguns experimentos do primeiro tipo em andamento como o *LUX-ZEPLIN* nos EUA (Figura 5.31) que tenta detectar a interação da matéria escura com átomos de xenônio, o *ZENON1T* na Itália que também usa xenônio, e outros do segundo tipo e o *IceCube* no Polo Sul que é um experimento de detecção de neutrinos que procura neutrinos como produto do decaimento da matéria escura. Até agora nenhum teve sucesso nesta empreitada.

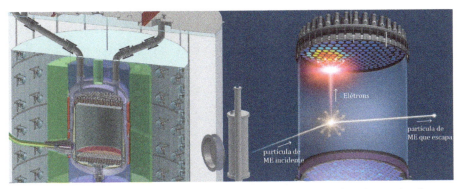

Figura 5.31. No experimento LUX-ZEPLIN um tanque de xenon líquido é utilizado para obter evidência da passagem de uma partícula da ME que produziria elétrons detectáveis para reconstruir o evento.

Energia Escura

Ainda nem solucionamos o mistério da matéria escura, e terminamos o século XX com um mistério ainda maior, o da *energia escura*, que seria a "substância" responsável pela *aceleração* da taxa de expansão do Universo. Vimos que graças a descoberta entre o período de pulsação e a luminosidade das estrelas Cefeidas por Henrietta Leavitt que Edwin Hubble pode calibrar estas estrelas como "*velas padrão*" de determinar em 1923 que existiam outras galáxias para além da Via Láctea e em 1929 estabelecer que as galáxias mais distantes estavam se afastando de nós, o que implicaria que o Universo está em expansão.

Porém, o que se imaginava era que essa expansão estava *desacelerando*, dado que a gravidade é uma força atrativa que tende a manter os corpos unidos. Se chegou até a se definir o chamado *parâmetro de desaceleração*. O grande desafio da Cosmologia observacional da última década do século XX era medir a taxa de expansão e o quanto ela estava desacelerando.

Para isso era necessário medir a distância até galáxias distantes, e por sua vez, era preciso um novo tipo de "vela padrão". Velas padrão são fontes luminosas cuja a luminosidade intrínseca é conhecida. Medindo o brilho aparente e sabendo que a luminosidade decai com o quadrado da distância, podemos saber a distância da fonte até nós. Quem desempenhou este papel foram as Supernovas tipo Ia, que são anãs brancas que explodem pela ignição termonuclear do carbono no seu interior. No modelo mais aceito, a anã branca suga material de sua companheira gigante vermelha, e quando a massa acumulada chega perto do limite de Chandrasekhar, o carbono fusiona descontroladamente e o sistema explode liberando um brilho maior que o de toda a galáxia hospedeira. O brilho máximo dessas supernovas é aproximadamente constante, podendo ser então padronizáveis e utilizados para medir distâncias (Figura 5.32)

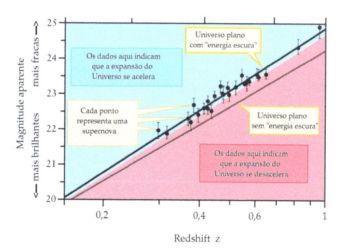

Figura 5.32. As supernovas estão mais distantes do que estariam se o Universo estivesse desacelerando. Em algum momento, essa tendência foi revertida e a aceleração levou as supernovas a estarem mais longe do esperado. Tudo repousa na hipótese de que as supernovas têm um comportamento padrão, e que as diferenças de magnitude devem-se somente à expansão cosmológica.

Esse trabalho de usar supernovas tipo Ia para medir distâncias foi feito por dois grupos independentes, o *Supernova Cosmology Project* (SCP) liderado por Saul Perlmutter e o *High-Z Supernova Search Team* liderado por Brian Schmidt e Adam Riess. O resultado foi surpreendente: a taxa de expansão do Universo *não* estava desacelerando como se pensava, e nem se mantendo constante. Ela estava acelerando! (Figura 5.32) Por essa descoberta, os líderes dos dois times receberam o Prêmio Nobel de Física de 2011. Um relato detalhado de como essa incrível descoberta foi feita pode ser encontrado no livro *De que é Feito o Universo?* do jornalista Richard Panek [2014].

Mas fica-se a pergunta: o que está acelerando a expansão, dado que tanto a matéria bariônica quanto a matéria escura são gravitacionalmente atrativas? Precisa-se então de uma nova componente que atuaria como uma força oposta a da gravidade, ao qual se denominou *energia escura*. E essa nova componente corresponde, segundo as medidas do satélite Planck, a cerca de 67% do conteúdo de matéria-energia do Universo e deve possuir estranhas propriedades. Uma é que a sua pressão deve ser negativa e outra é que sua densidade permanece constante à medida que o Universo se expande! Ao invés dela ficar mais rarefeita, como é o caso da matéria e da radiação, a sua densidade permanece a mesma e ela se torna a componente dominante.

Ao longo das últimas décadas novas evidências para a expansão acelerada do Universo e uma energia escura foram se acumulando. O padrão das anisotropias da radiação cósmica de fundo é compatível com um Universo em expansão acelerada dominada por uma energia escura (isto é muito importante, porque a radiação de fundo parece ter impressa a quantidade de matéria e energia totais). A idade estimada das estrelas mais antigas não é compatível com um Universo composto somente de matéria (escura e bariônica), mas é compatível com um Universo dominado por uma energia escura. Também temos as *oscilações acústicas de bárions* (BAO, do inglês *Baryonic Acoustic Oscillations*). Essas oscilações seriam devido a ondas sonoras que se propagam a 1/3 da velocidade da luz no plasma de elétrons e prótons que compunha o Universo primordial, e ficaram "congeladas" quando esse plasma esfriou, e essas ondas ainda estariam presentes na distribuição de galáxias no Universo, servindo como *réguas padrão* e possibilitando medir a taxa de expansão.

Assim como a matéria escura, existem diversos candidatos hipotéticos para a energia escura, assim como também o efeito atribuído a esta pode ser devido a uma modificação da teoria da gravitação. Existem até mesmo modelos em que a matéria escura e a energia escura são uma coisa só.

Como já apontamos, o candidato mais simples seria a *constante cosmológica*, introduzida por Einstein em seu modelo de Universo estático em 1917 e depois abandonada pelo mesmo. Esta constante é representada pela letra grega Λ (Lambda). Ela atuaria como um "contrapeso" à gravidade e seria uma componente relacionada à própria energia do vácuo, que como sabemos da Teoria Quântica de Campos, está longe de ser vazio, com partículas virtuais se criando e aniquilando o tempo todo (Figura 5.34 mais adiante). No entanto, quando comparamos a densidade de energia estimada para a constante cosmológica e a densidade de energia do vácuo calculada na teoria quântica de campos, elas diferem em 121 ordens de grandeza! Para eliminar essa diferença seria necessário um cancelamento miraculoso, por isso é chamado de *problema do ajuste fino*. Outra questão é o chamado *problema da coincidência*, que é entender porque a matéria escura e a energia escura tem densidades de energia semelhantes justamente na época atual, visto que enquanto a matéria escura fica mais rarefeita à medida que o Universo se expande, a densidade da energia escura permanece constante.

Uma possível solução para estes problemas seria que a energia escura seja devida a algum tipo de campo exótico. Esta classe de solução leva o nome de *quintessência* (o mesmo nome do quinto elemento que os filósofos jônicos acreditavam), um campo escalar dinâmico, e que não precisaria de um ajuste fino. Esse campo também pode interagir com a matéria escura, podendo explicar o chamado problema da coincidência. Outros tipos de campos escalares e até mesmo campos vetoriais e tensoriais são propostos na literatura como fonte da energia escura.

Teorias de gravitação alternativa como as $f(R)$ ou escalar-tensorial, até mesmo um efeito de dimensões extras, ou de "vazios" na distribuição de matéria, são propostos para explicar a expansão acelerada. Uma abordagem interessante são dos modelos que unificam matéria escura e energia escura em um único componente, como o modelo chamado de *gás de Chaplygin* [Gorini, Kamenshchik e Moschella 2003].

A determinação da real natureza da tal energia escura depende de observações cada vez mais precisas que permitam medir a taxa de expansão do Universo e a distribuição de galáxias. Grandes *surveys* como o *Sloan Digital Sky Survey* (SDSS) e o *Dark Energy Survey* (DES), ambos já em operação, além do radiotelescópio BINGO (*Baryon Accoustic Oscillations in Neutron Gas Observations*) localizado no Brasil, terão essa missão. Mas também dependerá de desenvolver uma visão radicalmente diferente da sua natureza, à moda de T. Kuhn. Possivelmente estamos no meio de uma verdadeira Revolução

Científica e somente nossos descendentes poderão apreciar o processo inteiro [Horvath 2009], como será apresentado no Capítulo 6.

Um Modelo de Concordância?

Apesar de cerca de 96% do conteúdo do Universo ser desconhecido, composto pela matéria escura (26,5%) e pela energia escura (68,5%), as propriedades gerais desses componentes escuros são conhecidas. Supondo que a energia escura é uma constante cosmológica e a matéria escura são partículas massivas "frias", temos o atual modelo padrão da cosmologia, chamado Λ-CDM (Lambda da constante cosmológica e CDM de *Cold Dark Matter*). Esse modelo se adéqua muito bem às observações e sendo o modelo mais simples, era muitas vezes chamado de um *modelo de concordância*. É claro que não temos a menor ideia de por que isto é assim, mas funciona bem para explicar as observações, tal como os epiciclos de Ptolomeu explicavam os movimentos planetários (Figura 3.8, Capítulo 3).

No entanto, algumas *anomalias* foram surgindo, e ao invés de desaparecerem com observações mais precisas, essas anomalias foram aumentando. A principal é a da "Constante" de Hubble-Lemaître que mede a taxa de expansão local. Podemos medi-la tanto por meio de distâncias utilizando Cefeidas e supernovas utilizando o Telescópio Espacial Hubble, quanto por meio das anisotropias da radiação cósmica de fundo feitas pelo Satélite Planck e outros experimentos. O primeiro método nos dá um valor de cerca de $73\ km\ s^{-1} Mpc^{-1}$, enquanto o segundo nos dá um valor de cerca de $67\ km\ s^{-1} Mpc^{-1}$, o que é uma discrepância de cerca de 9% entre elas. Com a precisão dos atuais métodos, essa discrepância não pode ser ignorada, já que os erros reconhecidos são menores que 9%. Outros parâmetros cosmológicos também apresentam discrepâncias entre medidas locais e da radiação cósmica de fundo. Também temos o problema das galáxias satélites, no qual o número de galáxias anãs orbitando galáxias maiores é muito menor que o previsto pelo modelo Λ-CDM.

Olhando um pouco para o futuro imediato, em setembro de 2015 tivemos a primeira detecção de ondas gravitacionais pela colaboração LIGO (*Laser-Interferometer Gravitational Wave Observatory*) produzida pela colisão de um par de buracos negros (Capítulo 6). E em agosto de 2017 tivemos a primeira detecção de ondas gravitacionais produzidas pela colisão de um par de estrelas de nêutrons. Nessa detecção, também foi possível detectar sua *contraparte eletromagnética*, ou seja, a radiação luminosa emitida pelo par em colisão (Capítulo 6). A combinação desses dois sinais permitiu medir tanto a distância quanto o desvio para o vermelho do par de estrelas de nêutrons, sendo assim a primeira *sirene padrão*, que assim como as velas padrão, podemos saber a distância da fonte a partir do sinal de onda gravitacional emitida. A combinação de sinais gravitacionais, eletromagnéticos, assim como neutrinos e raios cósmicos, é chamada de *Astrofísica multimensageira* e promete ser a grande revolução da Astrofísica nas próximas décadas. Será que a Astrofísica multimensageira irá por fim a essas tensões ou irá aumentá-las? Será que poderemos finalmente responder a pergunta inicial, sobre o que é feito o Universo, ou pelo menos confirmar que há componentes desconhecidas e procurar o que são?

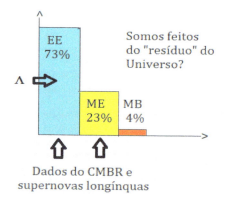

Figura 5.33. A concordância sugere que 96% do Universo é desconhecido, e portanto, nós não somos feitos da matéria mais comum nele, a Matéria Bariónica MB. Seria esta a "última Revolução Copernicana"?

A visão emergente da microfísica no século XX

Física Clássica vs. Física Quântica

Na Física Clássica, tal como nos é apresentada no colégio, estamos acostumados a pensar em termos de "forças". Na Mecânica pensamos na força entre objetos macroscópicos; por exemplo, a força da gravidade entre duas massas m_1 e m_2 que tem a conhecida forma $-\frac{Gm_1m_2}{r^2}$. Também na Química, é freqüente a utilização de conceitos tais como "forças interatômicas", "forças intermoleculares", etc., que são em geral de origem eletromagnética e que fazem sentido devido a que a Química lida com energias muito baixas. As forças são, em princípio, deriváveis de um *potencial*, e expressam como elementos de matéria se atraem ou repelem. Já no mundo microscópico este conceito de "força" perde totalmente o sentido. Por isto falamos de "interações elementares" entre partículas, embora o nome "força" permanece com um abuso da linguagem.

Todas as imagens que temos de bolinhas colidindo, elétrons etc. têm um forte fundamento clássico (de origem mecânico), mas o que sabemos ao nível mais elementar, isto é, entre as próprias partículas? Precisamos ir além do conceito clássico, mais adequado para "pedaços" macroscópicos de matéria, os quais de fato reúnem ainda um número enorme de partículas, do que a objetos quânticos individuais, tais como um elétron.

É importante destacar que quando considerarmos o micromundo das partículas elementares, boa parte das noções que temos a respeito da matéria macroscópica *falham de forma ostensiva*. É claro que não há nada de errado com a Física clássica, pelo contrário, há vários séculos que o mundo físico é explorado utilizando-a com sucesso. Mas é temerário pensar que os conceitos desenvolvidos no mundo clássico poderão ser aplicados no micromundo sem mais. Reconhecer este fato levou décadas desde os primórdios do século XX, e a tarefa de "enxergar" corretamente o micromundo ainda não acabou.

O caráter quântico do micromundo constitui um ponto de ruptura com a Física Clássica, e se manifesta de várias formas, por exemplo nas chamadas *relações de incerteza* que têm um papel central, na construção deste novo quadro do mundo físico. Mas isto demorou muito tempo e ocupou os físicos mais brilhantes do século, e para piorar, ainda não há qualquer consenso (antes uma atitude bem dogmática...). Um breve resumo desta trajetória que finalizou com a formulação quântica será apresentado a seguir.

Os objetos quânticos e o Princípio de Incerteza

Vimos que no começo do século XX, a chamada *natureza dual* entre onda e partícula tornava-se cada vez mais evidente e modelos que buscavam conciliar estes dois aspectos complementares, como as duas faces de uma mesma moeda, desenvolviam-se a passos largos. Em 1923 Arthur Compton atribuiu uma natureza *corpuscular* aos raios X, confirmando fótons como partículas, embora desprovidas de massa. Logo em seguida, em 1924, Louis de Broglie propôs que a matéria teria propriedades ondulatórias, compondo a chamada "dualidade onda-partícula", que no fundo expressava que *nossa expectativa de medir um comportamento análogo ao de uma onda ou ao de uma partícula não conferia*: às vezes o mesmo objeto (por exemplo, um elétron) se apresentava de uma ou outra forma, dependendo do tipo de experimento. Não demorou para que mais resultados experimentais, que concordavam quantitativamente e qualitativamente com as previsões de de Broglie, aparecessem. Em especial destacamos a *difração* de raios X e elétrons (medida por G. P. Thomson em 1927).

Com um comportamento comprovadamente ondulatório (ou pelo menos, que nos parece análogo a uma onda), conceitos como posição e energia e derivados, como a velocidade e o momento, precisavam ser revisados para as partículas. Já mencionamos que o trabalho de Werner Heisenberg discutiu que na realidade observacional, o agente observador interage com ente observado, de forma que interfere na observação. Assim, a essência da observação embute um limite concreto quanto à precisão que se pode ter para se conhecer simultaneamente algumas grandezas. Mas é importante destacar novamente que existe uma firme defesa do caráter *ontológico* do Princípio de Incerteza, ou seja, que os objetos quânticos *não possuem* valores conjugados que possam ser determinados simultaneamente além de um valor mínimo irredutível, proporcional à constante de Planck. Surge daí o *Princípio de Incerteza*: a realização da quebra um dos paradigmas mais sagrados da Física Clássica. A natureza exata do Princípio de Incerteza é, como toda a Mecânica Quântica, motivo de debate e reflexão ainda hoje.

Vejamos de novo com mais detalhe o importante conceito do Princípio de Incerteza. Sabemos por um lado, da existência e relevância dos *erros* nas medidas de qualquer teoria clássica. Por exemplo, se medirmos a posição de uma partícula teste que se movimenta, a altura de uma montanha ou qualquer outra variável espacial x_0, haverá necessariamente um erro associado para cada medida, digamos δx. Para reduzir esse erro podemos medir repetidamente, melhorando a determinação da posição do objeto x_0 e calcular a erro estatístico Δx (ligado ao chamado *desvio padrão*, e supondo que não há erros sistemáticos que afetem a medida). Conforme um número grande o suficiente de medidas for acumulado, o erro $\Delta x \to 0$, e não há nenhum empecilho para reduzi-lo indefinidamente acrescentando mais e mais medidas (vide abaixo).

Werner Heisenberg

Vimos anteriormente que segundo o trabalho de Heisenberg, na MQ a situação é radicalmente diferente. Variáveis tais como x_0 e o momento linear do objeto p_0 (chamadas de *conjugadas*) não podem ser medidas *simultaneamente* com erros arbitrariamente pequenos. O produto dos erros das duas variáveis é sempre maior que o quantum de ação $\hbar = h/2\pi$. O objeto quântico *não se comporta* como um equivalente clássico, e *não pode* ser localizado com precisão crescente sem que seu momento adquira uma dispersão cada vez maior, ou vice-versa. Não há como reduzir o desvio padrão além de um valor mínimo. De acordo com a nossa discussão anterior, vimos que

$$\Delta x \Delta p \geq \hbar \qquad (5.55)$$

geralmente conhecida como *relação de incerteza* (embora uma tradução mais exata da palavra original em alemão devida a Heisenberg seria *indeterminabilidade*), uma para cada direção espacial. De forma similar a dispersão da energia medida a um tempo deve satisfazer

$$\Delta E \Delta t \geq \hbar \qquad (5.56)$$

(esta relação, na verdade, tem uma validade *clássica* -que é refletida na transformada de Fourier-, e também não é igual às do momentum-posição porque não há no formalismo quântico nenhum operador que seja associado ao tempo t. Vemos assim que as complicações se multiplicam infinitamente...)

Estamos agora em condições de elaborar, com base nas relações de incerteza, algumas das ideias básicas que norteiam a microfísica contemporânea. A primeira tem a ver com a possibilidade de *violar a conservação da energia* por um tempo muito curto. De fato, o vácuo da teoria quântica a eq.(5.56) permite que pares de partícula-antipartícula "pipoquem" no vácuo e voltem a se aniquilar (Fig. 5.34) *desde que o tempo transcorrido seja curto o suficiente*. Este fenômeno se conhece como *flutuação do vácuo*, e resulta único da teoria quântica. As partículas envolvidas se denominam *virtuais*, já que não podem ser medidas diretamente (o que pensariam os atomistas e Aristóteles deste conceito?).

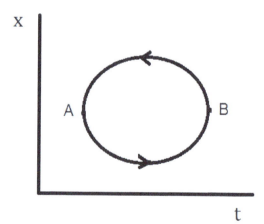

Figura 5.34. As flutuações quânticas do vácuo. No ponto A um par de partícula-antipartícula aparece com energia total ΔE para se aniquilar no ponto B num tempo $\Delta t\ (A \to B) < \frac{\hbar}{\Delta E}$. Este par é chamado de *virtual* e não compromete a conservação da energia no nível macroscópico, já que esta "some" num tempo muito curto, por debaixo do limiar da incerteza da eq.(5.56).

Uma partícula deste tipo, dita *virtual*, com energia E e massa m pode assim ser trocada por duas partículas "reais" até distâncias $L \approx c\Delta t$ (c também é a velocidade máxima da partícula virtual), e portanto em termos da massa teremos que

$$L \approx c\Delta t = \frac{\hbar}{mc} \quad , \quad (5.57)$$

onde temos utilizado a famosa relação $E = mc^2$. A quantidade da direita, $\lambda_C = \frac{\hbar}{mc}$ com dimensões de comprimento é chamada de *comprimento Compton*, e permite uma interpretação simples da situação física: a partícula intermediária de massa m está localizada em uma região da ordem de λ_C, ali a probabilidade de encontrá-la não é nula. Assim, o comprimento Compton define um *alcance* da interação mediada pela partícula dessa massa. Conforme considerarmos partículas de massas maiores, λ_C diminui e a interação tem um alcance menor. Uma analogia clássica para este comportamento é apresentada na Fig. 5.35 Assim, a moderna visão das interações fundamentais é que estas resultam essencialmente da troca de partículas intermediárias virtuais entre duas ou mais partículas reais que detém uma *carga* (por exemplo, o elétron com carga elétrica).

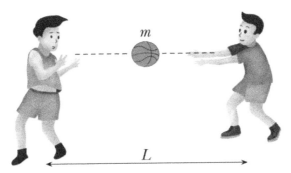

Figura 5.35. O *alcance* de uma interação quântica. Os dois jogadores trocam uma bola (partícula) virtual de massa m. Esta troca é possível para distâncias cada vez menores conforme m cresce. No limite $m \to 0$ a interação tem alcance infinito, ou seja, os "jogadores" podem se afastar tanto quanto quiserem.

A equação (5.57) permite também justificar o procedimento de "arremessar" partículas contra alvos para enxergar a elementaridade: Por exemplo, se jogarmos partículas encima de alvos, para cada energia E dos projéteis pode-se deduzir uma *distância mínima* associada ao espalhamento, $L = 1/E$. Isto permite entender por que quando aumentamos a energia E, L diminui e, portanto, a *resolução* atingida pelo experimento é maior. Em outras palavras, quanto maior for a energia de uma colisão, com mais detalhe poderemos enxergar a estrutura das partículas que compõem o alvo [Horvath et al. 2006]. Daqui a importância de atingir energias muito altas em aceleradores para "enxergar" distâncias curtas.

A Antimatéria de Dirac

Uma vez que a Mecânica Quântica teve sua formulação definida, rapidamente se firmou e espalhou entre os jovens praticantes que, no fundo, almejavam deixar para trás tanto debate de princípios e queriam aplicar a nova teoria para compreender os objetos do mundo físico. Isto levaria a uma série de avanços, em particular, quando as ideias da Relatividade foram levadas em conta conjuntamente.

Combinando a Mecânica Quântica com Teoria da Relatividade Restrita, o trabalho pioneiro de Paul Dirac foi capaz de descrever o elétron. No entanto, dos seus cálculos *duas* soluções surgiam, uma com carga negativa (elétron) e outra carga positiva (até então sem vínculo com a realidade). A força das teorias quântica e relativística se viram multiplicadas quando Carl David Anderson descobriu em 1932 tal partícula ao verificar os rastros dos raios cósmicos numa câmera de ionização, e a chamou de *pósitron* (anti-elétron). Tais rastros indicavam propriedades semelhantes as dos elétrons, exceto pela carga positiva. Consolidavam-se assim os estudos de *raios cósmicos* como fornecedores "naturais" de partículas altamente energéticas (energias muito maiores dos que as que eram alcançadas com os tubos de raios catódicos) para estudos da estrutura da matéria e a idéia de anti-partículas [https://www.livescience.com/32387--what-is-antimatter.html]. Ainda hoje as maiores energias observadas (acima de 10^{20} eV) correspondem a primários de raios cósmicos, ordens de grandeza acima de qualquer acelerador construído na Terra. A Natureza consegue acelerar partículas até energias macroscópicas sem que entendamos exatamente como o faz [Auger 2015]

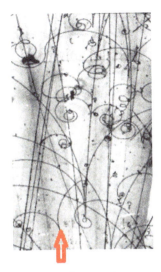

Figura 5.36. A flecha vermelha aponta para o lugar onde um par foi produzido, partícula e antipartícula se desviaram de forma oposta no campo magnético, tal como mostram as trajetórias.

As Estatísticas Quânticas: bósons e férmions

Boa parte do tempo, a Física precisa lidar não por uma partícula isolada, mas com grandes conjuntos estatísticos. Vimos como os trabalhos de Gibbs, Boltzmann e Maxwell estabeleceram as bases para o tratamento estatístico do problema clássico, mas agora a Mecânica Quântica impõe um novo olhar para o conceito de partícula. Será que um grande conjunto delas (por exemplo, os elétrons num pedaço de metal) precisam de uma abordagem que leve em conta esta natureza?

A descoberta do momento angular intrínseco (ou *spin*) e sua caracterização por W. Pauli já tinha mostrado que haveria duas grandes categorias reais, os semi-inteiros (por exemplo, o elétron) e os inteiros (por exemplo, o fóton). Mais ainda, ao formular o Princípio de Exclusão, Pauli realmente faz uma distinção importante entre as duas categorias: a exclusão que impede que duas partículas idênticas ocupem o mesmo estado quântico se aplica às que têm *spin* semi-inteiro, mas não às que têm *spin* inteiro. Isto, por sua vez, força a função de onda que descreve o conjunto das primeiras a ser antissimétrica se duas partículas são intercambiadas. Já para as de *spin* inteiro, a função de onda deve ser simétrica perante a mesma operação. Veremos como isto leva a um comportamento totalmente diferente quando um conjunto de partículas é considerado, sobre tudo no regime de alta densidade onde elas quase "se tocam" e manifestam seu caráter quântico.

Com o tempo e trabalho dos físicos, foram chamados de *bósons* as partículas que possuem spin inteiro (0, ±1, ±2,...) e que como veremos obedecem à chamada *Estatística de Bose-Einstein* (B-E), enquanto as que possuem spin semi-inteiro (±½, ±3/2, ±5/2...) e obedecem à *Estatística de Fermi-Dirac* (F-D) ficaram conhecidas como *férmions*. Bósons por sua vez são partículas que *se agregam* quando a sua densidade aumenta, enquanto férmions *se repelem* pois obedecem ao princípio da Exclusão. Mas como se chegou a esses conceitos? E quem foram as figuras por trás dessa descoberta? Já falamos sobre Albert Einstein e Paul Dirac. Agora falaremos sobre o indiano Satyendra Nath Bose (1894-1974) e o italiano Enrico Fermi (1901-1954).

Satyendra Nath Bose

Falamos muito anteriormente sobre o esplendor científico e cultural da Índia e seus grandes gênios que propuseram uma teoria atomística e o revolucionário conceito do zero. No entanto, devido a invasões externas e instabilidade política interna, esse esplendor aos poucos foi minguando. Com o domínio britânico no território indiano, a Ciência Ocidental passou a ser ensinada em grandes centros como Calcutá, Mumbai e Madras. Além de Bose, outros grandes nomes da Ciência indiana desse período são o matemático Srinivasa Ramanujan (1887-1920) e o físico Chandrasekhara Raman (1888-1970).

Bose nasceu em Calcutá na Índia em 1894, durante o domínio colonial britânico. De etnia *Bengali* e pertencente a alta casta *Kayastha*, Bose estudou na *Hindu School*, uma das mais tradicionais da Índia e que ministrava educação britânica, demonstrando grande talento para a Matemática. Ingressou em 1914 no *Presidency College*, se graduando em Matemática em 1915. Em 1921 ingressou como Professor da recém fundada Universidade de Dacca, na atual Bangladesh. Publicou importantes trabalhos em Teoria Quântica, com quem teve contato a partir de 1919, na revista *Philosophical Magazine*.

O século XX, o século da Física 253

Satyendra Nath Bose

Insatisfeito com a dedução de Planck da fórmula da radiação do corpo negro, sobre a qual escreveu "*Sabe-se que os pressupostos fundamentais da Teoria Quântica são incompatíveis com as leis da Eletrodinâmica Clássica (...). Contudo, esse fato deveria sempre ser deduzido da teoria clássica. Esse ponto comum a todas as demonstrações, não é satisfatório, não é de se admirar que tenham existido tentativas de demonstrar essas fórmulas livrando-se da falta de lógica.*"

Bose passou a considerar a radiação como um gás de fótons e aplicou o tratamento da Mecânica Estatística, conseguindo reproduzir o resultado de Planck *sem qualquer elemento clássic*o. Em seu artigo, Bose introduz três ideias originais: 1) Partículas que podem ocupar o mesmo estado quântico, posteriormente chamadas de *bósons* em reconhecimento à sua contribuição; 2) As partículas não são estatisticamente independentes e sim os estados, permitindo que esse tratamento seja válido mesmo quando as partículas interagem entre si; 3) As partículas são indistinguíveis e não podem ser tratadas de forma independente nos cálculos estatísticos [Correa Falchi 2011].

Conta-se que Bose chegou ao último ponto quando, durante uma aula em que explicava a equação de Planck, ele chegou à fórmula correta mas cometendo um erro estatístico que foi a de considerar as partículas como indistinguíveis. Imagine que temos duas moedas A e B e queremos saber a probabilidade de obter duas caras. Podemos ter A cara e B cara, A cara e B coroa, A coroa e B cara, A coroa e B coroa. A probabilidade seria então ¼, no entanto o erro de Bose foi considerar que a situação em que A é cara e B é coroa é indistinguível da situação em que A é coroa e B é cara, e obter probabilidade de 1/3.

No entanto, para se chegar a fórmula do corpo negro era preciso considerar as moedas (nesse caso, os quanta de luz) como *indistinguíveis*.

Bose teve seu artigo rejeitado na *Philosophical Magazine* devido ao seu "erro", o que foi agravado pois ele ainda relatou ingenuamente o que ocorreu na sala de aula. Então, Bose escreveu para Albert Einstein enviando seu trabalho e pedindo para que tentasse publicar na revista alemã *Zeitschrift für Physics*. Einstein não só vê grandes méritos no trabalho do indiano, como também publica um trabalho aplicando a estatística a átomos de um gás monoatômico. A estatística ficou assim conhecida como "Estatística de Bose-Einstein", apesar de ela ter sido originalmente desenvolvida pelo indiano, que leva a expressão para a função de distribuição de partículas a uma temperatura da forma

$$f(E) = \frac{1}{A \exp\left(\frac{E}{k_B T}\right) - 1} \qquad . \qquad (5.58)$$

Outra predição importante foi a existência de um condensado de bósons, ou *Condensado de Bose-Einstein* que constitui um quinto estado da matéria (os quatro primeiros são o sólido, líquido, gasoso e plasma), consequência do "-1" no denominador que faz com que $f(E)$ cresça muito se $T \to 0$. A descoberta experimental desse estado foi feita somente em 1995. Os descobridores experimentais Eric Cornell e Carl Wieman foram laureados com o Nobel em 2001, já Bose nunca teve o reconhecimento com tal prêmio.

Bose viajou pela Europa em 1924, conheceu Paul Langevin em Paris e teve oportunidade de ser assistente de Marie Curie. Também conheceu em Paris os irmãos Maurice e Louis de Broglie. No entanto, não conseguiu conhecer pessoalmente Einstein, que na época estava em viagem pela América do Sul. De volta a Índia, Bose contribui pra desenvolver cada vez mais a Ciência em seu país, principalmente após a independência em 1947. Morreu em 1974.

Uma história interessante e que em meados da década de 1950, Dirac e sua esposa visitaram a Índia, e Bose os buscou de carro. Depois alguns alunos de Bose foram convidados a entrar no veículo, e Dirac perguntou se não iria ficar muito lotado, o que Bose respondeu "*Nós acreditamos na Estatística de Bose-Einstein*".

Enrico Fermi

Nascido em Roma no ano de 1901, Enrico Fermi foi um físico italiano, posteriormente naturalizado estadunidense. Desde cedo mostrou aptidão para ciências, e junto a Enrico Persico (que também seguiu carreira de Físico), desenvolveram projetos de construção de giroscópios e de medir o campo magnético da Terra enquanto ainda eram estudantes secundaristas. Em 1918 ingressou na Escola Normal Superior de Pisa, estudando por conta própria Relatividade Geral e Teoria Quântica, e publicando trabalhos em periódicos científicos já em seu terceiro ano de graduação e obtém o título de Doutor em 1922. Em 1924 passou um semestre em Göttingen na Alemanha estudando com Max Born.

Em 1926, após Wolfgang Pauli apresentar o seu Princípio da Exclusão, Fermi escreve um trabalho na *Revista da Academia Lincei* de Roma intitulado "Sobre a quantização de um Gás Ideal Monoatômico" em que aplica o princípio de Pauli a gases ideais. No mesmo ano, Paul Dirac publicou "Sobre a Teoria da Mecânica Quântica" nos *Proceedings da Royal Society* em que chega a resultados semelhantes. Fermi escreveu uma carta para Dirac, falando que havia chegado no resultado anteriormente, o que é logo reconhecido por Dirac que se desculpou, e Fermi por sua vez reconheceu que Dirac chegou ao mesmo resultado de forma independente e por outros meios.

Apesar de diferentes motivações, o resultado que ambos chegaram é o que ficou conhecido como *Estatística de Fermi-Dirac* (F-D), em que se considera as propriedades de simetria da função de onda quando se permuta duas partículas de posição ou *spin*, e produz uma função de distribuição

$$f(E) = \frac{1}{\exp\left(\frac{E - E_F}{k_B T}\right) + 1} \quad , \qquad (5.59)$$

isto é, com um "+1" no denominador, e onde o valor E_F é uma energia máxima determinada pela ocupação completa dos estados dos férmions. Em uma aplicação muito importante e bastante reveladora da unidade das Ciências, no mesmo ano de 1926, o inglês Ralph Fowler aplicou a estatística de F-D para descrever o estado da matéria no interior uma estrela anã-branca, que é um exemplo muito bom já que é suportada pela pressão que decorre do comportamento dos elétrons quando entram no regime quântico estudado por Fermi e

Dirac. Não haveria anãs brancas sem a Mecânica Quântica [Eisberg e Resnick 1979, Horvath 2019].

De forma consistente, ambas as distribuições de B-E e F-D se reduzem à de Maxwell-Boltzmann $\propto \exp(-\frac{E}{k_B T})$ quando a temperatura é alta, e a Mecânica Quântica não mais é importante no sistema que passa a obedecer leis clássicas. O limite é fácil de ser obtido: basta observar que se T é alta, os primeiros fatores nos denominadores são muito maiores que o "1" e podemos escrever que

$$f(E) = A' \exp\left(-\frac{E}{k_B T}\right) \quad . \tag{5.60}$$

Já enunciamos que o cerne deste comportamento quântico é que uma função de onda de duas partículas pode permanecer a mesma (simétrica) ou mudar de sinal (anti-simétrica) ao se permutar a posição das duas partículas. A função de onda *simétrica* leva a uma distribuição estatística equivalente a de Bose-Einstein (B-E) e descreve os *bósons*. Já a anti-simétrica leva a uma distribuição estatística diferente e corresponde a de Fermi-Dirac (F-D) e descreve os *férmions*. O significado mais profundo dessas distribuições foi elucidado por Pauli, que em 1940 demonstrou que os bósons são partículas com *spin* inteiro, enquanto os férmions possuem *spin* semi-inteiro.

Enrico Fermi na Universidade de Chicago

Em 1927, Fermi se tornou professor na Universidade de Roma, no qual fez estudos experimentais sobre o decaimento beta e propôs a existência da *interação nuclear fraca*, que é uma das quatro interações fundamentais da natureza.

Também descobriu as reações nucleares provocadas por nêutrons lentos (de baixa energia), o que lhe rendeu o Prêmio Nobel de 1938. Aproveitou a ocasião da ida a Estocolmo para emigrar para os EUA, já que sua esposa era judia e estava ameaçada pelas políticas antissemitas do regime Fascista de Benito Mussolini. Nos EUA, Fermi participou do *Projeto Manhattan*, chefiando a construção do primeiro reator nuclear, o Chicago Pile-1 na Universidade de Chicago. Depois trabalhou em Los Alamos junto com Robert Oppenheimer na construção da bomba atômica, estimando o rendimento da explosão. No pós-guerra continuou a trabalhar em Los Alamos e fez pare da Comissão de Energia Atômica. Devido ao sua constante exposição à radiação, adoeceu e morreu precocemente em 1954.

Um Passo À Frente: Dirac e Pauli

A Mecânica Quântica ondulatória de Schrödinger obteve grande sucesso em descrever o elétron. No entanto, esta descrição estava incompleta, pois não levava em conta os efeitos da Relatividade Especial, de onde surgiu a explicação do *spin* entre outras coisas. Era necessário dar um passo à frente, e construir uma *Teoria Quântica Relativística*. Os dois grandes nomes que se atreveram a dar esse passo foram Paul Dirac (1902 – 1984) e Wolfgang Pauli (1900-1958), e desse passo vieram outras descobertas notáveis como das *antipartículas* e do *neutrino*.

Paul Dirac

Paul Adrien Maurice Dirac nasceu em Bristol, na Inglaterra, filho de um pai suíço e mãe inglesa. Recebeu uma educação muito rigorosa do seu pai, e se formou em engenharia elétrica na Universidade de Bristol em 1918, mas teve seu interesse pela física desperto após a comprovação da teoria da relatividade geral de Einstein por Arthur Eddington em 1919. Se graduou em matemática na mesma universidade, e após não conseguir pesquisar em relatividade, foi estudar com Ralph H. Fowler em Mecânica Estatística e Teoria Quântica, publicando oito artigos em seu primeiro ano. Assistiu a seminários de Werner Heisenberg em Cambridge e após correspondência entre este e seu orientador Fowler, Dirac percebeu que os comutadores de Heisenberg eram análogos aos *parênteses de Poisson* da Mecânica Clássica de Hamilton. Dirac sempre perseguiu a elegância e beleza matemática em suas teorias, talvez até mais do que outros físicos que são guiados pela Metafísica da beleza e a simetria como critérios fundamentais.

Entre 1926 e 1928, Dirac se preocupou em desenvolver uma teoria relativística do elétron. A Equação de Schrödinger é não relativística, sendo que o próprio Schrödinger havia obtido uma equação relativística, que também foi obtida pelos físicos suecos Oscar Klein e Walter Gordon (Equação de Klein-Gordon), mas essa equação foi abandonada, pois admitia probabilidades negativas. Posteriormente, essa equação foi reinterpretada, e hoje sabemos que ela descreve *bósons de spin 0*.

Paul Adrien Maurice Dirac

Para resolver este problema, Dirac precisava obter uma equação que fosse de primeira derivada tanto no espaço quanto no tempo, e assim fez [de Andrade Martins 2006]. Só que agora, a função de onda não era mais um campo escalar, e sim *espinorial*. A teoria de Dirac já inclui naturalmente o *spin*, e a probabilidade é positivo definida. No entanto, havia um problema incontornável das equações relativísticas que são os *estados de energia negativos*. Dirac reinterpretou esses estados, segundo suas próprias palavras:

> "Se não podemos excluir [os estados de energia negativos], devemos encontrar um método de interpretação física para eles. Pode-se chegar a uma interpretação razoável adotando uma nova concepção de vácuo. Anteriormente, as pessoas pensavam no vácuo como uma região do espaço que é completamente vazia, uma região do espaço que não contém absolutamente nada. Agora devemos adotar uma nova visão. Podemos dizer que o vácuo é uma região do espaço onde temos a menor energia possível."

Baseado nessa nova concepção de vácuo, Dirac imaginou que o vácuo seria o estado com todos os níveis de energia negativos ocupados pelos elétrons – um *mar de elétrons* – sendo esse "mar" com energia negativa e infinita. Como os elétrons obedecem o *Princípio da Exclusão de Pauli* (vide abaixo), dois elétrons não poderiam ocupar o mesmo estado quântico, logo, um elétron de energia positiva nunca poderia decair para um estado de energia negativa. No entanto, um elétron excitado poderia subir para um estado de energia positiva, deixando um *buraco* no mar de elétrons. Esse "buraco" é interpretado como sendo uma partícula de carga elétrica positiva e energia positiva. Essa *antipartícula* do elétron deveria ter a mesma massa deste, só que com carga elétrica positiva, logo não poderia ser o próton, como Dirac havia pensado anteriormente, uma vez que a massa do próton é da ordem de duas mil vezes maior que a do elétron. Por fim, essa antipartícula do elétron – depois chamada de *pósitron* – foi detectada em 1932 por Carl Anderson em raios cósmicos.

Ao longo da década de 1930 Dirac propôs que seria possível a existência de monopolos magnéticos (que nunca foram detectados), e procurou desenvolver uma Teoria Quântica do campo eletromagnético, mas esbarrou no problema de grandezas que divergiam para o infinito, o que não poderia ter significado físico. Nunca aceitou os métodos de renormalização que foram desenvolvidos posteriormente. Após se aposentar foi morar no estado americano da Flórida e morreu em 1984.

Wolfgang Pauli

Wolfgang Ernst Pauli nasceu em Viena na Áustria no ano de 1900. Seu pai, Wolfgang Joseph era médico e amigo de Ernst Mach (1838-1916), que foi padrinho de Pauli, e cujo o nome do meio "Ernst" era em sua homenagem. Após deixar o colégio, Pauli ingressou na Universidade de Munique em 1918 e foi estudar com Arnold Sommerfeld (1868-1951), obtendo título de doutor três anos depois, em 1921.

Wolfgang Pauli (fotografia dos Arquivos Visuais Emilio Segrè)

Outro fato curioso sobre Pauli, é que ao longo de sua vida teve relação muito próxima com Carl Gustav Jung (1875-1961), discípulo de Freud e pai da Psicologia analítica. Pauli fazia análise com Jung buscando interpretar seus sonhos e tiveram ampla troca de correspondências, refletindo sobre a relação entre Física e Psicologia. Em 1952 Pauli escreveu vários ensaios como o intitulado *A influência das ideias arquetípicas nas teorias científicas de Kepler* que foi publicado na coletânea *A interpretação da natureza e a psique*, organizada por Jung.

Os primeiros trabalhos de Pauli em Teoria Quântica versavam sobre o *Efeito Zeeman*, em que a presença de um campo magnético provoca um divisão das linhas espectrais de átomos alcalinos, como o sódio. Esse efeito foi descoberto em 1896 pelo holandês Pieter Zeeman. As regras de Bohr-Sommerfeld explicava esse efeito analisando a órbita apenas do elétron mais externo, mas previa apenas metade dos estados que eram observados. Pauli soluciona esse problema em um artigo de 1925, intitulado *Sobre a relação dos grupos de elétrons no átomo com a complexa estrutura dos espectros*, em que propõe a existência de um grau de liberdade extra, mas não explicou o significado físico desse grau de liberdade [Enz 1973].

Tal significado foi elucidado pelos holandeses George Eugene Uhlenbeck (1900-1988) e Samuel Abraham Goudsmit (1902-1978), em que eles associaram esse grau de liberdade a uma "rotação interna" do elétron, o qual Pauli denominou *spin*. Hoje, se considera que o elétron não é uma esfera girante e o *spin* é uma propriedade, tal qual a massa e a carga, um *momento angular intrínseco* da partícula.

No mesmo trabalho em que propõe o *spin*, Pauli enuncia seu famoso *Princípio da Exclusão*. Segundo este princípio, duas partículas com *spin* ½ não podem ocupar o mesmo estado quântico ao mesmo tempo. Se uma partícula tiver todos os estados iguais a uma outra, exceto o *spin*, uma estará com *spin* ½, enquanto a outra necessariamente estará com *spin* – ½. Isto separa as partículas em *férmions* e *bósons*, estes últimos não sofrem a Exclusão, tal como explicado acima. O Princípio da Exclusão rendeu a Pauli o Nobel de Física de 1945. Outra grande "sacada" de Pauli foi postular a existência do *neutrino* (a seguir)

Pauli, Fermi e o neutrino

Aos poucos a Física ia avançando, mas havia ainda muito para compreender. Enquanto a estrutura atômica se tornava cada vez mais clara, a emissão espontânea de elétrons por certos núcleos apontava para fatos que não eram ainda descritos pelos modelos. Como consequência deste desenvolvimento, entre 1933 e 1934 Enrico Fermi e outros contemporâneos introduziram uma *nova interação fundamental* para explicar o decaimento beta: a interação fraca. Esta foi a primeira teoria a incorporar explicitamente os neutrinos e permitiu demonstrações da existência de novos elementos radioativos produzidos por irradiação de nêutrons. Fermi também concluiu que nêutrons e prótons são essencialmente as mesmas partículas fundamentais, em estados quânticos diferentes. Ou em outras palavras, que nêutrons e prótons eram caras diferentes da mesma moeda, um *núcleon*, com dois possíveis estados.

Enrico Fermi — Wolfgang Pauli

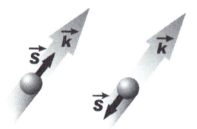

Figura 5.37. Neutrinos e anti-Neutrinos. Ora o *spin* $\vec{s}$ está na direção do impulso $\vec{k}$, ou na contrária. Isto diferencia o neutrino (primeiro caso) da sua antipartícula.

Na década de 1930, o grande desafio da física nuclear era explicar o decaimento radioativo β, em que um nêutron decai em um próton e um elétron (ou um próton decai em um nêutron e um pósitron). No entanto, em um experimento realizado em 1911, Otto Hahn (1879-1968) e Lise Meitner (1878-1968) observaram que a energia do elétron emitido *não era igual* a diferença entre a energia inicial e final do núcleo. Medidas de *spin* também indicavam uma violação da conservação deste. Na época, cogitou-se até em abandonar o princípio da conservação da energia. No entanto, Pauli propôs em 1931 a existência de uma partícula neutra, de massa muito pequena e spin ½ emitida junto com o elétron, e que levaria o *spin* e energia faltantes. Essa partícula recebeu o nome de *neutrino* (pequeno nêutron, em italiano, representado pela letra grega ν). Com a presença dessa partícula, sabemos que o decaimento beta pode ser representados das seguintes formas

$$n \to p + e^- + \bar{\nu}_e \qquad (5.61)$$

$$p \to n + e^+ + \nu_e \qquad (5.62)$$

O neutrino interage muito fracamente com a matéria, e só foi detectado em 1956 pelos norte-americanos Clyde Cowan e Frederick Reines, sendo que o último ganhou o Nobel de Física em 1995. Hoje conhecemos três tipos de neutrinos, muito bem caracterizados, e até sabemos que devem ter uma pequena massa, mas ainda o que falta saber é muito e mantém os físicos bastante ocupados.

Ainda nas décadas de 1920 e 1930, Pauli junto com Pascual Jordan e Werner Heisenberg procuraram uma Teoria Quântica do campo eletromagnético, sendo pioneiros do campo que ficou conhecido como *Teoria Quântica de Campos*. No entanto, assim como Dirac, esbarraram em grandezas com valores infinitos, problema que só foi resolvido (ou talvez "escondido") com os métodos de *renormalização* no pós Segunda Guerra Mundial.

O que mantém o núcleo coeso?

A grande estabilidade do núcleo era ainda um mistério. Se prótons e nêutrons o formavam, como é que permanecia "grudado" com semelhante intensidade? A teoria da Relatividade precisaria se unir com a teoria Quântica para descrever as interações que mantém os núcleos coesos. O físico japonês Hideki Yukawa propôs uma teoria que combinava a Relatividade com a teoria quântica, onde atribuiu uma interação entre prótons e nêutrons que estava baseada na *troca de par*tículas, até então não detectadas chamadas mésons ou *píons*. Tal idéia baseou-se no conceito já corrente de que a força eletromagnética entre elétrons (negativos) e o núcleo (positivo) surgia como troca de fótons (sem massa). Simplesmente dos dados do tamanho do núcleo, Yukawa concluiu que a massa de tal partícula seria de 300 vezes a do elétron e a mesma carga deste. Esta teoria marcou o início do estudo sistemático de uma nova interação: a *força forte* já postulada anteriormente como a responsável pela coesão nuclear. [https://web1.eng.famu.fsu.edu/~dommelen/quantum/style_a/ntbdx.html]

Hideki Yukawa

Na saga de Yukawa, no período entre 1946 a 1948, foram conduzidos experimentos com partículas de raios cósmicos que culminaram na descoberta por César Lattes e equipe do méson de Yukawa, o *píon* [https://www.ghtc.usp.br/meson.htm]. Neste período, já tinha ficado clara a existência de *quatro interações fundamentais*, e a pergunta mais óbvia era "o que tem a ver umas com as outras? a ideia de uma *unificação* começou a ocupar os pensamentos de alguns físicos.

É claro que as coisas não pararam por aí. Logo a seguir, e com o intuito de desenvolver uma teoria para o núcleo, George Gamow propôs o primeiro modelo da *gota líquida*, que trata o núcleo uma gota de um fluído incompressível feito de núcleons (prótons mais nêutrons), mantidos juntos pela força nuclear forte. Com esta teoria era possível prever resultados no campo da fissão nuclear pelo cálculo da variação da energia de ligação necessária para mudar a forma da gota. As contribuições de Gamow se estenderam do núcleo dos átomos, ao núcleo das estrelas, até o que veio constituir o cerne da Cosmologia moderna: o Big Bang [Halpern 2021].

George Gamow

Estendendo o formalismo quântico: a Teoria Quântica de Campos e seus problemas

A Mecânica Quântica foi construída usando uma série de conceitos novos e ferramentas matemáticas que até agora não puderam ser totalmente compreendidos. Uma das principais fontes de confusão é a mistura de elementos *clássicos* nos conceitos e no formalismo, agora no contexto do *quantum*. E como se isto fosse pouco, o avanço na exploração do mundo microscópico trouxe a necessidade de lidar não com uma partícula, mas com conjuntos enormes delas que sequer satisfazem condições de isolamento e estabilidade, mas antes são flutuações em constante interação.

Assim, da Mecânica Quântica ordinária, precisamos passar para a descrição da *Teoria Quântica de Campos*, a qual pode ser definida como uma *melánge* mal-amarrada de campos clássicos, conceitos relativísticos e quantização, utilizada pelos físicos com grande confiança (depois de ~ décadas de resultados positivos) e sem questionar sua consistência matemática e fundamentos, os quais até hoje permanecem obscuros ou inexistentes.

Estas afirmações parecem exageradas, mas são compartilhadas pelos físicos, matemáticos e filósofos que aprofundaram no tema. O pragmatismo de utilizar uma descrição que é manifestamente inconsistente revela que obter resultados que reproduzam o medido é muito mais importante para os praticantes que compreender o que há no "subsolo" da teoria.

A Teoria Quântica de Campos está baseada na ideia de atribuir a cada ponto do espaço-tempo um valor da amplitude de um ou mais campos, estes os objetos fundamentais da teoria. As partículas conhecidas (elétron, etc.) são assim *quanta* dos campos fundamentais, ou seja, regiões do espaço-tempo particulares onde se manifestam – recuperando a velha intuição de Boscovich e Faraday (Capítulo 4) sobre a natureza de partículas fundamentais (para eles, os átomos).

Esta situação acontece depois do procedimento de quantização, ou seja, da imposição de regras de comutação às quantidades dinâmicas, tal como acontece com a quantização canônica da Mecânica Quântica ordinária. Na versão da Teoria Quântica de Campos, o que é feito é considerar que o campo é composto de osciladores, e seu valor pode ser expressado como uma amplitude a multiplicada por uma função temporal harmônica (*sen* ωt, etc.). A quantização consiste em elevar essas amplitudes à categoria de operadores $\hat{a}$ (objetos matemáticos) e impor *regras de comutação* para eles (ou seja, que a operação de multiplicar dois destes não pode ser feita em qualquer ordem), do tipo

$$[\hat{a}, \hat{a}^\dagger] = \hbar, \qquad (5.63)$$

onde a cruz simboliza a operação de conjugação Hermitiana [https://www.sciencedirect.com/topics/mathematics/hermitian-conjugate]. Estes $\hat{a}, \hat{a}^\dagger$ cumprem o papel de operadores de criação e aniquilação de *quanta* respectivamente, de tal forma que os estados de energia que contém partículas são uma espécie de estante (vide figura 5.38) e as partículas aparecem ou somem de cada um por ação de $\hat{a}, \hat{a}^\dagger$. O estado mais baixo, de menor energia, identifica-se com o *vácuo* (conceito que está longe do vácuo grego, este vácuo da TQC está cheio de flutuações quânticas e sua energia é a menor, mas não é zero como interpretou Dirac). Para o vácuo geralmente escrevemos $|0\rangle$. Qualquer estado com um número arbitrário de partículas n pode ser gerado utilizando o operador $\hat{a}^\dagger$ como

$$|n\rangle = (\hat{a}^\dagger)^n |0\rangle \qquad . \qquad (5.64)$$

Figura 5.38. Os estados quânticos com a analogia de um estante clássico com discos que cumprem o papel de *quanta*. Há $n = 3$ partículas no estado fundamental (abaixo), $n = 4$ no primeiro excitado etc. neste sistema de 7 níveis.

Quando existem interações na teoria, ou seja, os campos não mais são livres, as quantidades físicas podem ser obtidas de forma perturbativa: começa--se como se os campos fossem livres, e vão se adicionando as somas de todas as interações até uma certa ordem em algum parâmetro pequeno que é o coeficiente de potências cada vez maiores. Mas ao estabelecer uma teoria e tentar calcular a amplitude de probabilidade de processos reais, as coisas nunca são simples. A soma de processos elementares em geral *diverge*, e se assim for não poderemos obter nenhuma predição ou resultado. Como forma de resolver (pelo menos de forma pragmática) este problema, foi desenvolvida a ideia de *renormalização*. A renormalização começa dizendo que as constantes que estão nas expressões matemáticas da teoria não são as medidas, já que todos os processos quânticos as modificam. Assim, massas, constantes de acoplamento etc. são interpretadas como *constantes nuas*, e seu valor inicial é desconhecido e arbitrário. Agora é preciso ir para a teoria específica, clacular a certa ordem perturbativa a soma de processos e contar quantos "infinitos" emergem. De fato, deve-se utilizar algum procedimento para dar sentido aos cálculos, isto é conhecido como regularização (por exemplo, utiliza-se um valor máximo para o impulso transferido Λ, e depois de resolvidas as integrais o "infinito" acontece quando $\Lambda \to \infty$, mas a expressão que diverge tem uma cara bem definida). Em geral, três situações são possíveis:

- Se o número de "infinitos" diferentes calculados é maior que o número de constantes nuas, não é possível absorvê-los totalmente e os resultados calculados divergem num certo ponto. A teoria se diz *não-renormalizável* e pode ser usada em certa faixa de energias com precaução, já que não é confiável de forma irrestrita.

- Se o número de "infinitos" coincide com o número de constantes nuas (livres), é possível redefinir a diferença entre estas e os "infinitos" como o valor experimental e a teoria pode ser utilizada sem problemas, já que não haverá necessidade de novas intervenções (teoria *renormalizável*) nem mesmo em cálculos de ordem perturbativa maior. Note que, no fundo, está se afirmando que a constante nua era "- infinito" e que somar o "infinito" tem como resultado um valor finito e significativo, o valor observado.

- Se a teoria não apresenta quantidades "infinitas" nos cálculos, ou o número de constantes nuas é maior que eles, a teoria se diz *super-renormalizável*.

Embora seja óbvio que este procedimento é totalmente heurístico e injustificável, na prática somente as teorias renormalizáveis estão livres de outros problemas técnicos e são utilizadas. Nem as teorias não-renormalizáveis, nem as super-renormalizáveis parecem servir como descrições da Natureza, sem que imaginemos por quê.

Certamente agora poderemos apreciar o alcance da colocação de Richard Feynman, Prêmio Nobel de Física precisamente pela renormalização da Eletrodinâmica Quântica (junto com J. Schwinger e S. Tomonaga) quem foi convidado a descrever seu trabalho por um jornalista, e respondeu de forma debochada (mas acurada): *"varri a sujeira embaixo do tapete"*.

A ferramenta fundamental utilizada para desenvolver a Teoria Quântica de Campos é de natureza gráfica, de tão ampla utilização na Física atual que merece uma apresentação a aparte. Veremos a seguir os *diagramas de Feynman*, com os quais pode-se construir todas as interações da série perturbativa.

Diagramas de Feynman

Embora não de forma física, as interações entre as partículas elementares podem ser "visualizadas" por meio de *diagramas* espaço-temporais desenvolvidos pelo físico norte-americano R.P. Feynman. Ao estudar a Eletrodinâmica Quântica, Feynman inventou estes diagramas como uma *ajuda visual* para calcular os processos que acontecem entre elétrons e fótons, representando cada termo matemático com um *ideograma* (conceitualmente similar a um hieróglifo egípcio...). Rapidamente, os diagramas de Feynman passaram a ser usados para descrever todos os tipos de interações em outras teorias, já que eles são uma forma gráfica simples e prática para calcular posteriormente amplitudes de probabilidade e seções de choque.

Richard Phillip Fenynman

Num *diagrama de Feynman* típico, um dos eixos, por exemplo, o eixo horizontal, representa uma dimensão espacial, enquanto o vertical representa o tempo. São usadas, por convenção, linhas retas para descrever férmions (elétrons, etc.) e linhas onduladas para bósons (fótons, etc.). Assim, uma interação básica é associada com um "vértice", isto é, um encontro de três linhas, as que "entram" e as que "saem" como resultado da interação no ponto. Para cada vértice corresponde uma das constantes de acoplamento, que revela que tipo de interação elementar está envolvida (forte, eletromagnética, etc.). As linhas ingressantes e salientes correspondem a partículas reais, que poderão ser detectadas por instrumentos, e as linhas interiores são partículas *virtuais*, aquelas que são permitidas em tempos curtíssimos pela natureza do mundo quântico. Em cada vértice se deve conservar a energia e o momento, isto é, a soma da energia das partículas que entram num determinado vértice deve ser igual à soma da energia das partículas que saem do vértice (o mesmo vale para o momento, a carga elétrica, o *spin*, etc.).

Deste modo, por exemplo, o espalhamento de dois elétrons é representado como duas linhas retas conectadas a uma terceira linha ondulada onde o elétron entrante emite ou absorve um fóton (Figura 5.39). Porém, e devido à flutuações quânticas, processos vários mais complicados acontecem e geram outros diagramas. Por exemplo, o fóton virtual emitido pode dar origem a um par elétron-pósitron virtual, que depois vem se recombinar com outro fóton virtual que acaba interagindo com o segundo elétron (Figura 5.40). Para cada processo (por exemplo, o espalhamento entre dois elétrons) existem *infinitos* diagramas possíveis, cada vez mais complexos, alguns dos quais se mostram na Figura 5.40.

Quando quisermos calcular quantidades mensuráveis a partir dos diagramas, tais como probabilidades de interação e seções de choque, o problema se reduz basicamente a *somar* sobre as amplitudes de todos os estados intermédios possíveis, no que se conhece como *expansão perturbativa*. Estes estados podem-se representar pelos diagramas de Feynman, os quais podem ser derivados da formulação fundamental da teoria (chamada de *ação*). A vantagem dos diagramas é que são mais fáceis de não perder de vista quando se realizam cálculos complicados. O cálculo da probabilidade total para que um determinado processo aconteça, tem que incluir términos para todas as linhas (propagando partículas) e todos os vértices (interações) dos diagramas de Feynman associados. Em tais cálculos, o procedimento é escrever todos os possíveis diagramas para incluir a sua contribuição à probabilidade total. Diagramas mais e mais complicados pertencem a correções de ordem cada vez maior, e são necessários nos cálculos mais detalhados. Porém, é possível obter o resultado clássico com os processos de ordem mais baixa (conhecida como *nível de árvore*) mostrados na Figura 5.39.

O século XX, o século da Física

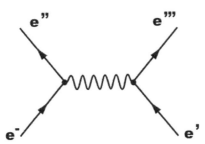

Figura 5.39. O diagrama d'arvore da interação de dois elétrons e^- e e' que trocam um fóton (linha ondulada).

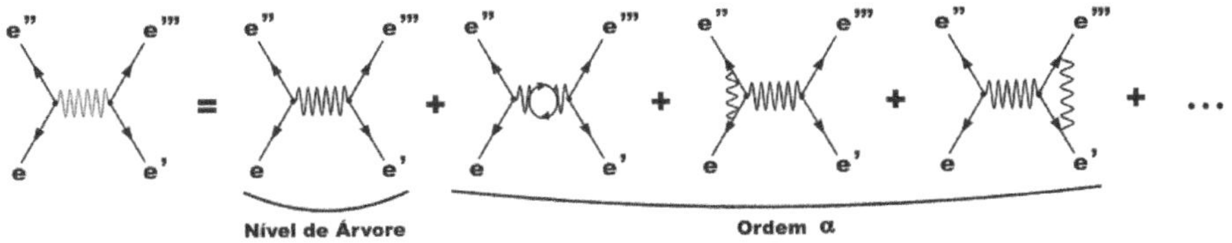

Figura 5.40. Esquema da interação completa, somando termos cada vez mais complexos mas de amplitude cada vez menor, no mesmo processo. Já na ordem α existem contribuições quânticas pequenas que devem ser somadas para o resultado preciso, e que pode se estender até onde for necessário (embora os diagramas são cada vez mais complexos e difíceis de calcular). Como este é um processo eletromagnético, α corresponde à constante de estrutura fina e o seu valor 1/137 garante que na ordem α^2 a correção será muito pequena, mas em outras situações isto pode não ser verdade.

Existem muitas tentativas de conseguir uma descrição consistente deste tipo para aplicar à Física de Altas Energias, por exemplo, a Teoria de Campos Topológicos, onde os observáveis em última instância dependem da estrutura global do espaço-tempo, mas não de fatores locais. E assim por diante. Não é nada claro se haverá um futuro para estas ideias, ou se algo como a Teoria de Supercordas (Capítulo 6) será vindicada como uma descrição matemática real do mundo elementar, explicando de passagem a quantidade de problemas que a Teoria Quântica de Campos apresenta e por que a Renormalização funciona na prática.

"Ciência é acreditar na ignorância dos especialistas"
R.P. Feynman (*circa* 1960)

A elementaridade no século XX e o Modelo Padrão

Com o desenvolvimento da eletrônica, da mecânica industrial e de uma porção de desenvolvimentos tecnológicos logrados no período da Segunda Guerra Mundial, iniciou-se o desenvolvimento de instrumentos para substituir os raios cósmicos como fontes energéticas para abrir caminho nas interações nucleares. Veremos que um verdadeiro "zoológico" de partículas surgiu como possibilidades das interações físicas fundamentais, à procura de ordem e inteligibilidade global.

Com a disponibilidade de *aceleradores*, máquinas propostas, estudadas e construídas por E. Lawrence, começou a ser possível estudar até que limite os prótons, nêutrons e mesmo elétrons eram elementares. A ideia de acelerar partículas (por exemplo, elétrons) e arremessá-las contra alvos é a mesma de, por exemplo, arremessar uma noz contra um muro: se a energia for alta o suficiente, a noz quebrará e seu interior será revelado.

Figura 5.41. Ernest Lawrence trabalhando num acelerador

Com esses primeiros aceleradores começou uma era de estudo e caracterização das *partículas* que constituem os átomos (ou seja, houve uma mudança na identificação do nível mais profundo de elementaridade). Isto, por sua vez, afetou a construção de modelos viáveis para o núcleo, por exemplo, um dos primeiros modelos (o modelo de Thomson) que postulava um fluído carregado positivamente (contínuo) no qual os elétrons estavam embebidos, ficou descartado. Na saga destes experimentos, Robert Millikan contribuiu pouco tempo depois ao problema com seus experimentos, os quais demonstraram o caráter discreto (*quantização*) da carga elétrica do elétron: não há múltiplos menores dessa carga na Natureza. Ou seja, o elétron carrega a unidade de carga elementar.

O espalhamento de elétrons por núcleos revelou entre 1953 e 1957 uma distribuição de densidade de cargas *dentro* de prótons e até mesmo *dentro* de nêutrons. Isto sugeriu a existência de uma *estrutura interna*, o qual desqualificava o n e o p como partículas fundamentais, e revelava que eram sistemas compostos.

Desde o ponto de vista teórico ou experimental, a *elementaridade* pode ser considerada de forma *relativa*, no sentido de que uma partícula pode ser descrita como elementar (sem estrutura interna) nas baixas energias, embora seja composta, fato que deverá ser levado em conta na descrição à energias mais altas. Um exemplo importante é que as colisões entre prótons realizadas nos aceleradores de partículas a energias baixas, indicavam que estes eram partículas sem estrutura interna. Nas colisões de altas energias realizadas depois em grandes aceleradores, os prótons mostraram que são *compostos* de outras partículas mais fundamentais, os *quarks* (vide a seguir)

O limite da *resolução* que podemos atingir permite "empurrar" o limite da elementaridade, até acharmos o *limite absoluto* para a composição da matéria, não meramente aquele que possa ser medido no experimento. Obviamente, há uma grande dose de teoria nesta última afirmação. Conforme os experimentos foram atingindo energias cada vez maiores descobrimos estruturas cada vez menores, de fato hoje os físicos conseguem medir distâncias de até a milésima parte de um *fermi*, ou $10^{-16} cm$, o limite presente da elementaridade (vide Capítulo 6). A hierarquia conhecida da composição da matéria se mostra na Fig. 5.42. A pergunta óbvia é se a elementaridade tem efetivamente um limite *absoluto*, ou seja se nas energias ainda mais altas encontraremos novas estrutura subjacente (uma perspectiva herética e fascinante é discutida no livro *Wholeness and the Implicate Order*, de David Bohm [1980]).

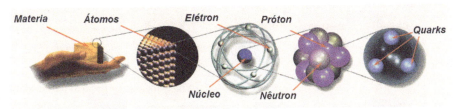

Figura 5.42. A estrutura da matéria até onde a podemos conferir hoje. Conforme maiores energias são atingidas, a matéria revela suas componentes mais elementares a escalas minúsculas. Não há até o momento evidência de subestrutura dos quarks ou elétrons, até distâncias de $\approx 10^{-16} cm$ ainda não foi detectada, embora algumas propostas teóricas tem sido formuladas a respeito. Veremos como as Teorias de Tudo pretendem englobar e estender esta realidade no Capítulo 6.

A estrutura interna dos núcleons e os quarks

Como dissemos anteriormente, os núcleons revelaram uma estrutura interna com componentes pontuais que foram batizados de *quarks*. Os experimentos fundamentais foram também de espalhamento, especificamente p-p a energias crescentes. Observou-se que o espalhamento podia ser explicado se houvesse partículas pontuais dentro do próton (chamados de *partons* por R.P. Feynman), e também a formação de jatos de partículas convencionais emergindo da região da colisão, que foram rapidamente compreendidos por Feynman e colaboradores como um efeito decorrente dos *partons* elementares.

Em 1965, O.W. Greenberg, M.Y. Han, e Yoichiro Nambu introduziram aos quarks uma propriedade de "carga" denominada cor, numa analogia de como cores primárias de luz se combinam. Todos os hádrons teriam assim "cores" neutras. Coube a Murray Gell-Mann e George Zweig a proposta teórica quantitativa da existência dos quarks, cuja dinâmica foi formulada pouco tempo depois. Eles sugeriram que mésons e bárions seriam compostos por três quarks ou antiquarks, chamados *up, down e strange* (u, d, s) com spin 1/2 e cargas elétricas *fracionárias* 2/3, -1/3, -1/3, respectivamente. Também eles vem em 3 tipos de carga, clamada de *cor* (mas obviamente só por analogia), fonte da interação forte da mesma forma que a carga elétrica é fonte do campo eletromagnético. Em 1973, uma teoria de campos quânticos para as interações fortes estava formulada, com uma estrutura similar à Eletrodinâmica Quântica, que passou a ser assim conhecida de *Cromodinâmica Quântica*. Nela, quarks são determinados como partículas reais carregando sua carga de cor e os glúons seriam os "mensageiros" ou mediadores quânticos da interação forte a nível mais elementar (análogos ao fóton), como sugerido por Harald Fritzsch e Murray Gell-Mann. Experimentos posteriores mostraram a necessidade de se introduzir outros tipos (chamados de "sabores") de quarks e antiquarks.

Embora nenhum físico duvide que a Cromodinâmica é a teoria correta das interações fortes, a sua própria natureza não linear impediu até o momento obter soluções matemáticas que mostrem claramente uma série de resultados cruciais oriundos dessa teoria. Por exemplo, se um próton é um conjunto (estado) ligado de três quarks, deveria haver uma solução com energia igual à massa do próton, e assim por diante. Ainda carecemos da solução *analítica* completa e consistente da Cromodinâmica, embora existem simulações *numéricas* que mostram o confinamento e predizem as massas dos hádrons, estas últimas produto da discretização da teoria e posterior evolução espaço-temporal em simulação de computador

Mas isso levou imediatamente a um problema: não tão somente os quarks levavam *frações* da carga elementar do elétron, também, *nunca foram observados isoladamente*, apesar da intensa procura experimental. Em contraste com elétrons, neutrinos e todas as outras componentes, os quarks estão *presos* aos hádrons. Veremos que tipo de modelo microscópico foi desenvolvido para dar conta deste fato novo.

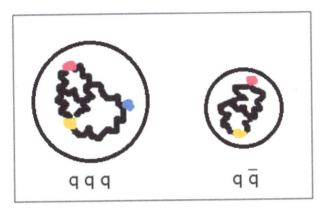

Figura 5.43. A estrutura elementar de um núcleon (qqq, esquerda) e um méson ($q\bar{q}$, direita). As "cobrinhas" representam interações não lineares dos glúons que são as responsáveis da intensidade das forças fortes, ao nível mais elementar que medimos. Este quadro é consistente com os experimentos de espalhamento e outros onde os quarks se manifestam.

Porém, é importante destacar que as duas propriedades mais importantes e novas da teoria já foram estudadas e demonstradas: primeiro foi mostrado que se os quarks estão em energias muito altas, eles se comportam como se estivessem *livres* (isto é, não sentem mais a presença uns dos outros). E também que se a energia é baixa, eles só aparecem em estados de dois ou três quarks (mésons e núcleons), e nunca isolados, muito provavelmente porque precisam de uma bolha (vácuo) onde possam existir. À primeira propriedade deu-se o nome de *liberdade assintótica* e a segunda de *escravidão infravermelha* ou *confinamento da cor*. O modelo mais simples que podemos invocar para explicar estas duas propriedades é um modelo de *potencial de interação* entre quarks (embora originado na Física Clássica, seu funcionamento é fácil de entender). Uma das possibilidades mais aceitas é um potencial da forma

$$V(r) = -\frac{\alpha_s(r)}{r} + kr \qquad (5.65)$$

A forma do potencial da equação (5.65) faz com que a distâncias curtas ($r \to 0$) os quarks possam ser considerados livres (já que a "constante de estrutura fina" $\alpha_s(r)$ das interações fortes é grande para baixas energias, mas $\to 0$ quando a energia cresce, isto é no regime de pequenas distâncias). E se quisermos separá-los o segundo termo provoca a necessidade de entregar quantidades enormes de energia, e assim simula o *confinamento*. De novo, o problema é mostrar que a teoria produz um potencial parecido com o da (5.65), só cálculos numéricos muito complexos mostram resultados encorajadores. Um desenho que pode ser usado para compreender estas duas propriedades se mostra na Figura 5.44.

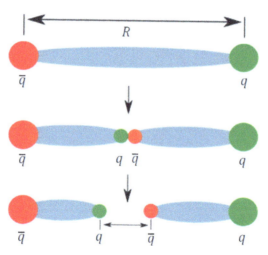

Figura 5.44. O confinamento e suas consequências: tentar separar um quark (q) de um antiquark ($\bar{q}$) a uma distância $R \gg 1\ fm$ provoca a produção de um par $q\bar{q}$ (imagem do meio) e agora a separação da como resultado dois mésons e não quarks isolados (imagem inferior). Se diz que a cor está *confinada*, invisível de maneira direta, restrita a viver dentro dos volumes dos hádrons ou provocando os jatos nas colisões, manifestações visíveis da impossibilidade da separação da cor.

Conceitualmente o confinamento dos quarks (e glúons) leva a um problema novo na epistemologia: podemos realmente afirmar que existem essas componentes elementares, sem que jamais hajam sido isoladas e somente possam ser estudadas dentro dos seus "casulos" (os núcleons)? Estamos mudando o conceito que paira na elementaridade para admitir que há objetos cognoscíveis, mas que não podem ser retirados de um nicho e estudados individualmente? Estas perguntas levaram à definição de *observabilidade indireta*, defendida como visão conciliadora. Mas também poderíamos nos inclinar por uma visão platônica, e considerar (de novo) *a caverna de Platão*. Estamos enxergando a realidade ou uma versão/projeção/boneco dela?

A Cromodinâmica também leva a um novo capítulo da questão do vácuo, recorrente na Ciência desde os tempos de Parmênides: com a intenção de entender e implementar o confinamento, os modelos supõem que os quarks não podem existir no *vácuo ordinário*. Eles só "vivem" dentro de uma região (ou *sacola*) preenchida pelo chamado *vácuo perturbativo*, de menor energia, que foi "escavada" como produto das interações fortes entre eles. Todas as incertezas do cálculo das energia devida às interações são resumidas postulando a presença de uma densidade de energia constante B, que representa o "custo" de estabelecer a sacola (suposta esférica e de raio R, uma bolha no vácuo ordinário) onde os quarks podem ficar a vontade. Em outras palavras, o vácuo é responsabilizado pelo estranho confinamento dos quarks. A existência dos núcleons é decorrência de um *equilíbrio de pressões*, com um termo correspondente à *pressão cinética* dos quarks (isto é, a contribuição das colisões das três partículas com a interface da sacola) e outro devido à *pressão do vácuo*, que "empurra" a sacola para dentro na direção radial. Vemos que esta pressão do vácuo é *negativa*, equivalente, por exemplo, à tensão de uma borracha esticada (Figura 5.45, [Horvath et al. 2006]).

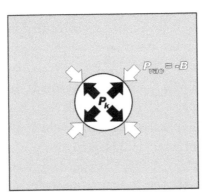

Figura 5.45. O quadro básico do modelo da sacola. A região interior corresponde ao vácuo perturbativo onde vivem os três quarks que compõem um núcleon. Eles exercem uma pressão cinética P_k que contrabalança a pressão negativa do vácuo exterior ($-B$), e equilibra o núcleon.

Em soma, a Cromodinâmica Quântica é uma teoria um pouco mais complexa que suas "parentes" como a Eletrodinâmica, mas já criou dificuldades de cálculo e de conceito, até mesmo filosóficas. A última série de experimentos utilizando íons pesados arremessados uns contra outros com velocidades ultra-relativísticas permitiu estudar pela primeira vez um estado onde os próprios hádrons foram "dissolvidos", e os quarks e glúons da Cromodinâmica se põe de manifesto. Este estado tipo plasma, inesperadamente, parece mais com um vidro que com um gás, e foi batizado *Color-Glass Condensate*. Sua duração é extremamente curta, antes de voltar a produzir prótons, nêutrons e alguns fragmentos ordinários leves. Mas resulta similar ao estado do Universo antes de $\approx 1\ \mu s$, e o confinamento na época que produziu a matéria que conhecemos foi chamado de *hadrossíntese*. Há muito para aprender nos laboratórios de íons pesados a respeito desse estado extremo da matéria já observado e medido [Mizrahi e Galetti 2016].

O Modelo Padrão

Além de construir modelos para a dinâmica das interações, se fez necessário um *esquema de classificação* abrangente. Depois de várias tentativas provisórias de interesse histórico, mas cuja complexidade nos afastaria do escopo deste texto, há um consenso hoje em torno ao esquema que ficou conhecido como *Modelo Padrão*. O Modelo Padrão classifica e associa as partículas elementares em três grupos ou *gerações*, levando em conta a sua participação nos processos elementares (reações nas quais participam as partículas) detectados. A composição de uma geração é sempre a mesma: contém dois *quarks* (os quais formam bárions e mésons), um *lépton* carregado (o elétron, o muon e a tau, sucessivamente) e um neutrino associado a este último (um neutrino diferente para cada tipo de lépton). A descoberta e identificação destas partículas, e o reconhecimento da simetria implementada nas gerações, levou várias décadas e só ficou completa com o anúncio da descoberta do quark t em 1995 e do bóson de Higgs (responsável das massas observadas) em 2012. Até hoje não há qualquer evidência que indique afastamentos importantes dos dados respeito do Modelo Padrão. A Fig. 5.46 ilustra o conhecimento da estrutura atual das partículas do Modelo Padrão que se apóia na teoria eletrofraca e a Cromodinâmica.

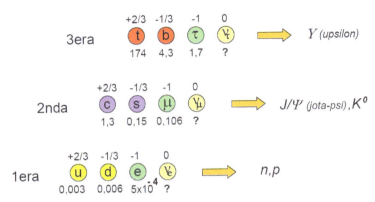

Figura 5.46. O Modelo Padrão. Se mostram as três gerações com os dois quarks (*up* e *down* na primeira; *charm* e *strange* na segunda e *top* e *bottom* na terceira). Os léptons carregados (em verde) e os três neutrinos correspondentes. As cargas elétricas das partículas estão acima e as massas (em GeV). Abaixo das chaves se mostram exemplos de partículas observadas em laboratório (bárions) que são compostas pelos 3 quarks elementares de cada geração (vide [Mizrahi e Galetti 2016] para uma discussão aprofundada).

Há uma unificação maior das interações elementares?

Antes, em 1967, traços de uma *grande unificação* começavam a se desenhar. Steven Weinberg e Abdus Salam independentemente propuseram uma teoria de unificação do eletromagnetismo com a teoria fraca, conhecida como *teoria eletrofraca*. A teoria deles requeria a existência de um bóson neutro fracamente interagente, conhecido como Z^0, para mediar uma interação que não havia sido observada até então. Eles também previram um bóson massivo chamado *bóson de Higgs* que também não fora observado. Apenas em 1983 os bósons $W^{\pm}$ e Z^0 necessários para a teoria eletrofraca foram detectados em dois experimentos utilizando o acelerador do CERN, usando técnicas recém desenvolvidas por Carlo Rubbia e Simon Van der Meer para colidir prótons e antiprótons.

Se sabemos que o Modelo Padrão coloca as interações fundamentais (menos a Gravitação) em pé de igualdade, para que precisamos uma unificação maior? As respostas são variadas e complexas, mas o fundamental é que o Modelo Padrão contém dúzias de parâmetros, e um modelo fundamental teria poucos deles. Assim, é possível que exista algo mais fundamental para diminuir esta multiplicidade.

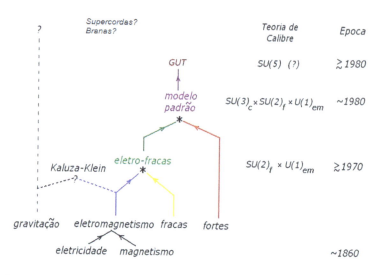

Figura 5.47. Unificação progressiva das interações fundamentais. Em 1860 a eletricidade e o magnetismo ficam fusionadas pelos trabalhos de Faraday, Maxwell e outros. Desde esse momento, a procura por esquemas teóricos cada vez mais abrangentes que contenham as forças conhecidas. A unificação de Glashow-Salam-Weinberg que conseguiu mostrar que as interações fracas e eletromagnéticas são "irmãs", e similares acima de uma certa energia, foi o último sucesso (já que o Modelo Padrão simplesmente coloca as forças juntas, não as unifica). Não há uma teoria de Grande Unificação (GUT) bem sucedida. E a gravitação continua como algo "diferente", pelo menos até alguma superteoria conseguir encaixá-la como parte de algo maior (vide Capítulo 6)

A visão geral da Ciência de Popper, Khun, Lakatos e Feyerabend na segunda metade do século XX

A evolução do conhecimento científico levou progressivamente a novas visões epistemológicas e filosóficas. Com o declínio do positivismo lógico na pós-guerra, o embate entre Racionalismo e Relativismo como posições filosóficas que descrevem o conhecimento cobrou importância (e está longe de acabar). Sem nenhuma intenção de completeza, podemos definir que as diferenças mais importantes são as que mostra a Tabela 5.1.

Tabela 5.1. As principais características do Racionalismo e o Relativismo

Racionalismo	Relativismo
Universalidade	Construção social
Caráter ahistórico	Determinado pela época
Razão como valor absoluto	*Verdade* como valor relativo

Sem entrar nos detalhes da formulação dos critérios racionalistas, dois dos aspectos importantes deste, a *universalidade* e o caráter *ahistórico* provocarão que se julguem, por exemplo, os méritos relativos da Física aristotélica, da Astronomia ptolomaica, a psicologia freudiana, ou a teoria do Big Bang desde o mesmo ponto. As teorias que verificam critérios universais são verdadeiras, ou pelo menos aproximadamente/provavelmente verdadeiras para um racionalista.

K. Popper   T. Kuhn   I. Lakatos   P. Feyerabend

A distinção entre Ciência e Pseudociência está clara para o racionalista. São científicas as teorias que possam ser validadas usando o critério universal escolhido, e que sobrevivem à prova. Por exemplo, um racionalista indutivista (por exemplo, um seguidor de Francis Bacon) pode argumentar que a Astrologia e a Cosmologia Inflacionária não são científicas porque não são indutivamente deriváveis de forma unívoca dos fatos observados. Já um racionalista falsacionista popperiano poderia decidir que a Psicologia freudiana, a Metafísica e a Teoria das Branas do próximo Capítulo não são científicas, porque não são falsáveis. O racionalismo considera evidente que se deve conceder um grande valor ao conhecimento desenvolvido de acordo com o critério universal, e isto vem acompanhado pela crença de que o processo de investigação científica conduz à verdade. A verdade, a Racionalidade e a Ciência são consideradas *intrinsecamente boas*. A Ciência é também vista como *objetiva*, já que as opiniões e preferências pessoais não têm cabimento (vide abaixo). O conhecimento cientifico é assim confiável, porque é conhecimento objetivamente comprovado. Este tipo de posição perante às Ciências encontra-se amplamente difundido nas sociedades atuais, especialmente nas classes sociais com amplo acesso à educação.

Karl Popper

Quando olharmos para a Filosofia científica do século XX, um nome importante, que teve diálogo fluido com o Círculo de Viena sem ser nunca integrante dele, e o de Karl Popper (1902-1994). Na sua obra *The Logic of Scientific Discovery* [1934], Popper admite do início que a observação pressupõe a teoria, ou pelo menos alguma forma rudimentar desta última. A seguir, argumenta que somente um número *infinito* de passos pode provar que uma teoria está correta, mas que estas devem ser acima de tudo *falsáveis* (fazer predições passíveis de verificação e refutação) para poderem serem declaradas falsas se necessário e assim progredirmos. A Ciência segundo Popper procede por "conjecturas" e "refutações", descartando progressivamente as teorias menos aptas em um processo análogo à Evolução de Darwin. Embora nunca possamos dizer que uma teoria científica é verdadeira, pode ser afirmado com otimismo que é a melhor teoria disponível, e que é melhor do que qualquer uma que tenha existido anteriormente. Desta forma, um racionalista *falsacionista* formulará um critério absoluto para escolher entre diferentes teorias como segue: *uma teoria será melhor do que as outras se faz afirmações que possam ser mais amplamente comparadas com a observação e/ou a experimentação, e se sai vitoriosa em todas estas comparações.*

A leitura crítica de Popper nos revela uma visão um pouco esquemática do processo do progresso do conhecimento, sem muitos meandros ou nuances. O falsacionismo Popperiano é um mecanismo que *não confere* com a prática real observada nas Ciências (especialmente quando se chega à instância de declarar *falsa* uma teoria), desta forma seus sucessores elaboraram estes pontos e chegaram a um quadro diferente.

Thomas Kuhn

O mais influente filósofo da segunda metade do século XX foi T.S. Kuhn (1922-1996), quem se afasta da visão popperiana de forma notória. Na obra

The structure of Scientific Revolutions [1962] Kuhn postula e define períodos de "Ciência normal" (onde a atividade dos cientistas consiste na solução de quebra-cabeças dentro de um *paradigma*). Cada tanto, a Ciência detecta "anomalias", às vezes por inconsistências teóricas, às vezes porque novos dados aparecem, e isto leva, depois de um *período extraordinário*, a mudanças de paradigma disciplinar, de variada amplitude e profundidade, que ele chama de *revoluções*. Como exemplos, Kuhn aponta para as "nuvenzinhas" de Lord Kelvin que levaram à Relatividade e à Mecânica Quântica em períodos bastante curtos de Ciência extraordinária. Kuhn afirma que as novas gerações absorvem e aperfeiçoam o novo paradigma, embora alguns dos "velhos" resistem, mas são ignorados até que morrem todos e o novo paradigma parece incontestável. Os livros de texto (manuais na terminologia kuhniana) são reescritos de forma orwelliana, mencionando de passagem o velho paradigma como exemplo do que estava errado, e fazem parecer que os cientistas têm uma *gestalt* única para toda época histórica, coisa que o Relativismo contesta com veemência. Kuhn tem uma influência notável até hoje, de fato, em muitas ocasiões é a ***única*** análise filosófica presente na maior parte dos praticantes das Ciências "duras". Poderíamos dizer que Kuhn *mudou o paradigma* do progresso do conhecimento, usando seus próprios termos a modo de reconhecimento.

Imre Lakatos

Uma síntese posterior destes elementos popperianos e kuhnianos foi realizada por I. Lakatos (1922-1974), filósofo matemático húngaro que enxergou uma complexidade maior e definiu os *programas de pesquisa*. Segundo Lakatos, um programa de pesquisa é um grupo de teorias baseadas em premissas comuns, compostas por um *núcleo duro* (*ND*) com postulados intocáveis, um *cinturão protetor heurístico negativo* que contém hipóteses auxiliares, conjecturas, interpretação dos dados, e que pode ser modificado, e um *heurístico positivo* mais exterior que indica o rumo do programa no tempo (vide Figura 5.48).

Lakatos discute o funcionamento dos programas na obra *Criticisms and the Growth of Knowledge* [1970] (coeditada com A. Musgrave). Os programas são chamados *progressivos* se predizem fatos novos e encaixam as descobertas, e *regressivos* se requerem modificações cada vez mais profundas e frequentes, com a introdução de hipóteses *ad hoc* e ações do tipo. Vemos que o falsacionismo popperiano é assim complexificado, e que Lakatos também não adere à visão de Kuhn de rupturas radicais como elemento fundamental, afirmando que "paradigma" é um programa que se tornou hegemônico, mas ponderando também o conceito de revolução sem descartá-lo totalmente. De fato Lakatos declara algumas coisas muito importantes, por exemplo, *"os cientistas nunca descartam teorias apenas porque os dados as contradizem"*, fato que confere e que vai na contramão do que se pensa ingenuamente desde "fora" da academia. Cabe aqui mencionar a Robert Merton (1910-2003), sociólogo que defendeu que a Ciência é o *ceticismo organizado*, com uma visão muito idealizada da comunidade científica que está nas antípodas da afirmação de Lakatos e outras ações reais executadas pelos cientistas permanentemente.

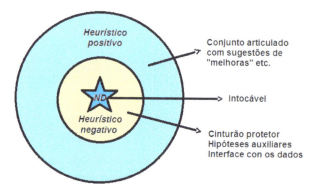

Figura 5.48. Os programas de pesquisa na visão de Imre Lakatos. O Núcleo Duro (*ND*) é intocável, por decisão metodológica dos seus construtores. Elementos sacrossantos o conformam, tais como a conservação da massa-energia e a causalidade. Os cinturões fazem "funcionar" o programa ou provocam seu abandono.

Paul Feyerabend

O último nome da segunda metade do século XX que enxerga o progresso da Ciência de forma completamente oposta a Popper, Kuhn e Merton, é o do austríaco Paul Feyerabend (1924-1994). Feyerabend é considerado um anarquista científico, que descrê dos conceitos e ideias da Ciência, dos valores supostamente objetivos e superiores da mesma, e que escreveu *Contra o Método* [2011] e *Adeus à Razão* [2010] para elaborar essa posição. A tese central do Feyerabend é que a Ciência consiste num conjunto misturado de prejuízos, crendices subjetivas e interesses pessoais travestidos de "construção racional" usando o Método Científico, ferramenta que também considera uma enganação semântica, e em qualquer caso equivalente à adivinhação ou misticismo, metodologicamente falando. Feyerabend causou considerável polêmica na época, especialmente por atacar os alicerces científicos por meio de hipóteses radicais, extrapoladas ao ponto de desconsiderar fatos bem estabelecidos. Sua prescrição científico-metodológica favorita, o *"vale tudo"*, inviabiliza a Ciência tal como a conhecemos, e também acaba com a demarcação Ciência-Pseudociência que tanto preocupava a Popper e muitos outros. As críticas de Feyerabend à Ciência são tão diversas e serias que vale a pena lê-lo criticamente.

Esta breve descrição de alguns dos filósofos da Ciência mais relevantes da segunda metade do século XX finaliza, como toda a Filosofia, sem nos dizer "Do que é feito o Universo?", mas baliza *como* vamos a procurar as respostas, e quais dificuldades pairam no processo, razão pela qual a incluímos aqui.

A Mecânica Quântica e a realidade do mundo físico
[Horvath e Rosas Fernandes 2023]

Temos visto previamente a construção da Mecânica Quântica, com elementos que diferem muito das teorias clássicas existentes. Desde um ponto de vista físico e matemático concreto, visando o cálculo de quantidade relevantes em processos reais, a MQ é uma teoria notável, que prediz com muitas casas decimais o desfecho de cada um daqueles. Já desde o ponto de vista da *compreensão* do mundo que descreve, deixa muito a desejar. Mas este fato tem raízes bastante antigas, que vale a pena esmiuçar, como faremos a seguir.

O desenvolvimento da Física clássica já assistiu a situações complicadas e controversas. Vimos antes que o Racionalismo de René Descartes (Capítulo 3) postulou uma *dualidade* mente-matéria, que não era realmente satisfatória. Mas na sequência o Empirismo de Locke, o bispo George Berkeley deu o passo radical de reduzir a *realidade* das coisas à sua *percepção*, negando-as como seres autônomos. Para Locke, seria necessário que os objetos de experimento e observação existissem *fora* da mente humana, ou independentemente dela, mas Berkeley observa que isso não é claro, pelo contrário. Para Berkeley, em última instância, a matéria não existe realmente, sendo apenas pura aparência. As coisas que percebemos do "mundo exterior" são apenas ideias, puros conteúdos da mente aos quais a observação lhes conferirá realidade como ideias.

Portanto, para Berkeley, a Ciência é mais *descritiva* do que explicativa (razão pela qual ele não pode ser genuinamente considerado um dogmático). É claro que os filósofos e os cientistas empreenderam um divórcio cada vez mais pronunciado desde então, mas as questões que pairam a respeito da natureza da realidade física não foram resolvidas por um ou outro bando, e essa falta de entrosamento se reflete no estado-da-arte deste problema fundamental.

Mas para continuar com o desenvolvimento histórico, sabemos que uns anos mais tarde, David Hume empreendeu um profundo exame dos conceitos de Berkeley e Locke, e assimilou a mente humana a um "teatro" onde diferentes atores e situações aparecem sucessivamente, mas sem que saibamos quem são ou de onde vêm. Hume permanece *cético* sobre a realidade dos objetos físicos. Com Locke e Berkeley, Hume completa uma espécie de "Trindade" que oferece uma visão oposta ao mais intuitivo Realismo Cartesiano que os precedeu.

Esta discussão a respeito do que é real e o que não, é retomada por Immanuel Kant (1724–1804) que também já discutimos no Capítulo 3. Kant afirma que, para termos certeza das coisas que nos são externas, é necessário um critério básico: a consciência de nossa existência individual (que já havia sido fortemente questionada por Hume). Segundo Kant, é a partir de nossa própria consciência que podemos discernir o que nos é externo e interno. Kant admite a existência de objetos no mundo físico externos ao observador, mas sustenta que nunca seremos capazes de conhecer sua essência (os *noumena*, "as coisas em si"), porque há algum limite *cognitivo* em nossas mentes, que dificultam a análise dos fenômenos (vide Figura 4.10). Kant também sustenta que os chamados juízos sintéticos *a priori* não dependem de objetos externos, e que nossa mente molda o mundo fenomenológico em tempo, espaço e causalidade. Somente através deles podemos modelar e peneirar o mundo natural. Acrescente-se que para Kant a Matemática é uma ferramenta exploratória de caráter próprio das Ciências Naturais, sem necessitar de conteúdo empírico. Locke e seus sucessores não poderiam se opor mais a essa forma de idealismo kantiano.

Estas considerações gerais históricas e ontológicas deixam claros conceitos como *mundo metafísico, mundo fenomenológico, racionalismo, empirismo, realismo e idealismo*. Ver-se-á que estes conceitos reaparecem, transpostos para a Física contemporânea, e em particular para a Mecânica Quântica. Na verdade, essas posições, dualistas como são, fundamentam dois outros conceitos pertinentes à natureza da atividade dos físicos contemporâneos, que costumam ser classificados (de forma muito geral e um tanto imprecisa) em Experimentais e Teóricos. Nosso objetivo será o de responder a velha pergunta: o que é um objeto físico "real"?

Realismo e Idealismo

O conceito empírico de Realidade e Realista e também as categorias Idealistas poderiam ser aplicadas aos próprios físicos? Ou, dito de outra forma, podemos dividi-los grosseiramente entre a atitude "Experimental" e a atitude "Teórica"?Deve-se notar que, para esta classificação simples e dualista, a relação entre o observador e a ideia do objeto observado é o critério básico e essencial. Para o Físico Realista/Experimental, sua relação com o objeto observado é *direta*, para o Físico Idealista/Teórico, sua relação com o objeto é uma *construção racional*. Assim rotulados, os físicos realistas são aqueles que apenas se identificam como objetos reais que podem ser efetivamente verificados pelos sentidos, mas costumam ser dogmáticos e estáticos como o pensamento da Metafísica platônica, em evidente paradoxo. Com a exploração do micromundo, essa questão fica em segundo plano, pois os objetos quânticos são exemplos claros e paradigmaticos de coisas que *não podem* ser observadas pelos sentidos. Com o avanço tecnológico, o mundo dos fenômenos se revela cada vez mais diferente do que percebemos por meio de nossos sentidos naturais, e muito mais quando nossos sentidos deixam de ter qualquer participação direta na apreensão do mundo, como no estudo do mundo microfísico.Isso implica várias coisas, mas surge com o mundo microfísico uma questão muito antiga e geral da Teoria do Conhecimento: não percebemos o mundo como ele *realmente* é (e sequer sabemos do que estamos falando com esta afirmação).

Evidentemente essa divisão Realista/Experimental vs. Idealista/Teórico não é rígida nem imutável, mas seriam os físicos teórico-idealistas mais ``realistas'' do que os físicos experimentais-realistas? Com base na história do conhecimento, essa questão pode e deve ser reformulada.

A realidade do mundo físico

É preciso ressaltar que a palavra "mundo" costuma ser utilizada com diferentes extensões e, no caso aqui utilizado, pode ser aplicada tanto no sentido microfísico quanto no sentido macrofísico.

A discussão da Realidade do mundo físico no contexto da evolução do pensamento filosófico clássico passa pelas visões filosóficas expostas anteriormente, com todas as suas variações e disputas. Se aplicadas à Física, essas categorias filosóficas podem ser reduzidas a Físicos Teóricos (=Idealistas, a *grosso modo*) e Físicos Experimentais (=Realistas, também a *grosso modo*) já no início do século XX, ou mesmo antes. É importante salientar que a interpretação das quantidades mensuráveis, o papel da experiência e da cognição, a existência de um mundo metafísico e o resto dos assuntos discutidos não esbarram em obstáculos concretos até o início do século XX, sendo antes de mais nada um debate puramente filosófico dentro do marco da Física Clássica.

No entanto, já vimos que esses assuntos ficaram radicalmente diferentes e mais difíceis com o desenvolvimento da Mecânica Quântica, aplicável ao domínio da microfísica. A tentativa de extrapolar as noções clássicas para o muito pequeno criou inúmeros problemas conceituais e exigiu uma "interpretação" detalhada, ou seja, a atribuição de significado a cada elemento presente na teoria, já apontada nas seções anteriores. De facto, quase um século depois da sua construção, a Mecânica Quântica goza de um estatuto muito especial na Física: apesar de quase ninguém duvidar dela, no sentido de que sempre produziu previsões correctas (mesmo quando anti-intuitivas), a sua interpretação está sujeita a discussão. Deve-se notar que a maioria dos físicos adere à chamada *interpretação de Copenhague*, embora existam outras possibilidades bem desenvolvidas como alternativas [de la Peña 2010, Pinto-Neto 2010]. Mas essa suposta adesão se dá mais por omissão do que por decisão metodológica ponderada. Os problemas subsistentes e as alternativas à interpretação de Copenhague nem sequer são mencionadas nos cursos de Ensino Superior. Ou seja, a teoria quântica é adotada como um ato de fé, puro dogmatismo, pelos seus próprios praticantes, lembrando a difícil posição em que se encontrava o próprio Leucipo ao defender o princípio ontológico da matéria através da teoria atômica há 2.500 anos.

Diante dos inúmeros fracassos das tentativas de encontrar uma base consensual para o MQ, seria desejável uma atitude permanente de análise aprofundada. Não se questiona a existência e eficácia da MQ, que são bem conhecidas, mas o seu caráter peculiar e contraditório. O mais puro empirismo, apontando para a desconfiança de tudo o que não seja um resultado experimental, e o cartesianismo que sustenta que o fato de algo não ser observável não impede seu conhecimento, parecem colidir irreversivelmente no mundo microfísico. Na verdade, não sabemos como realmente funciona a MQ, um processo que permanece no mundo teórico ou ideal (por exemplo, o processo de *colapso da função de onda* no ato da medição não está contido na teoria, mas é considerado o fator fundamental dos resultados). Sabemos apenas que a MQ funciona, e isso nos é apresentado como fator suficiente para sua realidade e confiabilidade. Poderíamos dizer que neste momento estamos em algum lugar entre a proposta de Leucipo e o caráter dogmático da Metafísica platônico-aristotélica. Nem é preciso dizer que isso basta para boa parte dos físicos, que não se preocupam com essas questões mais sutis.

Esmiuçando o conteúdo da Mecânica Quântica e suas consequências

Para concretizar um pouco as considerações anteriores, podemos estabelecer um *marco conceitual mínimo* para mostrar os elementos da MQ e suas inter-relações, indo além do apresentado anteriormente quando abordamos a construção da teoria. Como qualquer outra teoria física, a Mecânica Quântica consiste em um punhado de conceitos básicos, um formalismo matemático e uma *interpretação* para dar sentido aos resultados. Até o advento da MQ, todos os problemas de interpretação que surgiram no domínio da Física Clássica foram resolvidos mais ou menos rapidamente. É por isso que às vezes tendemos a pensar que a necessidade de *interpretação* é uma característica única da MQ, embora não o seja. A necessidade de achar uma interpretação consensual à Mecânica Quântica, e o desenvolvimento de muitas versões diferentes, é um exemplo das dificuldades inerentes a esta teoria.

Em outras palavras, é verdade que na Física Clássica também houve controvérsias e discussões aprofundadas sobre o significado das grandezas físicas introduzidas (por exemplo, entropia, potenciais eletromagnéticos, etc.), mas elas finalmente foram resolvidas satisfatoriamente. Já a Mecânica Quântica já completará um século sem que fique claro para toda a comunidade científica como ela deve ser interpretada ou compreendida. De facto, das várias interpretações alternativas que enumeramos antes, algumas procuram recuperar o *realismo*, outras justificam a natureza *sui generis* e o tratamento dos objetos quânticos, e algumas são ainda mais particulares ou "exóticas". Mas todas as versões têm em comum os três elementos essenciais seguintes, imprescindíveis para lidar com o objeto de estudo (ou *sistema*). Esses elementos são [Horvath e Rosas Fernandes 2023]:

(1) Uma *Lógica* implicitamente baseada nos princípios aristotélicos (Booleana) e na separação entre sujeito (S) e objeto (O) da realidade (R) externa ao primeiro. Mas isto não precisa ser pétreo. Von Neumann [1996] foi um dos que insistiram na possível Lógica não humana da Mecânica Quântica, analogamente ao caso das geometrias não euclidianas. Por exemplo, na classe de declarações do tipo "se p, então p ou q" a versão quântica "se a equação de Schrödinger é válida, então o sistema evolui de acordo com ela e o resultado de uma medição será um dos autovalores" é constantemente formulado sem que os praticantes percebam sua inconsistência com a lógica comum. Ergo, von Neumann sugere que os humanos e o mundo seguem lógicas diferentes.

(2) Uma Álgebra consistente para manipular e relacionar os objetos básicos (a função de onda $|\Psi\rangle$, etc.) e obter previsões e resultados quantitativos. Isso é diferente da Lógica adotada e fundamental para que os resultados sejam comparados com os experimentos (por exemplo, o produto interno no chamado *espaço de Hilbert* permite calcular as probabilidades de medir cada autovalor em uma única medida).

(3) Por fim, uma *Linguagem* (formal ou informal), que traz como corolário uma semântico-semiologia, nem sempre devidamente examinados. Além da notável observação de Heisenberg (em Petersen [1963]) "nossas palavras não se encaixam", este ponto no contexto mais amplo (no sentido da adequação das linguagens humanas para formular afirmações científicas) foi explorado por L. Wittgenstein e outros, e continua sendo um assunto de grande importância na Filosofia da Ciência, com um viés dramático no caso das interpretações da Mecânica Quântica.

Na Física Clássica, o sujeito (S) é o observador que experimenta o mundo exterior, que são os objetos (O) da realidade (R) estudados através da observação dos fenômenos e sua análise, esta última central na Mecânica Quântica e em todas as outras teorias. Na Ciência Ocidental, no domínio clássico, essa separação é tão evidente que nem é discutida ou sequer mencionada. Porém, em vários outros sistemas de pensamento (Filosofia oriental, nativos americanos), a separação entre o sujeito S e a realidade externa R é impossível: o homem não pode se colocar fora da Natureza. De fato, algumas interpretações da Mecânica Quântica identificam essa separação como a fonte da discrepância fundamental entre experimentos e expectativas *a priori*.

Por outro lado, e além da separação sujeito-realidade, a interface que permite conhecer os fenômenos quânticos (Epistemologia) é frequentemente apontada como responsável pelos problemas existentes na compreensão da teoria. De fato, a própria ideia da existência de objetos a serem estudados na Realidade R não está garantida na Mecânica Quântica. Em várias versões da Mecânica Quântica é possível encontrar muito do Idealismo filosófico, ou seja, a ideia de que o mundo é modelado por nossas mentes, ou pelo menos, que a mente do observador tem muito a ver com isso (embora haja nenhuma menção explícita à mente na interpretação de Copenhague). Assim, o conteúdo empírico da teoria assume uma dimensão abrangente, não podendo ser ignorado. A negação de uma Ontologia quântica, ou mesmo sua rejeição, é diametralmente oposta à atitude Realista do físico na vida cotidiana.

Para melhor visualizar os elementos envolvidos nas interpretações da Mecânica Quântica, sugerimos a construção de diagramas conceituais que iluminam o papel de cada um. O mais relevante é o diagrama que exemplifica a chamada *interpretação de Copenhagen*, ilustrada na Fig. 5.49.

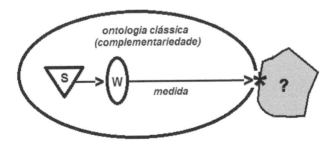

Figura 5.49. Um diagrama representando a interpretação de Copenhagen da Mecânica Quântica [Horvath e Rosas Fernandes 2023]. O sujeito S (triângulo) mede um sistema e obtém um valor

representado por um asterisco. A relação do *S* com o fenômeno medido passa pelo filtro *W* (de Wittgenstein), que contém a lógica, a álgebra e uma linguagem que expressa esta relação. A própria realidade quântica não é especificada e cai na categoria da "coisa em si" que I. Kant discutiu (zona cinza com sinal "?"). A interpretação de Copenhague sustenta que a propriedade medida com o asterisco é definida apenas no momento da medição (a realidade é criada pelo ato de observação) e nega e a priori a existência, em qualquer sentido trivial, da realidade dentro da zona cinzenta.

O Filósofo-Cientista (não apenas um Filósofo das Ciências) Mario Bunge (1919 - 2020) analisou este e outros aspectos do MQ e esclareceu as dificuldades decorrentes da "interpretação". Nesse caso, aceita-se cegamente a ortodoxia de Copenhagen que define que o resultado de uma medida deve ser um dos autovalores de um operador hermitiano, *sem a possibilidade de qualquer outro resultado* [Bunge 2007]. De novo, isto é dogmatismo puro, tal como Bunge observa. Como observação final, notamos que está implícito em todas as discussões dos cientistas que Objetos físicos e Realidade são a mesma coisa, os *noumena* de Kant. No entanto, essa visão deve ser questionada pelos físicos quando levamos em consideração nossas limitações cognitivas, ou seja, relações de espaço, tempo e causalidade ou mesmo fatores adicionais fora do pensamento kantiano.

Quanta, *localidade e teorema de Bell: o cerne do mundo segundo a MQ*

Uma vasta literatura tem sido dedicada à questão da construção da Mecânica Quântica e seu afastamento progressivo das noções clássicas ao longo do processo. A nova teoria não foi aceita por Einstein e outros físicos eminentes, incluindo Schrödinger e de Broglie. Sua principal objeção era que um resultado probabilístico não é o que a Física deveria oferecer, mas sim uma descrição da Realidade, ou seja, dos *objetos quânticos*. Eles aceitaram, entretanto, o sucesso da MQ, mas insistiram que a teoria deveria estar incompleta. Na verdade, eles esperavam que ela fosse substituída por uma teoria melhor, mais convencional, para a qual a MQ emergiu como uma versão estatística muito geral. É justo dizer que este grupo esperava restaurar a situação em que os *quanta* poderiam ser descritos como entidades reais com propriedades definidas. Em vez disso, as versões posteriores da MQ se desviaram para um clima ainda mais radical: além de Bohr ter afirmado em algum momento tardio que a MQ *não versava sobre a Realidade*, mas sim sobre o que *pode ser dito* sobre a Realidade [Petersen 1963], esta última Realidade foi mais tarde claramente *negada*, no sentido de que o formalismo da MQ não precisa de nenhuma "Realidade quântica profunda", negando-lhe qualquer caráter ontológico e reduzindo a tarefa ao estudo e previsão de fenômenos. Essa atitude contrasta fortemente com as afirmações a respeito do mundo atribuídas a Meyers, Einstein e outros (vide a seguir).

Uma das tentativas mais conhecidas de advogar um caráter *realista* aos objetos físicos, e provar que a Mecânica Quântica era, se não falsa, ao menos incompleta é o trabalho de Einstein, Podolsky e Rosen [1935], no qual eles argumentam que seria possível trazer o que eles chamam de "elementos da realidade" para alcançar uma descrição completa da Natureza. De fato, outro ingrediente importante do argumento era a *localidade* da Realidade. Esse tipo de visão estendida é geralmente considerado dentro da classe de teorias construídas com *variáveis ocultas* locais [Bohm 1980], quantidades ainda desconhecidas que devem ser introduzidas para trazer a MQ para o reino do que Einstein e outros considerassem aceitável, o realismo local. Na verdade, a principal objeção de Einstein era a não-localidade necessária para dar sentido aos estados quânticos, conforme exigido pela MQ.

Embora a discussão original envolvia fótons (Fig. 5.50) e foi assim que foi testada várias vezes, D. Bohm desenvolveu anos depois uma definição mais precisa do sistema originalmente considerado pelo trabalho de EPR, usando estados de *spin* discretos de pares pósitron-elétron. O ponto principal de todos estes argumentos é que pares de partículas quânticas são enviadas para, digamos, direções opostas, segundo a MQ, em uma *superposição de estados de spin*. Os observadores nas localizações opostas que possuem detectores de *spin*, medem os spins dentro de um intervalo de tempo que torna impossível para a primeira partícula medida se comunicar com a segunda com uma velocidade menor que a luz c. Observe que as categorias kantianas de tempo, espaço e causalidade estão sendo usadas integralmente.

Por mais estranho que seja esse *gedankenexperiment* de EPR (um favorito do pensamento einsteniano), experimentos *reais* de medição de emaranhamento foram planejados e realizados, começando com o relatório de Aspect, Dalibard e Roger [1982] e posteriormente outros similares usando vários sistemas físicos para testar as previsões da MQ. De fato, antes disso surgiu um importante desenvolvimento geral devido a J.S. Bell [1964], estabelecendo um limite superior para algumas grandezas diretamente mensuráveis dentro de uma abordagem de Realidade local como preconizado pelo EPR, ou seja, quantificando a expectativa daqueles autores. Esses limites ficaram conhecidos como *desigualdades de Bell*. Em vários experimentos usando spins de elétrons como descrito acima, mas também átomos aprisionados [Rosenfeld et al. 2017], fótons polarizados [Jung 2020] e átomos de hélio ultrafrios condensados de Bose-Einstein [Shin et al. 2019], as desigualdades de Bell foram *violadas* em vários níveis de desvios, indicando que uma *teoria realista local* do tipo vislumbrado pelo EPR não é viável.

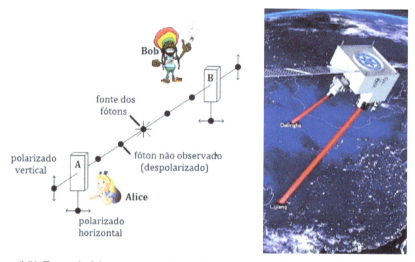

Figura 5.50. Esquerda: Montagem experimental usando pares de fótons, medidos posteriormente por dois observadores (chamados de Bob e Alice na literatura especializada) com os dispositivos A e B amplamente separados, para garantir que a informação não possa atingir causalmente o outro uma vez que a polarização de um deles é medida. Lembrando que, segundo a MQ, cada fóton antes de ser medido está em um estado que e a combinação das duas (e aqui o destaque: o fóton está simultaneamente misturado *nas duas* polarizações, não é que está em *uma* delas e nós não sabemos qual...). Quando medido, é obrigado a se definir ("a medida cria a Realidade"), mas aí o outro do par, que se correlaciona perfeitamente, "sabe" então que seu irmão foi medido e também define sua polarização *sem* que haja comunicação entre eles e *tão longe quanto se queira*. Direita: Em 2017 um satélite chinês produziu pares deste tipo e os transmitiu para duas estações em terra separadas por mais de 1200 km. A correlação obtida foi perfeita, confirmando que o embaralhamento "liga" os dois fótons para sempre, e as coisas se tornam não locais.

O problema é então "o que as medições mostram?". Surpreendentemente (pelo menos para Einstein, Podolsky e Rosen) verifica-se que as partículas (fótons ou elétrons/pósitrons) "sabem" o que acontece com suas gêmeas. Se uma direção de rotação (polarização) for medida para um, o outro exibirá o resultado oposto, apesar de não estarem conectados causalmente por causa da configuração. Diz-se que as partículas estão *emaranhadas* (ou que as fases das suas funções de onda estão correlacionadas ou *embaralhadas*), mas esse emaranhamento não depende de sua distância relativa e *não desaparece*. Em certo sentido, uma vez que o elétron e o pósitron formam um único sistema, eles permanecem como tal, independentemente de sua distância. Algumas vezes afirma-se que "o mundo é um todo indivisível", significando o emaranhado acima. Outro apelido para isso encontrado na literatura é *"spooky action-at-a--distance"* [Mermin 1985], significando o tipo de não-localidade "assustadora" por trás do fenômeno do emaranhamento. Note-se que a noção de ação à distância foi fortemente rejeitada pelo próprio Isaac Newton na sua época, quem qualificou essa ação a distância de "absurda", mas preteriu uma solução para evitá-la. Uma nova forma de não localidade, *que impede tratar duas partículas separadamente* sem importar a distância entre elas (desde que tenham formado parte de um sistema único no passado), voltou para assombrar a Física 3 séculos depois.

O que isto significa? Na verdade, um fato muito sério: ou uma descrição da microfísica pode ser construída, mas deve ser *não-local*, ou se a Física local quiser ser mantida a tudo custo, então os objetos físicos *não são* o que pensamos que são. A rejeição à Física não-local é tão forte que algumas propostas contemporâneas sérias afirmam que o mundo *não é feito de objetos reais*, e mesmo os objetos macroscópicos não existem quando ninguém olha para eles (reivindicando as visões de Berkeley, [2018] e do Idealismo).

Figura 5.51."Você realmente acredita que a Lua não está aí quando não olhamos para ela?", revidou Albert Einstein quando perguntado a respeito da alternativa Idealista para evitar a não-localidade quântica.

É claro que todos os tipos de brechas nesse raciocínio foram examinados, mas nenhuma refutação real a essa situação incômoda, criada pela violação das desigualdades de Bell e confirmadas em muitos experimentos, ganhou aceitação geral. O emaranhamento é um fato que não é facilmente acomodado por uma atitude realista clássica, mas produz resultados que parecem tão "limpos" quanto podem ser [Mermin 1985], daí a importância do trabalho de Bell e das confirmações experimentais das previsões da MQ, contrariando o trio EPR e seus seguidores.

A Física Clássica e a Quântica em conflito ontológico

Vemos assim a peculiaridade da MQ, que é aceita apesar de sua apresentação dogmática, sem muito escrutínio, pelo simples fato de funcionar, e ignorando seus fundamentos inconsistentes. Mas isso não é o fim do mundo: demora para a imaginação fluir, para mudar, mas feito isso, novas teorias serão apresentadas, novas antíteses e refutações também serão apresentadas, até chegarmos a novas teorias, novas certezas, novas realidades, que também se tornarão obsoletas com o tempo.

Hoje temos certeza de que a separação das disciplinas físicas das filosóficas foi um processo gradual que atingiu seu auge no século XIX. Passado um século, vemos que os praticantes da Ciência já não estão, em geral, ligados à Filosofia, nem se sentem obrigados a respeitar os seus procedimentos, nem a analisar a sua própria obra a partir dela, e o seu âmbito não inclui perspectivas filosóficas em geral. Assim, a afirmação de que todo físico é também metafísico pode até aterrorizar muitos deles, mas foi expressa com seriedade por Albert Einstein, ele próprio um filósofo-cientista como diz o título do livro autobiográfico editado por Schlipp [1949]. Einstein observou que os físicos precisam, mesmo de forma elementar e intuitiva, adotar uma Metafísica para os objetos que estudam.

Einstein foi o mais famoso oponente dos fundamentos da nova Mecânica Quântica, que sustenta na sua versão tardia que as previsões da teoria são *operacionalistas*, uma espécie de mero algoritmo de cálculo, mas não se referem à Realidade [Bunge 1988, 2007]. Segundo essa interpretação, o ato de medir um sistema quântico *cria* Realidade, no sentido de forçar o sistema a se definir entre diversas possibilidades com probabilidades dadas pelo quadrado da função de onda. Isso é tudo o que pode ser obtido sobre o sistema, segundo os ortodoxos, em total contraste com a Física Clássica. O viés idealista da teoria é bastante claro e, de fato, em outras interpretações desenvolvidas, esse caráter é ainda mais explícito e marcante: por exemplo, na interpretação de Wigner-von Neumann-Stapp afirma-se que a *consciência* cria a Realidade [Herbert 1989], em outras palavras, alinha-se totalmente com o pensamento de Berkeley. É possível perceber porque Einstein criticou a Mecânica Quântica: ela quer se livrar da questão da Metafísica mas cai em um Idealismo inaceitável para Einstein e para a maioria dos físicos.

Existem trabalhos recentes [Giovanelli 2018] sobre a epistemologia de Meyerson e sua influência na chamada "virada" racionalista de Einstein por volta de 1930, e que serve para retomar a questão da Metafísica (quase sempre involuntária) dos físicos profissionais. Em sua obra *Identité et Réalité* [1908], Meyerson faz duas afirmações importantes sobre o caráter da Ciência, como os próprios cientistas a entendem. A primeira é que a Ciência é *explicativa*, ou seja, não se reduz a descrever e prever fenômenos, mas pretende estabelecer relações de causa e efeito e reduzir o observado/medido a ideias gerais. Para tanto, os cientistas reduzem o "senso comum" em favor de uma visão abstrata repleta de objetos postulados (átomos, campos magnéticos, fluxos, etc.) que são tratados como *objetos reais* que existem independentemente da observação. Isso leva à afirmação de que a Ciência é também *ontológica*, ou seja, prescreve os objetos que existem. Daí a afirmação mais tarde repetida pelo próprio Einstein de que há uma fração inevitável da Metafísica na Física (inclusive para negar todo o anterior e cair numa postura operacionalista). Essa postura realista geral dos físicos até o início do século XX foi chamada de "intuitiva" por Meyerson, e sofreu um duro golpe com o surgimento da Mecânica Quântica como acabamos de discutir.

Essa característica de considerar objetos abstratos e construções mentais como "reais" foi retomada em diversas ocasiões, por exemplo, no curso de Filosofia para Cientistas de Althusser e outros, que a denomina de "espontânea" [Althusser 2012]. Althusser discute o processo de construção de uma postura filosófica pelo cientista, mas sua motivação é histórico-materialista, e nem sequer menciona a Mecânica Quântica (por incrível que pareça, já que estava totalmente estabelecida e fornecia o exemplo mais cabal de postura anti-intuitiva). Outra obra que aborda a dinâmica científica, seus valores e crenças de forma direta e extensa é o livro *Laboratory Life*, de B. Latour e S.

Woolgar [1986]. Como exemplo, neste trabalho os autores viram os neuropeptídeos estudados no laboratório de J. Salk em San Diego, EUA, como "abstrações" que incorporavam uma série de sinais de dispositivos de medição, a única evidência "real" segundo eles, as quais eles viam apenas como manifestações daqueles. O estudo levou Latour e Woolgar a falar da Ciência como uma "construção social" [Latour e Woolgar 1986]. Se essa posição for levada a sério, a Ciência tem pouca ou nenhuma relação com a Natureza, sendo apenas uma espécie de jogo com regras próprias. Nem sequer está claro qual é a razão pela qual a manipulação desses conceitos e entidades abstratas seria, por exemplo, com previsões de sistemas reais, e também a razão pela qual a Matemática ou mesmo a Lógica descreveriam os fenômenos do Mundo. Note-se a estranha postura em relação a este último ponto por ninguém menos que o Prêmio Nobel húngaro E. Wigner, em sua famosa conferência *The Unrasonable Effectiveness of Mathematics in the Natural Sciences* [1960].

Para os físicos realistas/experimentais, a verdadeira Física seria Realista e a Filosofia da Ciência algo totalmente dispensável. De fato, e ao contrário de Einstein, alguns dos mais eminentes físicos do século XX não esconderam sua hostilidade em relação à Filosofia. Apenas como exemplo, R.P. Feynman e P.A.M. Dirac parecem não ter apreciado em nada a análise dos filósofos da realidade física, metodologia e outros aspectos importantes. De forma bastante crua e direta (característica das "ciências duras") afirmaram que a Filosofia é no mínimo supérflua, enganosa e/ou redundante. Vale dizer que os dois (aliás *todos* os participantes da construção da nova Física do século XX), já haviam escolhido sua Metafísica (ou a falta dela): são vários os escritos em que Dirac e Feynman se manifestam a favor da Mecânica Quântica e consideram inúteis os esforços de Einstein e outros para restaurar o Realismo no mundo físico. Deve-se notar que esta posição, mesmo que resulte finalmente correta, não resolve em absoluto o dualismo discutido a seguir.

O (insustentável) dualismo epistemológico da Física atual

Se até o século XIX o Idealismo podia ser considerado uma doutrina exótica, a construção da Mecânica Quântica nas primeiras décadas do século XX complica consideravelmente a adesão ao Realismo mais intuitivo, como argumentamos anteriormente. A revisão da posição realista foi essencial quando a Mecânica Quântica foi construída e testada extensivamente. Passado um século, se por um lado é adotada uma filosofia operacionalista (duramente criticada e descartada por Bunge [1988]), os físicos se horrorizam com dilemas ontológicos explicitamente expressados, mas aceitam sem mais delongas uma MQ cuja ontologia é considerada não especificada/não-existente para objetos quânticos, ou seja, com fortes conotações idealistas. Quando confrontados com o macro-mundo, nenhum deles (ou quase) admitirá, por exemplo, que não acredita na existência de objetos enquanto ninguém os observa (o que nos remete de imediato mais uma vez à Filosofia de Berkeley), mas isso exatamente é o que paira nas versões definitivas da Mecânica Quântica interpretadas pelo grupo de Copenhague, na forma "o sistema não tem propriedades definidas se ninguém o mede". Ou seja, há uma flagrante dualidade filosófica, que se alastra e nunca é apresentada aos novos praticantes que chegam à Ciência (estudantes) nem discutida entre os colegas. Cabe ressaltar que essa dualidade, mesmo sem ser reconhecida e assimilada, está presente no mesmo e único indivíduo que pratica as Ciências físicas quando considera um problema quântico e um clássico. Sem perceber, ele é forçado a passar de uma posição Idealista para uma Realista, ignorando as inconsistências desse processo: a Ontologia dos objetos *não admite* uma transição abrupta Idealista-Realista, pode-se passar do mundo quântico ao limite clássico, mas não de um Idealismo microfísico para um Realismo macrofísico. Este é o ponto central que queremos deixar claro aqui.

Como resumo final do problema, temos uma posição *dual* e *inconsistente* entre fenômenos quânticos e clássicos, que passa geralmente despercebida e que ninguém quer abordar. Ora encontramos uma interpretação (diferente da ortodoxia de Copenhague em sua versão tardia) para a Mecânica Quântica, que nos permita torná-la compatível com o Realismo clássico, ou seremos forçados a reivindicar, pelo menos parcialmente, *algum tipo de Idealismo* para o mundo clássico. Para os autores, a primeira opção é a preferida, mas estamos longe de ter um consenso quanto ao tipo de interpretação necessária, assunto delicado que ultrapassa em muito o escopo deste livro [de la Peña 2010].

Referências ao Capítulo 5

1. O. Passon, *Kelvin's clouds*. American Journal of Physics **89**, 1037 (2021)

2. UFABC (2023)
https://propg.ufabc.edu.br/mnpef-sites/relatividade-restrita/o-experimento-de-michelson-morley/

3. L. Kelvin, palestra na *British Association for the Advancement of Science* (1900)

4. J.E. Horvath. *As Estrelas na Sala de Aula* (Ed. Livraria da Física, São Paulo, 2019)

5. UFRGS (2023)
https://www.if.ufrgs.br/tex/fis142/fismod/mod03/m_s02.html

6. R. Eisberg e R. Resnick, *Física Quântica - Átomos, Moléculas, Sólidos, Núcleos e Partículas* (GEN LTC, 1979)

7. G.. Holton. *On the Origins of the Special Theory of Relativity*. American Journal of Physics 28, 627 (1960)

8. C. Scribner. *Henri Poincaré and the Principle of Relativity* American Journal of Physics 32, 672 (1964)

9. A. I. Miller. *Albert Einstein's Special Theory of Relativity: Emergence (1905) and Early Interpretation (1905 - 1911)* (Addison-Wesley, USA, 1981)

10. A. Pais. *Subtle is the Lord. The Science and the Life of Albert Einstein* (Oxford University Press, UK, 1983)

11. O. Heaviside. *A Gravitational and Electromagnetic Analogy, Part I*, in *Causality, Electromagnetic Induction, and Gravitation: A Different Approach to the Theory of Electromagnetic and Gravitational Fields*, Ed. Oleg D. Jefimenko. (Electret Scientific Co, Star City, 2000a)

12. O. Heaviside. *A Gravitational and Electromagnetic Analogy, Part II*, in *Causality, Electromagnetic Induction, and Gravitation: A Different Approach to the Theory of Electromagnetic and Gravitational Fields*, Ed. Oleg D. Jefimenko. (Electret Scientific Co, Star City, 2000b)

13. E. Whittaker, *A History of the Theories of Aether and Electricity, Volume I: The Classical Theories* (Humanities Press, NY 1973a).

14. E. Whittaker, *A History of the Theories of Aether and Electricity, Volume II: The Modern Theories* (Humanities Press, NY 1973b).

15. S. Weinberg. *Gravitation and Cosmology: Principles and Applications of the General Theory of Relativity* (Wiley, NY, 2013)

16. C. Misner, K. Thorne and J.A. Wheeler. *Gravitation* (Princeton U. Press, NJ, 2017)

17. W. Bothe and H. Geiger, *Über das Weses des Comptoneffekts ein experimenteller Beitrag zur Theorie der Strahlung.* Zeits. für Phys. **32**, 639 (1925).

18. L. de la Peña, *Introducción a la Mecánica Cuántica* (Ediciones Científicas Universitarias, México 2010).

19. M. Jammer. *The Philosophy of Quantum Mechanics: The Interpretations of Quantum Mechanics in Historical Perspective* (Wiley, NY, 1974)

20. H. S. Green. *Matrix mechanics* (P. Noordhoff Ltd, Groningen, Netherlands, 1965)

21. J. Quaglio. *Deduzindo a equação de Schrodinger através da analogia óptico-mecânica de Hamilton.* RBEF **43**, e20210208 (2021)

22. P. A. M. Dirac. *The Principles of Quantum Mechanics* (Cambridge University Press, UK, 1967)

23. Max Born. *Physics in My Generation: A selection of papers.* (Pergamon Press, London 1956)

24. Olival Freire Jr. *Popper, probabilidade e Mecânica Quântica*, Episteme **18**, 103 (2004).

25. A.S. Eddington. *The Mathematical Theory of Relativity* (Cambridge U. Press, UK, 1923)

26. D.L. Soares .*A real importância de Sobral na ciência moderna.* Boletim da Sociedade Astronômica Brasileira **25**, 21 (2006)

27. O.T. Matsuura. *O eclipse de Sobral e a deflexão gravitacional da luz predita por Einstein.* Khronos- Revista de História da Ciência **7**, 81 (2019).

28. A.S. Eddington, *opus citatum* (1948)

29. A.N. Whitehead and B. Russell, *Principia Mathematica* (Cambridge U. Press, UK, 1910-1913)

30. D. Hilbert. *The Foundations of Geometry* (The Open Court Publishing Company, Chicago, 1902)

31. M. Schlick. *General Theory of Knowledge* (The Open Court Publishing Company, Chicago, 1925)

32. R. Carnap. *The Logical Structure of the World and Pseudoproblems of Philosophpy* (Viena, 1928)

33. L. Paulucci, P.H.R.S. Moraes e J.E. Horvath, *opus citatum* Cap. 1 (2022)

34. G. Lemaître. *Un Univers homogène de masse constante et de rayon croissant rendant compte de la vitesse radiale des nébuleuses extra-galactiques.* Annales de la Société Scientifique de Bruxelles **47**, 49 (1927).

35. E. Hubble, *A relation between distance and radial velocity among extra-galactic nebulae.* Proceedings of the National Academy of Sciences **15**, 168 (1929).

36. E. Hubble e M. L. Humason, *The velocity-distance relation among extra-galactic nebulae.* Astrophys. J. **74**, 43 (1931).

37. W. L. Freedman, et al. *Final Results from the Hubble Space Telescope Key Project to Measure the Hubble Constant.* Astrophys. J. **553**, 47 (2001).

38. J.E. Horvath et al., *opus citatum*, Cap. 1 (2006)

39. D.P. Clemens. *Massachusetts-Stony Brook Galactic plane CO survey: the galactic disk rotation curve.* Astrophys. J. **295**, 422 (1985).

40. V.C. Rubin, W.K. Ford Jr. e N. Thonnard, *Extended rotation curves of high-luminosity spiral galaxies. IV. Systematic dynamical properties, Sa Sc.* Astrophys. J. Letters **225** L107 (1978).

41. R. Panek. *De que é feito o Universo?* (Ed. J. Zahar, RJ, 2014)

42. V. Gorini, A. Kamenshchik, U. Moschella. *Can the Chaplygin gas be a plausible model for dark energy?* Phys. Rev. D **67**, id. 063509 (2003)

43. J.E. Horvath. *Dark matter, dark energy and modern cosmology: the case for a Kuhnian paradigm shift.* Cosmos & History **5**, 287 (2009)

44. The Pierre Auger Collaboration. *The Pierre Auger Cosmic Ray Observatory*. Nuclear Instruments and Methods in Physics Research Section A **798**, 172 (2015)

45. L. Correa Falchi. *Um Talento Não Convencional: A Genialidade Multifacetada de Satyedra Nath Bose*. Cad. Bras. Ensi. Fis. **28** (2011)

46. R. de Andrade Martins. *A beleza do Formalismo de Paul Dirac*. Coleção Gênios da Ciência, Volume: Quânticos – os homens que mudaram a Física (Scientific American, SP, 2006)

47. C.P. Enz, *W. Pauli's Scientific Work*. In: J. Mehra, J. (eds) The Physicist's Conception of Nature (Springer, Dordrecht, 1973)

48. P. Halpern. *Flashes of Creation: George Gamow, Fred Hoyle, and the Great Big Bang Debate* (Basic Books, USA, 2021)

49. A. Einstein, B. Podolsky and N. Rosen. *Can Quantum-Mechanical Description of Physical Reality Be Considered Complete?* Phys. Rev. **47**, 777 (1935)

50. D. Bohm. *Wholness and the Implicate Order* (Routledge, UK, 1980)

51. S. Mizrahi e D. Galetti. *Física Nuclear e de Partículas - uma Introdução* (Livraria da Física, SP, 2016)

52. K. Popper. *Logik der Forschung* (Verlag, 1934)

53. T.S. Kuhn. *The structure of Scientific Revolutions* (University Chicago Press, USA, 1962)

54. I. Lakatos e A. Musgrave. *Criticisms and the Growth of Knowledge* (Cambridge U. Press, UK, 1970)

55. P. Feyerabend. *Contra o Método* (Ed. UNESP, SP, 2011)

56. P. Feyerabend. *Adeus à Razão* (Ed. UNESP, SP, 2010)

57. J. E. Horvath and R. Rosas Fernandes, *Conceptual Diagrams in Quantum Mechanics*, Astronomische Nachtrichten **344**, e20230046 (2023)

58. N. Pinto-Neto. *Teorias e Interpretações da Mecânica Quântica* (Livraria da Física, SP, 2010)

59. J. von Neumann. *Mathematical Foundations of Quantum Mechanics* (Princeton U. Press, NJ, 1996)

60. A. Petersen. *The Philosophy of Niels Bohr*. Bull. Atomic Sci. **19**, 8 (1963)

61. M. Bunge. *Física e Filosofia* (Ed. Perspectiva, SP, 2007)

62. N.D. Mermin. *Is the Moon there when nobody looks? Reality and the quantum theory*. Physics Today 38, 38 (1985)

63. A. Aspect, J. Dalibard and J. Roger. *Experimental Test of Bell's Inequalities Using Time-Varying Analyzers*. Phys. Rev. Lett. **49**, 1804 (1982)

64. J.S. Bell. *On the Einstein Podolsky Rosen paradox*. Physics Physique Fizika **1**, 195 (1964)

65. W. Rosenfeld et al. *Event-Ready Bell Test Using Entangled Atoms Simultaneously Closing Detection and Locality Loopholes*. Phys. Rev. Lett. **119**, 010402 (2017)

66. K. Jung. *Polarization Correlation of Entangled Photons Derived Without Using Non-local Interactions*. Frontiers Phys. **8**, 170 (2020)

67. D.K. Shin et al. *Bell correlations between spatially separated pairs of atoms*. Nature Comm. **10**, 4447 (2019)

68. G. Berkeley. *A Treatise Concerning the Principles of Human Knowledge* (Createspace Independent Publishing Platform, USA, 2018)

69. P.A. Schlipp. *Albert Einstein, philosopher-scientist*. (Open Court, UK, 1949)

70. M. Bunge. *The Ambivalent Legacy of Operationism*, Philosophia Naturalis **25**, 337 (1988)

71. N. Herbert. *A Realidade Quântica* (Ed. Francisco Alves, RJ, 1989)

72. M. Giovanelli, *'Physics is a kind of metaphysics': Émile Meyerson and Einstein's late rationalistic realism*. Eur. Jour. Phil. Sci. **8**, 783 (2018)

73. É. Meyerson. *Identité et réalité*. (Alcan Paris, France, 1908)

74. L. Althusser. *Philosophy and the Spontaneous Philosophy of the Scientists: and other Essays* (Verso Books, UK, 2012)

75. B. Latour and S. Woolgar. *Laboratory Life* (Princeton University Press, NJ, USA, 1986)

76. E. Wigner. *The Unrasonable Effectiveness of Mathematics in the Natural Sciences.* Comm. Pure Appl. Math. **13**, 1 (1960)

Capítulo 6

O Século 21 e além

> *"Eu odeio ser perguntado a respeito de Deus. Ninguém pergunta para o Papa sobre Cosmologia Quântica."*
> Edward "Rocky" Kolb (Fermilab), circa (2007)

Se o século XX foi o século da Física, o século XXI herdou uma longa série de questões já apresentadas no Capítulo anterior, e que conformam o cerne do título deste livro. A Ciência do novo século se mostra extremamente viva, ativa na procura de respostas e amparada no extraordinário desenvolvimento instrumental que permite enxergar tanto um Universo longínquo repleto de interrogantes, quanto explorar o micromundo e suas componentes. Paralelamente o trabalho de dar sentido às observações e montar esquemas que resolvam as perguntas pendentes levou a propostas bastante radicais, que veremos logo a seguir.

O mundo elementar como representação matemática (incluídas as componentes escuras)

As categorias do mundo natural

A ideia de *categoria* classificatória se remonta aos tempos de Aristóteles. Em resumo, trata-se de identificar as características essenciais e agrupar objetos ou ações de acordo com este ordenamento. Vimos uma apresentação breve das categorias aristotélicas no Capítulo 1.

Enquanto o mundo conhecido se limitava à Física Clássica, os filósofos discutiram várias formas de aprimorar e corrigir Aristóteles, criando novas categorizações. Isto ocupou os Escolásticos, Kant, Pierce, Wittgenstein e muitos outros [https://plato.stanford.edu/entries/categories/]. Mas, levando em conta a descoberta da estrutura subjacente no mundo elementar (quântico), é possível arriscar uma categorização mais ousada: se supomos que o propósito da Física é descritivo, e não o de criar blocos de construção elementares no sentido tradicional (mas talvez apenas prever fenômenos ou medições), não há nada a reclamar nem a fazer. Mas alguns filósofos e físicos estão insatisfeitos e pensam que deveríamos ser capazes de *interpretar*, por exemplo, as funções de onda em termos de uma distribuição da matéria (com "pontos" que interpretamos como partículas) no espaço e no tempo (ontologia do tipo *realista*, como agradava a Einstein) ou outra visão fundamental, não meramente utilitária. Isso iniciou um programa de pesquisa conhecido como *ontologia primitiva* [Esfeld 2014 e referências incluídas], que consiste em completar a teoria nua com uma camada interpretativa: apontar para estruturas matemáticas derivadas do formalismo padrão e afirmar "isso é o que realmente existe". Ao pensar em construir blocos elementares em termos de algo que está localizado no espaço e no tempo, onde a Física relevante é a Mecânica Quântica, temos uma questão filosófica em aberto.

A base mais óbvia para construir categorias da matéria microscópica é a da Matemática que paira em todos os tipos de matéria medida e conhecida: as chamadas transformações espaço-temporais. O espaço-tempo no qual vivemos contém umas transformações que deixam invariante a Física, se aplicadas corretamente. Enquanto as velocidades são baixas, as transformações que permitem descrever da mesma forma a Física (Mecânica), são as transformações de Galileu (Eqs. 3.3, 3.4) do Capítulo 3. Se formos perguntar quais são as transformações que fazem o mesmo na Relatividade, vamos descobrir que a resposta indica as *transformações de Lorentz*, mais complexas matematicamente, e pouco intuitivas, porque nossa experiência sensorial não inclui velocidades (Eq. 5.9). Ainda é necessário adicionar as operações de *translação* que deixam a Física Relativística invariante, já que as rotações e as translações temporais (chamadas *boosts* no jargão) não completam todas as possibilidades. Assim, temos finalmente o chamado *grupo de Poincaré*, [Tovar Falciano 2023] proposto por H. Poincaré e definido formalmente por Hermann Weyl, uma estrutura matemática completa caracterizada como um *grupo de simetria*, que traz como consequência as *leis de conservação* conhecidas (energia, momento angular, etc.), segundo mostrou Emmy Noether [Baez 2020]. Mas sendo um grupo matemático, existe agora um fato notável que pode ser aproveitado, para argumentar que uma ontologia primitiva completa baseado nele poderia, em princípio, ser construída:

> *A matéria microscópica é categorizada matematicamente pelos dois (auto)valores das representações irredutíveis do grupo de Poincaré: massa (m) e spin (s).*

Ou seja, estudar como é que o espaço-tempo deixa a Física invariante, nos devolve como resposta que há duas quantidades (ou "tarjas") para etiquetar *todas* as partículas conhecidas (*m*, *s*). Como exemplo, o elétron tem (511 keV, 1/2) como rótulo único que o identifica. Assim, e se não houver mais partículas "exóticas" medidas, e sem entrar na questão de um nível mais profundo de elementaridade, poderíamos defender que *o mundo está feito de quanta de campos elementares que representam como se comporta o espaço-tempo no qual vivemos, classificados com duas quantidades apenas* (afirmação que corre por nossa conta [Horvath 2021], induvidavelmente neopitagórica).

É claro que esta proposta não satisfaz todo mundo nem é isenta de problemas. Já vimos que existem tipos fundamentais bem definidos de "partículas" na Física (quarks, léptons...), mas esses tipos não são realmente representados como *partículas normais* (clássicas) em um espaço 3D. Na Mecânica Quântica ordinária, a representação é em termos de funções de onda, que são, matematicamente falando, campos em um espaço *3N*-dimensional (onde *N* é o número de partículas) [Allori 2017]. Isso é necessário para explicar fenômenos quânticos como o *emaranhamento*. Mas aqui temos outro fato que está ligado com a inclusão da gravitação: se tentarmos definir o espaço dos estados dos campos quânticos na presença de *curvatura*, conferimos que *não existe consistência*. A quantização é bem problemática na presença da Gravitação, mesmo sem ela própria estar quantizada. Esta é outra cara da incompatibilidade da Mecânica Quântica (estritamente, da Teoria Quântica de Campos, já que o espaço de Fock dos estados é o problema a ser resolvido) e a Gravitação que não conseguimos entender.

É evidente que esse tipo de representação proposta é muito abstrata e não se parece em nada com blocos de construção de matéria no espaço ordinário que conhecemos, o qual no fundo diz que as *categorias* estão atreladas aos sentidos humanos, não às formas matemáticas. Mas é claro que com esta proposta estamos na trilha de Platão: manter que as *categorias* reais do mundo são definidas não pelos sentidos, mas pela Matemática, nos faz pensar que os elétrons "reais", por exemplo, são realizações de algo como "elétron ideal", definido pelo grupo de Poincaré. Os universais voltam para nos assombrar.

Outras propostas para uma ontologia primitiva que são hoje consideradas incluem a ontologia de partículas (contínuas no tempo, mas discretas no espaço, como na mecânica Bohmiana), densidades de matéria (contínuas no espaço e no tempo) e até *eventos* também conhecidos como *flashes* (discretos no espaço e no tempo) [Allori 2017]. Ou seja, dizer que os blocos do mundo são as representações físicas do grupo de Poincaré ainda não resolve a questão, mas poderia ser algo fundamental do ponto de vista conceitual.

Cabe ainda a pergunta de como as componentes escuras da Matéria Escura e Energia Escura se relacionam com o grupo de Poincaré, se é que o fazem. Ou seja, será que os candidatos a Matéria Escura (ME) e Energia Escura (EE) estão também contidos nas representações, e somente falta identificá-los? Para isto deveriamos primeiro esclarecer a natureza de outra quantidade que nem foi mencionada até agora: a *carga*. Conhecemos a carga elétrica, mas há outras "cargas" já identificadas, como a cor (fonte dos campos da QCD). O físico Abdus Salam, prêmio Nobel de Física, acreditava que o conceito de *carga* é central na construção do modelo do mundo [Salam 1979], e que não temos ainda compreendido o que ela(s) realmente é (são). Se as partículas da ME e EE respeitam as transformações de Poincaré, ainda podem ter agum *tipo novo de carga* que as faz "invisíveis", ou seja, que interagem quase nada com o resto da matéria ordinária (a menos de gravitar). Também está a possibilidade de *violarem* a invariância de Poincaré, ou ainda que sejam efeitos residuais do mundo das branas em maior número de dimensões (projeções do *bulk*, vide abaixo). Estas combinações, que não sabemos identificar ainda, estão esquematizadas na Fig. 6.1.

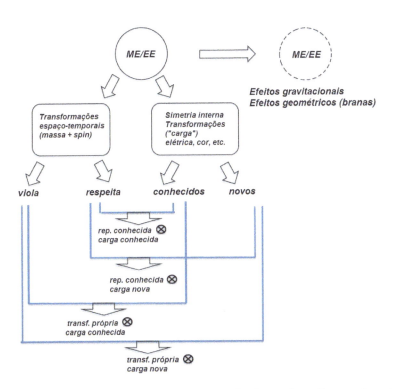

Figura 6.1. As possibilidades das componentes escuras. Se elas não forem "geometria projetada" (flecha horizontal superior) que nada tem a ver com o Grupo de Poincaré, ainda poderíamos ter uma combinação diferente das partículas ordinárias para sua classificação, como mostra o esquema de flechas descendente.

Em resumo, a ontologia primitiva pretende ir além da versão puramente descritiva da Física, e uma possibilidade atraente é a de se apoiar na Matemática para definir os objetos do mundo. Nesta abordagem, o mundo físico não é totalmente empírico, mas resulta construído com o auxílio de categorias modernas, baseadas na Matemática. Se "as coisas" não são "números", talvez sejam outra estrutura matemática formal, para deleite de Pitágoras e seus seguidores.

Modelando o mundo elementar muito além do Modelo Padrão

Ao longo deste texto nos referimos várias vezes ao problema da divisibilidade da matéria, tanto desde o ponto de vista histórico quanto moderno. Embora estejamos acostumados à *composição* como sinônimo de possível *divisão*, as modernas teorias que pretendem explicar a origem da massa, as cargas e outras questões fundamentais postulam hoje que as partículas observadas são modos de oscilação de (super)cordas que só se manifestam plenamente perto da escala de Planck. Nesta teoria poderia se viabilizar uma grande unificação das interações forte, eletrofraca e a resistente interação gravitacional. As partículas constituintes do mundo são hoje supostas como *pontuais*, isto é, sem dimensão. A procura experimental tem apoiado esta última hipótese, pelo menos até energias da ordem de 1000 vezes a massa do próton, nas quais as partículas como os elétrons, neutrinos ou quarks não mostram evidências de serem compostas. Mas será que a elementaridade para por aí?

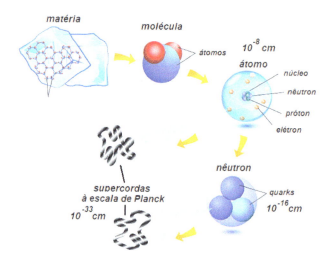

Figura 6.2. A procura pela teoria quântica da gravitação e a constituição da matéria. A última passagem da escala dos quarks para a escala das supercordas é altamente especulativa, sem nenhuma evidência até agora.

Se o mundo é efetivamente quântico, ao nível mais elementar da realidade, é difícil entender por que ainda não conseguimos uma Teoria Quântica da Gravitação, e não é por falta de empenho. Discutiremos brevemente a seguir as principais alternativas. O estudo do Universo primordial certamente precisa de uma descrição válida próxima da escala de Planck e até agora os teóricos têm enveredado por caminhos diferentes, porém, ainda inconclusivos. Veremos as tentativas de construir uma descrição válida nesses regimes extremos, onde a noção de *elementaridade* precisa ser repensada.

Teoria de (Super)Cordas

A melhor descrição da natureza que temos hoje utiliza a Teoria de Campos (clássica e quântica), mas há indícios de que pode não ser válida em geral, ou antes uma aproximação boa, mas não definitiva. E também precisamos fazer malabarismos para que as coisas tenham sentido: a existência de *infinitos* no cálculo das quantidades físicas tais como seções de choque, força a escolher uma classe de teorias de campo (chamadas de *renormalizáveis*) sobre todas as outras (vide Capítulo 5). Não há qualquer razão forte para este tipo de escolha, até porque esse processo chamado de *renormalização* consiste em quantizar a teoria, calcular processos de espalhamento, etc., identificar e "esconder" os infinitos que aparecem, descontando de outros, de tal forma que a diferença entre eles seja um valor *finito*. Embora seja uma receita aplicada com sucesso às interações eletromagnéticas, fracas e fortes, é preciso reconhecer que se trata de um "truque sujo" e de fato ninguém sabe por que funciona (o próprio Richard Feynman, quem recebeu o Prêmio Nobel precisamente pelos trabalhos de "renormalização" a Eletrodinâmica Quântica admitiu abertamente esta situação). Quando a quantização da gravitação foi tratada utilizando a mesma "receita", esta trouxe problemas insolúveis, onde fica impossível obter algo que seja preditivo e tenha algum sentido. Assim, o mais simples é a procura de uma outra descrição alternativa para a gravitação, construída para atingir escalas de energia muito altas (onde todas as quatro interações seriam da mesma importância) e "sarar" os problemas da Teoria Quântica de Campos [Horvath et al. 2006].

Na década de 1960 no estudo da física dos hádrons (prótons, nêutrons e outras espécies mais "pesadas", tais como os bárions lambda) foi sugerida uma descrição destes que se afastava conceitualmente da Teoria de Campos. Originalmente chamados de *modelos duais*, estes formalismos correspondem a teorias quânticas de *cordas*, ou objetos *extensos* (não mais partículas pontuais!), vibrando a velocidades relativísticas. Embora muito trabalho tenha sido desenvolvido na Teoria de Cordas hadrônicas, a emergência e desenvolvimento da QCD, uma teoria de campo do tipo convencional de grande sucesso para explicar as observações dos aceleradores, fizeram com que aquelas idéias das cordas vibrantes ficassem preteridas como descrição da matéria hadrônica.

Mas em paralelo, os físicos sugeriram a ideia de *supersimetria*, ou transformação que vincula/converte *bósons* e *férmions* (estritamente diferentes e

separados na Teoria de Campos convencional). Na supersimetria super-unificadora, as duas categorias de partículas aparentemente disjuntas aparecem como *aspectos diferentes da mesma cois*a. Embora não haja até hoje qualquer sinal experimental da realidade da supersimetria à energias de laboratório (~ alguns TeV), ela resultou num ingrediente importante para a questão da gravitação: supondo que os objetos fundamentais do Universo sejam cordas, mostrou-se possível construir esquemas consistentes de alguma Teoria de Cordas supersimétrica, ou *supercordas, c*omo veremos a seguir.
[https://imagine.gsfc.nasa.gov/science/questions/superstring.html].

Nas palavras de E. Witten, um dos seus arautos, a Teoria de Supercordas é uma teoria do século XXI que foi descoberta por um acaso no século XX. Houve consideráveis desenvolvimentos completamente novos na Matemática que foram motivados pelas necessidades da Teoria de Supercordas (vide abaixo).

As supercordas pretendem descrever tanto a gravitação quântica quanto as outras interações fundamentais. Como postulado natural, a escala onde os efeitos próprios da corda são notórios é precisamente a *escala de Planck*, $l_p = \sqrt{\frac{\hbar G_N}{c^3}}$. Os modelos mais simples de cordas podem ser formulados com uma *ação* de corda, que leva a *equações de movimento* do tipo ondas transversais, o qual coincide com a expectativa física que *as partículas são vibrações quantizadas das supercordas*, ou seja, modos de oscilação estáveis que acontecem com energia fixa, associada à massa que observamos.

Antes de continuarmos, gostaríamos de destacar o paradoxo de que, depois de quase 2500 anos, tanto o pitagorismo mais puro (as supercordas são uma estrutura matemática complexa que está sendo descoberta) e sua intuição de que a vibração das cordas dos instrumentos eram coisas fundamentais (clássicas, e quânticas no caso das supercordas) são reivindicados pelos partidários destes desenvolvimentos. É possível que Pitágoras, um pouco por acaso, tenha enxergado a estrutura fundamental do mundo físico (Figura 6.3)

O Século 21 e além

Figura 6.3. Foi Pitágoras um visionário? A ideia de que a essência do mundo físico está contida na vibração fundamental, descrita quantitativamente nos tons musicais, reaparece transformada no século XX, encarnada agora na Teoria das Supercordas.

Vejamos um pouco mais de perto como isto funciona. Uma partícula pontual subtende uma linha em um diagrama espaço-temporal chamada *linha de mundo* que descreve sua evolução. Porém, uma corda estendida (não pontual) não descreve uma linha, mas uma *superfície* aberta ou fechada se a corda for com extremos livres ou periódicos, com as pontas "grudadas" conforme o tempo passa (Fig. 6.4)

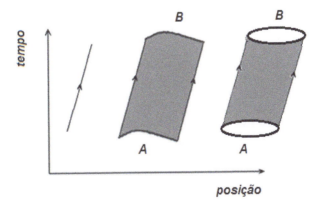

Figura 6.4. A linha de mundo de uma partícula elementar pontual (esquerda) e a superfície de mundo de uma corda aberta (centro) que se propaga desde A até B, e o tubo de mundo de uma corda fechada (direita) com a mesma propagação.

Os *modos normais* (ou *autofunções*) são as frequências de vibração das cordas. Estes últimos, por sua vez, precisam de condições de contorno para serem caracterizados. Na Fig. 6.4 representamos tanto uma corda *aberta*, isto é, com extremos livres (centro), quanto uma corda *fechada* (direita), correspondentes a condições de contorno periódicas (fala-se de *tubos de mundo* para as superfícies subtendidas por estas últimas). O conteúdo físico das teorias de cordas está contido nos modos de vibração (*Pitágoras dixit*).

Sendo uma teoria quântica, a *quantização* da Teoria de Cordas consiste em impor relações de comutação diferentes de zero para a série dos modos normais. Os *quanta* (partículas) ordinários aparecem assim como modos de oscilação *quantizados* das cordas. Se acertarmos na descrição, o espectro inteiro de partículas conhecidas deve emergir sozinho. Isto é, os modos da corda têm *massa* e *spin* bem definidos que devem corresponder às partículas observadas. Se falássemos de cordas não-relativísticas ordinárias em 3+1 dimensões (por exemplo, a corda de um violão), poderíamos "ouvir" esses tons (fundamental e harmônicos) correspondentes à vibração da corda com uma *tensão* T_{corda} fixa

$$T_{corda} = \frac{1}{2\pi\alpha} , \qquad (6.1)$$

onde α é o parâmetro que aparece para descrever a corda, o único parâmetro livre da teoria que precisa ser prescrito.

Uma das características mais importantes e que encorajaram os físicos a continuar estudando cordas, *é a possibilidade de introduzir* os férmions com a adição de coordenadas que *anticomutam* (mais complexidade matemática, mas nada assustador). De fato já nas versões mais simples aparece no espectro um modo de massa 0 e spin 2, precisamente o *gráviton* procurado na quantização da gravitação. Mas nem tudo são benesses: além de precisar uma formulação em 25 dimensões espaciais + um tempo (!), os espectros de todas as teorias bosônicas contém, além do gráviton desejado, um *táquion* com massa imaginária (mais precisamente, satisfaz $M^2 = -1/\alpha$), mostrengo bastante incompreensível que ninguém realmente quer. Assim, foi necessário procurar outras versões mais consistentes da teoria de cordas que não sofressem desses problemas. A introdução dos férmions mostrou que o número de dimensões consistente de uma Teoria de Supercordas que inclua bósons *e* férmions é D = 10 por razões estritamente matemáticas. Vemos aqui o pitagorismo em ação, versão século XXI: descobre a estrutura matemática e ela te dirá como a Física se comporta, já que esta é uma expressão daquela.

Consideremos primeiro a predição das dimensões [Berkovits 2020]. Até onde sabemos que os experimentos indicam, não há nenhum indício ou sinal de dimensões extra além das 3 espaciais e o tempo ordinário. Como podemos então nos "desfazer" das dimensões extra introduzidas para dar consistência matemática *à teoria*? No auxílio desta questão, um trabalho pioneiro de O. Kaluza e O. Klein no início do século XX propôs um caminho para unificar as forças gravitacionais e eletromagnéticas baseado na extensão da teoria em 5 dimensões. Além das 3 dimensões espaciais e o tempo, a dimensão extra aparecia *compactificada* (isto é, "enrolada" como um barbante em torno de uma caneta) e de escala minúscula, por tanto sua existência podia ser compatível com as observações e experimentos disponíveis. O conceito de uma dimensão compacta pode ser apreciado se pensarmos em algum objeto longo e fino (Fig. 6.5), visto de longe (baixa energia). O objeto pode aparecer a simples vista como uma linha, mas quando o examinarmos de perto (alta energia) perceberemos que tem uma dimensão diferente. É necessário fazer experimentos a energias *muito altas* para "enxergarmos" as dimensões se estão compactificadas, mais altas ainda quando que a escala de compactificação seja pequena o suficiente.

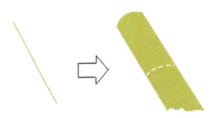

Figura 6.5. A questão das dimensões: um objeto aparentemente unidimensional pode mostrar, quando examinado de muito perto, a presença de dimensões extra, como no caso do "macarrão" da figura. O número de dimensões detectadas pode ser mascarado pela energia dos experimentos: se esta não for alta o suficiente, as dimensões extras podem passar despercebidas.

Desta forma, para "esconder" as dimensões extra elas podem ser compactificadas em escalas muito pequenas (possivelmente, mas não necessariamente, à escala de Planck). A Teoria precisa também conter algum ingrediente para explicar por que 3 dimensões espaciais se expandiram enquanto as outras 7 estão compactificadas, problema ainda sem solução satisfatória. Esta ideia de compactificação nos leva de imediato a tentar entender a origem dos modos das cordas que contém as duas contribuições: bósons e férmions, que é da forma

$$M_{tot}^2 = \frac{n^2}{R^2} + \frac{w^2 R^2}{\alpha^2} + \ldots . \tag{6.2}$$

Onde R é a dimensão compactificada, e o segundo termo, de natureza única às cordas é chamado de *topológico*. Dependendo da escala R o primeiro ou o segundo termo poderiam ser o dominante, mas aqui é que vemos que se feitas as transformações $R \leftrightarrow \alpha/R$ e $n \leftrightarrow w$ (chamada de *dualidade T* no jargão), o espectro não diferencia dimensões compactificadas "grandes" e "pequenas", já que o raio delas R é intercambiável. A distinção entre pequenas e grandes distâncias/energias não faz mais sentido nesta teoria fundamental.

Todo isto diz respeito à estrutura básica da teoria, mas nada ainda dizemos das interações, ou seja, da dinâmica das colisões entre cordas e outros processos similares. É interessante que a diagramática da Teoria de Supercordas parece até mais simples do que a da teoria de campos. Um exemplo de cordas em interação e o diagrama gerado é mostrado na Fig. 6.6.

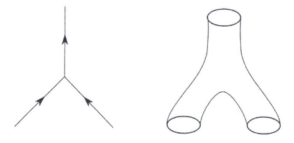

Figura 6.6 Duas cordas fechadas (direita) colidem para dar origem a uma terceira, este diagrama é o mais elementar da teoria de cordas (fechadas) e é conhecido (por razões obvias) como o "diagrama das calças" (ou mais tecnicamente "fusão dos tubos de mundo"). Resulta o equivalente do diagrama da esquerda na Teoria de Campos, nos dois o tempo está no eixo vertical.

Em resumo, a Teoria de Supercordas é uma tentativa de fazer com que o mundo físico vire algo *hipotético-dedutivo*, mais parecido com a Geometria de Euclides do que com o Empirismo reinante até agora. Tal como é construída a teoria, para cada bóson do espectro de partículas, existe um férmion associado presente. Por exemplo, o gráviton de spin 2 tem um parceiro supersimétrico de spin 3/2 massivo chamado de *gravitino*. A procura por sinais desses parceiros supersimétricos é intensa nos experimentos de Altas Energias, até agora sem sucesso algum. Como a escala de Planck está quase 18 ordens de grandeza acima da capacidade real atual de medir, o intervalo de energia entre o atual e E_{Plank} é denominado "o Deserto" (Fig. 6.7). Haveria partículas e fenômenos inesperados no Deserto? Ou somente devemos esperar por séculos até sermos capazes de medir na própria escala de Planck ou próximos dela para conferirmos tudo isto? Para muitos físicos, este é o sonho final, de clara inspiração pitagórica e dogmática [Weinberg 1994]. Para outros, a Física enveredou por caminhos sem retorno, e todas estas construções são um erro histórico. Mais um debate científico com fortes ressonâncias no passado filosófico.

A tentativa radical de acabar com a abordagem indutiva de vez é uma jogada muito forte, forte demais para a maior parte dos cientistas. Dependendo das condições de contorno e outras características impostas, existem na verdade 5 teorias supersimétricas consistentes em 10 dimensões. Suas estruturas são diferentes e muito complexas para serem tratadas aqui. Porém, temos ilustrado os feitos e as características principais das teorias de cordas, e mostrado as razões pelas quais *têm a pretensão de ser "Teorias de Tudo"*. Os desenvolvimentos da teoria e seu valor real, assim como a sua relação com o resto da Física, incluindo as teorias alternativas, são uma questão de tempo, sem previsão certa.

Figura 6.7. O Deserto entre nós e a energia de Planck, não haveria nada de novo aí no meio.

O Mundo das Branas

Embora a idéia original de Kaluza-Klein de estender o número de dimensões tenha servido como base para a Teoria das Supercordas, os físicos tentaram encontrar a abordagem mais geral desta classe e chegaram a propor a chamada *teoria M* (que lembra a palavra "mamãe"...), uma estrutura muito geral que conteria como casos limites todas as 5 teorias de supercordas conhecidas que mencionamos antes. Foi estudando o limite de baixas energias que Horava e Witten [1996] provaram que uma destas versões é equivalente a uma teoria onde a compactificação de uma das dimensões extra pode ser interpretada como um intervalo *finito*, o qual separa 2 "planos", cujas dimensões extra também podem ser compactificadas, mas da maneira usual. Estes "planos" (na verdade, hipersuperfícies) contém todos os campos físicos conhecidos e foram chamados de *branas* (ou *membranas generalizadas*).

O chamado *brane world*, ou mundo das branas, contém assim as partículas conhecidas confinadas a uma hipersuperfície (ou *brana*) embebida em um espaço de dimensão maior (que recebe o nome de *bulk*). Somente a gravitação e outros campos exóticos podem se propagar no *bulk* (e obviamente, também na brana), e por isso resulta tão fraca, já que sua intensidade é "diluída" num volume gigantesco com mais de 3 dimensões, enquanto o resto (eletromagnetismo, interações fracas e fortes) estão confinadas a própria brana. Somos assim criaturas tridimensionais num mundo de dimensões maiores, ao qual não temos acesso. As dimensões extra devem ser pequenas, mas nada força que sejam tão pequenas quanto a escala de Planck. Para satisfazer os resultados conhecidos da lei de Newton e assemelhados, basta com que as dimensões extra sejam menores do que as escalas na qual ela é bem testada, ≈ 1 *mm* nos laboratórios atuais. A situação se mostra na Fig. 6.8.

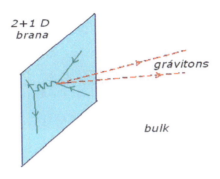

Figura 6.8. Nosso Universo (na figura, versão de 2+1 D) no mundo das branas (aqui representado por uma terceira dimensão espacial, perpendicular ao plano). Neste cenário todas as forças do Modelo Padrão estão confinadas à brana (plano em cor azul), enquanto o *bulk* de dimensão maior admite a propagação de grávitons apenas (e também campos exóticos). Essa presença de dimensões extra poderia ser medida na brana fazendo experimentos, por exemplo, que medissem com precisão a lei de Newton em escalas ≈ 1 *mm*. Embora até agora não houve nenhum resultado que indique desvios, se aparecessem não saberíamos se são uma evidência do bulk ou qualquer outra coisa. Isto cria um problema epistemológico sério, porque a inacessibilidade ao *bulk* é uma característica fundamental, estaríamos sempre como na caverna de Platão. Outras formas de testar estas idéias são acessíveis à faixa de energia atual em aceleradores, com os mesmos problemas fundamentais.

Os trabalhos posteriores procuraram compreender o chamado *problema da hierarquia*, isto é, a grande separação entre a escala de energia da gravitação quântica e o resto do Modelo Padrão, ou seja, a presença postulada do "Deserto" em energia da Fig. 6.7. Um destes modelos deve-se a Randall e Sundrum, que consideram um *bulk* com uma curvatura análoga à produzida pelos modelos com constante cosmológica negativa. No cenário de Randall-Sundrum [1999] existem duas branas, uma associada com o nosso Universo localizada na coordenada $y = r_c$ da dimensão extra, e outra em $y = 0$ (ou um "anti-Universo", desde onde poderiam estar nos estudando...). A hierarquia das interações observada é reproduzida "ajustando" a distância entre as branas. Por exemplo, neste modelo a massa de Planck do nosso Universo é efetiva e está relacionada com a massa de Planck fundamental M_5 por uma equação simples, que explica seu valor numérico.

Figura 6.9. Lisa Randall e o mundo das branas

Uma versão posterior destes modelos considera uma dimensão extra infinita, e com ela aparecem correções à lei de Newton no nosso Universo-brana, e uma modificação das equações de Friedmann que descrevem a evolução do Universo-brana, importante para os primórdios. As duas podem em princípio ser diretamente observadas e são objeto de estudo experimental, mas de novo levantamos aqui um problema filosófico: se os resultados experimentais indicassem, por exemplo, que a gravitação começa a mostrar desvios em escalas muito pequenas, os teóricos procederão a "ajustar" a curvatura e/ou outros parâmetros *inobserváveis e ad hoc* para explicar os fatos. Perder-se-ia o poder preditivo da teoria que encaixa na ideia de *programa de pesquisa degenerado* de Imre Lakatos. A possibilidade de aceitarmos uma mudança no próprio caráter científico de uma teoria onde os testes experimentais só detectam efeitos indiretamente está latente, e resulta impossível predizer até que ponto o desenvolvimento destas idéias será continuado e que tipo de respostas e predições poderemos esperar dela.

Geometria Quântica (também conhecida como Loop Quantum Geometry)

O ambicioso programa de pesquisa da Teoria de Supercordas é frequentemente criticado por não ter produzido resultados concretos, embora seja muito atrativo na sua essência para os pesquisadores. Entre os fatores incertos podemos mencionar que não há qualquer sinal experimental da supersimetria, imprescindível para construir uma Teoria de Supercordas. Além disto, é impossível hoje dizer se a unificação total das forças é inevitável, já que embora a maioria dos físicos a prefiram filosoficamente, não há qualquer garantia de que venha acontecer de fato.

Houve assim outras propostas para quantizar a gravitação (devidas a Smolin, Rovelli, Pullin e outros [Corichi 2005]), a mais difundida e estudada é a chamada *Loop Quantum Gravity* (LQG) ou *geometria quântica*. Antes da LQG, Roger Penrose tinha formulado uma teoria quântica do espaço-tempo baseada nas rotações, conhecida como *redes de spin*. Ashtekar tentou com ela uma quantização das equações de Einstein, baseada na escolha de umas variáveis adequadas, e em técnicas que fizeram uso da independência do substrato. A quantização de Ashtekar permitiu pela primeira vez obter de forma rigorosa uma equação de Wheeler-De Witt e construir uma *solução exata* para o Universo primordial, que até hoje ninguém conseguiu interpretar claramente. Smolin e Rovelli obtiveram depois os estados quânticos de uma teoria do espaço-tempo na qual a geometria *flutua* formando laços de dimensões ~ Planck. Estes estados quânticos podem ser rotulados utilizando as redes de *spin* de Penrose [Rovelli 2019]. É claro que a ideia de quantizar o espaço-tempo, ou seja, o próprio substrato no qual o resto das partículas se movimenta, é bastante radical. De fato, há um preço a pagar quando abandonamos a idéia de um espaço-tempo contínuo perto da escala de Planck: a invariância de Lorentz não é mais respeitada na LQG, embora as leis da Física se mantenham inalteradas quando feita uma transformação arbitrária de coordenadas (covariância geral) na LQG.

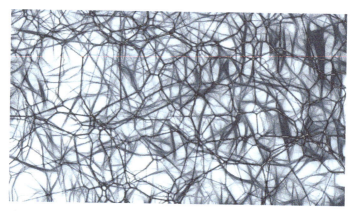

Figura 6.10. Representação pictórica livre da *Loop Quantum Gravity*

Como consequência imediata da quantização conseguida, todas as *áreas* e *volumes* do Universo devem ser múltiplos de valores *discretos*, de tal forma que não é difícil justificar, por exemplo, a proporcionalidade ente a entropia e a área dos buracos negros, e de fato este cálculo pode ser considerado um dos sucessos da LQG. Dispondo da geometria quântica ou LQG rigorosamente formulada e fundamentada, já que o formalismo matemático está melhor estudado, ela poderia ser definida como uma *quantização da geometria espacial tridimensional* (da qual deriva seu nome), sem que isto tenha nada a ver necessariamente com o resto das interações fundamentais. A abordagem para a gravitação quântica LQG *não prevê* qualquer unificação, nem pretende ter a abrangência da Teoria de Supercordas. De fato, não é claro até que ponto LQG é compatível com outras formulações do resto das forças fundamentais.

Como todo começou...

Não há palestra para o público ou escola que trate de Cosmologia sem que alguém no público dispare alguma versão da pergunta: "Como é que houve um começo?" ou "Como pode ter surgido o Universo do nada?" Certamente é uma pergunta muito importante e ocupou gerações de pensadores ao longo da História, por exemplo, Plotino e Teófilo de Antioquia. O Kalm islâmico converteu esta pergunta num argumento em favor da existência de Deus, e Filão de Alexandria (de origem judaica) sentou as bases "modernas" da discussão. A Teologia denomina esta questão de *creatio ex nihilo* (criação a partir do nada), em oposição à antiga ideia de que *ex nihilo nihil fit* (nada pode vir do nada), defendida por Parmênides e Lucrécio, onde há uma pré-existência da matéria que finalmente constitui nosso Universo, e um Criador resulta em última instância dispensável. Tomás de Aquino na *Summa Theologiae* defende a "criação a partir do nada", fixada desde então no cânon eclesiástico Católico Romano, mas isto não responde em absoluto à pergunta desde um ponto de vista científico. Veremos agora as ideias a respeito da origem de tudo.

Antes de mais nada devemos esclarecer que há várias visões diferentes deste problema, consequência das teorias e argumentos físicos esgrimidos. Mas nesse regime extremo, impensável desde o nosso ponto de vista quotidiano, não temos nenhuma confirmação da Física aplicável, tal como acabamos de ver. Embora o trabalho seja intenso, a própria inacessibilidade no laboratório impede que possamos afirmar coisas com maior certeza.

Dito isto, a Cosmologia Clássica baseada nas equações de Friedmann-Lemaître-Robertson-Walker prediz, como extrapolação "para trás" (ao passado) da expansão de Hubble-Lemaître, uma *quebra da descrição* em algum momento próximo do "$t = 0$", conduzindo a uma *singularidade*. Os trabalhos clássicos de S. Hawking e R. Penrose na década de 1970 provaram que, dentro da Relatividade Geral, uma singularidade, onde não pode haver mais descrição matemática com a teoria disponível, é inevitável. Na Fig. 6.11a) mostramos um esquema desta situação: quanto mais "para trás" formos no tempo, as quantidades físicas divergem ou deixam de ter sentido, antes mesmo de chegar ao "instante inicial" mostrado com a nuvem.

Cabe assim a passagem para uma teoria mais adequada nesse regime, onde a Mecânica Quântica indica que a gravitação seria tão importante quanto as outras interações, e não uma força fraquíssima como acontece às energias dos laboratórios atuais. A escala onde *não* poderemos mais tratar a gravitação com a Relatividade Geral (que é uma interação clássica), é a chamada *escala de Planck*, com comprimento, massa, tempo e temperatura característicos dados por

$$l_P = \sqrt{\frac{\hbar G}{c^3}} = 1{,}6 \times 10^{-33} \text{ cm} \qquad \text{(comprimento de Planck)} \quad (6.3)$$

$$m_P = \sqrt{\frac{\hbar c}{G}} = 2{,}17 \times 10^{-5} \text{ g} \qquad \text{(massa de Planck)} \quad (6.4)$$

$$t_P = \frac{l_p}{c} = \frac{\hbar}{m_P c^2} = \sqrt{\frac{\hbar G}{c^5}} = 5{,}4\times 10^{-44}\,\text{s} \qquad \text{(tempo de Planck)} \quad (6.5)$$

$$T_P = \frac{m_P c^2}{k_B} = \sqrt{\frac{\hbar c^5}{G k_B^2}} = 1{,}4\times 10^{32}\,\text{K} \qquad \text{(temperatura de Planck)} \quad (6.6)$$

que são quantidades formadas *somente com as constantes fundamentais*. É claro que lidar com comprimentos da ordem do l_p, 20 ordens de grandeza *menor* que o raio de um próton, é bem difícil para nossa imaginação.

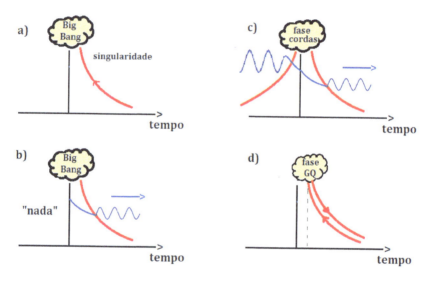

Figura 6.11. As quatro possibilidades descritas no texto para o "começo" do Universo [Gasperini e Nicotri 2006].

Agora bem, com a ideia do vácuo dinâmico da Fig. 5.34 onde as flutuações "pipocam" permanentemente, o estado do Universo próximo do tempo de Planck t_p deve ser algo muito estranho, e sugere uma "névoa" onde existem flutuações aparecendo e se reabsorvendo o tempo todo. John Archibald Wheeler chamou a este estado de *quantum foam*, ou névoa quântica. O importante é que agora o "nada" (*nihilo*) da Teologia pode ser identificado com esta névoa, e um Universo como o nosso apareceria como uma flutuação com energia total $E_{tot} = 0$. Segundo o físico russo Ya. B. Zel'dovich, esta condição de *energia zero* pode ser interpretada como confirmação que o nosso Universo não teve nenhum custo de energia para ser criado. Nesta visão, o Universo é uma *flutuação quântica* que se independizou da névoa e cresceu. Assim, a chamada *equação de Wheeler-De Witt* que descreve essa possibilidade pode ser aplicada para mostrar que o Universo fez uma trajetória análoga ao efeito túnel de um elétron desde o "nada" (que é a névoa mencionada) até um estado do tipo Inflacionário à direita, quando o regime quântico já ficou para trás e a Relatividade Geral pode ser utilizada com todo direito (situação b) na Fig. 6.11, [Horvath et al. 2006, Pinto-Neto 2021].

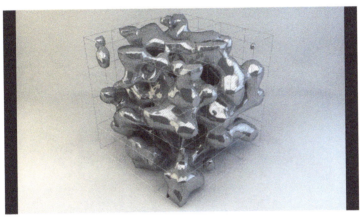

Figura 6.12. A névoa quântica primordial, na visão artística da escultura de Refik Anadol.

Já tratamos antes as ideias que pretendem englobar todas as interações fundamentais (por exemplo, as Supercordas), e também a *Loop Quantum Gravity* que é menos ambiciosa mas almeja compreender a gravitação nesse regime extremo. Como consequência destas teorias, existe também a possibilidade de que o nosso Universo corresponda a uma fase da dinâmica das Supercordas, enquanto antes do "$t = 0$" estava em uma outra fase diferente, que nada tem a ver com nós. Nesta abordagem, o Big Bang é o *momento da transição entre as fases* (Fig. 6.11c). Não sabemos o suficiente a respeito para afirmar nada definitivo.

E por último, existe a possibilidade, muito abordada nos últimos anos, de que não tenha havido "origem" alguma, mas antes que o Universo *rebote* quando a sua escala é muito pequeno. Nosso estado atual teria começado no último rebote (Fig. 6.11d) com ou sem uma fase prévia. O atrativo desta proposta é que o Universo existiu sempre, embora em cada ciclo muda muito e evolui, e assim Parmênides e Lucrécio com o *ex nihilo nihil fit* teriam razão em última instância. Também cabe destacar que um tipo de Universo cíclico existe desde sempre na Cosmologia Hindu (Capítulo 2), embora sua justificativa seja totalmente diferente.

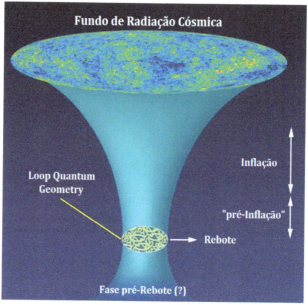

Figura 6.13. O "rebote" do Universo, onde uma fase previa completamente diferente (não indicada na Figura 6.11d), pode ou não existir. Este tipo de Cosmologia elimina a necessidade de aceitar a "criação do nada", mas exige conhecer o comportamento da gravitação quântica (GQ) ou da unificação da cordas para compreendermos como realmente aconteceu. Idealmente o Universo, que sempre existiu, entraria em algo como um estágio Inflacionário devido à própria dinâmica do rebote [Vicente, Ramos e Magalhães 2023].

Qual é a resposta ao problema recorrente: "o que havia antes do $t = 0$?". Esta pergunta pode nem ter sentido físico. O "início" é um ponto *singular* do espaço-tempo, não faz sentido se perguntar que havia *antes*. Como exemplo deste tipo de situação, consideremos um urso polar que decide andar até o Pólo Norte. Ao longo do seu caminho vale se perguntar: o que há ao Norte da sua posição? Mas quando ele chegar ao pólo, essa pergunta não faz mais sentido. Não há nada "ao Norte" do Pólo Norte porque este é um ponto singular das coordenadas espaciais. Assim, o tempo "anterior" ao $t = 0$ não existia mesmo (Santo Agostinho em *Confissões* já tinha percebido que nenhum tempo existia antes do espaço, já que não há como referir às mudanças sem a existência deste último). Caberia, nas cosmologias com rebote, onde o Universo chega a uma escala mínima e depois expande de novo, uma avaliação quantitativa do que havia "antes", mas seguramente a resposta não teria nada de compreensível para nós.

Neopitagorismo contemporâneo: o mundo como uma estrutura matemática

Nas descrições anteriores somente mencionamos algumas dificuldades relacionadas à descrição formal de uma "Teoria de Tudo" (ou de "Nada", segundo seus detratores...). Já no Capítulo anterior conseguimos ver que os esquemas matemáticos do Modelo Padrão recorrem a uma Matemática sofisticada, bem alheia ao dia-a-dia. Enquanto os físicos estão muito acostumados e encorajam a construção de esquemas abrangentes baseados nesta Matemática, muitos outros colegas e pensadores fora das Ciências duras expressam o desconforto que resulta disto. Existem opiniões explicitas contrárias à complexificação infindável da descrição do mundo (microfísico e macrofísico), na linha de "já fomos longe demais", "há uma confusão da ferramenta com o objeto", e outras do gênero.

Mas também há um grupo minoritário de cientistas que acha que ainda não estamos perto da compreensão do mundo físico por não termos descoberto e entendido qual é a estrutura matemática que o descreve. Nesta posição, a Matemática é elevada a um papel reitor, não de mera ferramenta (por mais sofisticada que esta seja), mas de *arché* grega [https://euro-math-soc.eu/review/pythagorean-world]. Com toda propriedade vamos nos referir a esta postura como *neopitagorismo*.

Alguns neopitagóricos contemporâneos são arautos deste conjunto de ideias, e resulta evidente sua conexão com a postura dos pitagóricos originais, embora a evolução do conhecimento os tenha forçado a refinar suas afirmações: não tão somente seriam os números puros os detentores das regras e leis para construir o Universo, coisas mais complexas são necessárias. Mas o cerne desta postura pode ser visto, por exemplo, na afirmação do cosmólogo inglês John Barrow:

> "Ao traduzir o real para o numérico, descobrimos o segredo da estrutura e funcionamento do Universo."

O caráter pitagórico das afirmações de Barrow é induvidável, mas ainda não é claro (como também não o era no tempo de Pitágoras), o que quer dizer exatamente "traduzir o real para o numérico", ou seja, de que forma um objeto matemático constitui o Universo que conhecemos. Esta é uma pergunta profunda e complexa que até agora não tem resposta concreta.

O próprio Barrow explicitou sua posição com o intuito de esclarecer como é que os números (ou estruturas mais complexas) eram vistos pelos pitagóricos (Capítulo 1), afirmando que

> "[Os pitagóricos] sustentavam que as próprias coisas são números, que e esses números eram os constituintes mais básicos da realidade."

O que nos leva de imediato para a discussão do caráter do número para a escola de Crotona. Uma coisa seria dizer que há uma correspondência unívoca e fundamental na descrição da realidade física, e outra que a constituição das coisas, sua substância, são os números. O uso da palavra grega *ousía* pode ser invocado aqui: esta palavra foi objeto de boa parte de Concílio de Niceia I em 325 a.D., que discutiu principalmente a Santíssima Trindade, e a natureza ou substância da qual Jesus era feito (a *ousía*). Porém, os pré-socráticos não usavam o termo da mesma forma que os teólogos do século IV, e uma reconstrução fiel é impossível (por exemplo, Heidegger [1998] afirmou que originalmente significava *ser* e não *substância*). A controvérsia teológica em Nicéia [Davies 1983] encontra um paralelismo notável na questão da constituição dos objetos do Universo: seria a Matemática a *ousía* procurada? Nem mesmo na afirmação conhecida dos pitagóricos *as coisas são números* fica claro se eles pensavam que o Universo é realmente *constituído* de Matemática, ou se esta *representa* o mundo.

Barrow, por sua vez, continua com sua visão desta relação:

> "O que há de peculiar nessa visão é que ela considera os números como sendo uma propriedade imanente das coisas; isto é, o número está 'nas' coisas, e não pode ser separado ou distinguido delas de forma alguma".

Um expoente da postura mais "dura", que afirma que a Matemática descreve o mundo *porque o mundo* é *Matemática*, é o cosmólogo Max Tegmark (Fig. 6.14). Tegmark é muito taxativo ao afirmar que não está falando somente da *descrição*, mas sim da *ontologia* dos objetos do mundo. Seu livro *Our Mathematical Universe* [Tegmark 2014] carrega esta concepção no título, e resulta justificada nas discussões que o autor apresenta nele. Tegmark começa por identificar a existência de uma realidade objetiva, externa ao sujeito, com uma estrutura Matemática. Para ele, uma realidade objetiva, que prescinda da humanidade, deve corresponder a algo universal, e precisamente é isto que a Matemática faz. Assim, nos *descobrimos* as estruturas matemáticas, não as criamos: já estão ai porque são parte do mundo. De que forma operativa concreta acontece que uma disciplina geralmente considerada "abstrata" define e cria objetos reais, é uma questão chave que não fica clara em absoluto.

Por fim, existe outra visão muito interessante devida ao inglês Stephen Wolfram que é amplamente discutida no seu livro *A new kind of science* [Wolfram 2002]. Wolfram implicitamente se coloca entre estes neopitagóricos lançando um programa de pesquisa que almeja quebrar a barreira cognitiva na complexidade do mundo por meio do uso de programas de computador simples. Segundo nossa visão, Wolfram no fundo está dizendo que a estrutura matemática básica não é o "número", mas antes o *algoritmo*, ou seja uma série de instruções para calcular/montar alguma coisa. O título da sua obra explicando esta proposta não poderia ser mais apropriado.

Figura 6.14. O cosmólogo Max Tegmark, um dos nomes que aqui denominamos "neopitagóricos" contemporâneos.

É o Universo realmente uma estrutura matemática? Saberemos alguma vez se é o caso, ou descartaremos esta possibilidade? Nos começos do século XXI somente podemos especular a respeito. Mas é importante apontar que, se os neopitagóricos têm razão, estaríamos cumprindo tardiamente o chamado *sonho dogmático* de Kant, ou seja, deduzir o comportamento da matéria e do Universo não através da observação/experimento e sucessivas generalizações, mas de "cima para baixo", descobrindo antes de mais nada qual é a Matemática que contém a Teoria de Tudo, e obtendo predições dedutivamente depois [Chaitin 2006, 2007].

Topologia do Universo

Uma das questões mais antigas da Ciência é sem dúvida a da finitude ou infinitude do Universo. Quando pensamos nesta questão, e na sua possível solução, percebemos de imediato que, mesmo se resolvida, seria impossível para nós "apreender" um Universo infinito. Isto não quer dizer que não possamos, eventualmente, aceitar esta conclusão do ponto de vista intelectual, mas sim que é bem mais difícil de compreendê-la. Contudo, a visão atual favorece sim um Universo infinito espacialmente, tal como imaginou Demócrito ou Nicolau de Cusa.

Uma vez que os dados indicam um Universo com densidade igual à necessária para que a curvatura espacial κ seja nula, $\rho = \rho_c$, ou seja uma geometria análoga ao espaço Euclideano, poderíamos pensar que a questão está resolvida em favor, precisamente, de um Universo infinito. Em todos os livros didáticos aparecem as ilustrações das geometrias correspondentes à escolha do parâmetro de curvatura κ. Isto seria verdadeiro somente se estivesse garantido que as 3 possibilidades espaciais (Euclideano, esfera ou hiperbolóide) são as únicas, mas de fato pode haver outro elemento importante que entre nesta questão, a determinação da *topologia*. Toda nossa experiência sensorial, e até uma fração enorme do conhecimento científico, repousa em noções válidas para *topologias simples*. Em outras palavras, a consideração da geometria contém uma hipótese enrustida, a da chamada *conectividade simples*.

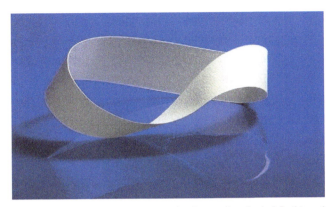

Figura 6.15. Um outro exemplo de topologia não trivial, a famosa banda de Moebius plana. Para construir uma basta virar a borda e colar a 180 graus. Percorrendo a banda pode-se constatar a inexistência de lado de "dentro" e lado de "fora", uma formiguinha que faça isto não encontrará dois lados, mais somente um. E localmente parecerá que está em um plano ordinário, ou seja, a geometria *não* determina a topologia.

Não é difícil definir matematicamente uma geometria simplesmente conexa: se conseguirmos desenhar uma "curva" em cima da figura e "estrangulá-la" até chegar a um ponto, a geometria se diz *simplesmente conexa*. Há casos onde isto não é possível, já que a "curva" pode encontrar empecilhos para ser estrangulada, por exemplo um cilindro finito cujas bases são coladas, formando uma rosca (mais precisamente, um *torus bidimensional*). Uma circunferência em torno do buraco do torus não poderá ser reduzida a um ponto, e assim esta geometria toroidal se denomina *multiplamente conexa*

Por que estas considerações topológicas poderiam ser importantes para a Cosmologia? A razão é que, embora pareça uma descrição completa da gravitação, a Relatividade Geral *não especifica* a topologia das soluções. Isto é devido ao caráter *local* da teoria, uma das características mais gerais da Física. A localidade significa que as leis matemáticas que descrevem os fenômenos contém funções avaliadas em um certo *ponto do espaço* para um dado *tempo*, mas não contém informação a respeito do que acontece um outros lugares remotos. Esta propriedade impede em geral que apareçam fenômenos instantâneos e outras propriedades indesejadas. Mas a conectividade que descrevemos antes é, antes de mais nada, uma questão de *condições de contorno*, ou seja, do comportamento da geometria globalmente falando. [http://www.scholarpedia.org/article/Cosmic_Topology]. É claro que esta informação não pode estar contida na descrição da Relatividade Geral. A analogia cabível é a de um objeto confinado em uma caixa cúbica com espelhos em todas as paredes: os observadores deste "Universo" podem pensar que vivem em uma geometria euclidiana infinita, sem saber que as imagens múltiplas criam essa impressão.

Várias topologias podem corresponder a uma dada geometria (ou seja, que a solução não é única), desde que consideremos as topologias multiplamente conexas. Como consequência, não poderemos excluir a possibilidade que o Universo tenha uma topologia *não trivial* (multiplamente conexa), mas apareça para nós como se fosse infinito (exemplo na Fig. 6.16).

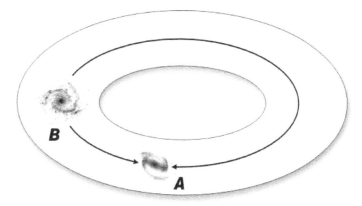

Figura 6.16. Uma topologia não trivial (no exemplo, o torus bidimensional) pode criar uma impressão errada da geometria. A galáxia "B" aparece para os observadores em "A" mais de uma vez no céu, já que os fótons emitidos podem tomar vários caminhos nesse Universo.

A questão da finitude ou infinitude do Universo tem assim nuances novas: se fosse determinado definitivamente, por exemplo, que $\rho < \rho_c$, ainda poderíamos viver em um Universo *finito* com esta topologia *não trivial*. A finitude do Universo, além de ser mais fácil de compreender, pode ser mais compatível com outras ideias da Cosmologia, por exemplo, vimos acima que a descrição da origem do Universo, fazendo da topologia cósmica um tema difícil e fascinante.

Finalmente, podemos nos perguntar quais seriam as assinaturas observacionais de um Universo topologicamente complexo. A mais óbvia, e que tem sido procurada nos dados por vários grupos, é a da *repetência* de galáxias (ou quasares) em várias direções no céu, seguindo um padrão que depende da topologia específica testada (a exemplo da Fig. 6.16). Outra assinatura características poderia estar no CMBR ou Fundo de Radiação Cósmica, e os dados de alta precisão são imprescindíveis para esses testes, por exemplo, os das missões *Planck* e *WMAP*. De momento não há evidência conclusiva nem a favor nem contra estas topologias não triviais [Horvath et al. 2006].

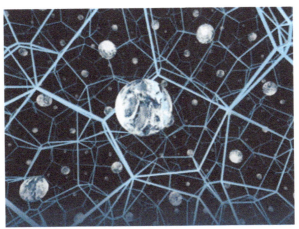

Figura 6.17. No modelo de J.P. Luminet e colaboradores, o Universo é pequeno e está inscrito numa estrutura tipo dodecaedro, com 12 pentágonos como caras, que nos fazem ver cópias do céu em todas as direções. Este modelo não necessariamente estraga as observações da Radiação Cósmica de Fundo, e nos leva, ironicamente, de novo aos sólidos platônicos como "tijolos naturais". Porém, não há evidência de que este seja o caso do nosso Universo, por enquanto.

Um *Ensemble* de meta-Universos e o Princípio Antrópico

Como vimos nos Capítulos anteriores, ao longo da história das Ciências modernas houve um progressivo afastamento das ideias relacionadas com a Teologia, até chegarmos a um divórcio praticamente total depois do Iluminismo no século XVIII. Os problemas científicos excluíram de plano, desde então, qualquer argumentação deste tipo, colocando as questões solúveis pela Ciência e pela Religião em campos disjuntos, no caminho iniciado pelo William de Ockham. Os infinitos debates a respeito do *propósito* do Universo (ou *teleologia*) só continuaram no âmbito teológico. Porém, em meados da década de 1970 houve umas iniciativas que procuraram amaciar esta posição irredutível, argumentando que a existência de vida condiciona o tipo de Universo no qual vivemos. Ou seja, negando que as condições no Sistema Solar e assemelhados sejam arbitrarias. Na sua forma extrema, esta posição poderia ser qualificada de *teleológica*. Esta argumentação se denomina geralmente o *Princípio Antrópico* e será exposta brevemente a seguir.

O *Princípio Antrópico* procura compreender as características e evolução do Universo a partir da existência da humanidade, entendida como uma forma de vida inteligente baseada em cadeias de carbono. Na sua versão menos radical (Princípio Antrópico fraco) pode ser enunciado de forma coloquial como *"o Universo é o que é porque nós estamos aqui para observá-lo e estudá-lo"*. Em outras palavras, o Princípio Antrópico fraco postula que a evolução e estrutura do Universo deve ser tal que permitiu a nossa existência em algum momento (tal como observado), e, portanto, os parâmetros cosmológicos e físicos *não podem ser arbitrários*. Se o fossem, na maioria absoluta dos casos o Universo não permitiria a existência de observadores humanos.

Independente da simpatia ou antipatia que provoquem estes argumentos, o que importa é se eles procedem em situações reais, e se podem ser utilizados para *predizer* ou explicar fatos observados, ou seja, se caem na esfera científica. No Universo existem inúmeras situações onde algum parâmetro físico parece "sintonizado" precisamente para permitir a existência humana. Vejamos, por exemplo, o caso das *massas* das partículas elementares. As propriedades fundamentais da matéria ordinária mudariam *muito* se o elétron ou os núcleons tivessem massas levemente diferentes das que têm. Por exemplo, o nêutron tem uma massa ⊠10% maior do que o próton, se fosse ao contrário, não haveria núcleos e a vida baseada no carbono seria impossível. Do fato óbvio de que a vida orgânica existe, poderíamos então *prever* que os prótons não podem decair em nêutrons e devem, portanto, ser mais leves. Um caso ainda mais sofisticado é a memorável predição de Fred Hoyle, a respeito da síntese de carbono, na reação onde 3 núcleos de hélio produzem o primeiro. O problema é que não há como "montar" os 3 hélios para que um núcleo de carbono seja viável como produto, algo assim não respeitaria as características de conservação da reação de fusão proposta. Apesar do ceticismo dos físicos nucleares, Hoyle raciocinou que devia existir um *estado ressonante* intermediário do carbono que permitisse a reação $^8Be + {}^4He \rightarrow {}^{12}C + \gamma$ sem violar conservação alguma, nas estrelas, já que se assim não fosse a reação não aconteceria, o carbono seria um elemento raro e a vida muito improvável. Esse estado intermediário foi medido em laboratório pouco depois. Este tipo de argumentos antrópicos já era conhecido e utilizado desde a antiguidade clássica, e foi "redescoberto" nos anos '80 pelos cosmólogos contemporâneos, notoriamente Brandon Carter e outros [Carter 1974, Carr e Rees 1979].

Figura 6.18. Brandon Carter (em pé junto a Stephen Hawking) em foto da época das primeiras formulações do Princípio Antrópico

Mas se os argumentos antrópicos são válidos e o nosso Universo está "sintonizado" para permitir a existência de observadores, então há uma importante consequência geral que merece destaque: trata-se da *pluralidade* de Universos (ou *multiversos*) que é necessária para entender a seleção antrópica como uma característica do *nosso* Universo integrante desse conjunto estatístico. Note-se que *não* estamos falando de um conjunto imaginário como o discutido por Gibbs na Mecânica Estatística, mas de um *verdadeiro conjunto real* de Universos que diferem, alguns pouco, e outros muito, do nosso nos valores das constantes fundamentais e características cosmológicas. A importante questão de *como conferirmos* a existência deles, porém, não é muito discutida, e atualmente não é claro sequer se a pergunta tem sentido (Fig. 6.19)

Figura 6.19. O multiverso é representado por um conjunto de bolhas disjuntas, cada uma com valores próprios das constantes físicas. A esmagadora maioria deles não contém vida, já que as condições são muito desfavoráveis. Como nós estamos pensando nesse problema, automaticamente pertencemos a uma das "bolhas" onde a vida é possível, e isso condiciona a Física que nele funciona.

Uma analogia simples pode esclarecer o conceito de multiversos e como funciona a seleção do Princípio Antrópico. Para um grego do século III a.C. o raio da Terra já era conhecido (Eratóstenes), e no seu modelo geocêntrico, este valor teria um papel central na Cosmologia em vigor. O pensador grego poderia então, tentar encontrar uma *explicação física* para o raio da Terra, e justificar por que necessariamente o valor medido era o único possível, ou então alternativamente imaginar a existência de inúmeros planetas, dos quais a Terra é um daqueles que permite a existência de vida, e tentar ver para qual faixa de raios isto é possível. É claro hoje para nós que o segundo raciocínio é o correto, e que há muitos planetas com raios bem diferentes que a Terra mas que não podem abrigar vida (por exemplo, os gigantes gasosos como Júpiter). Aquela situação não é diferente da Cosmologia atual, só que agora nos perguntamos pelos fatores que determinam, por exemplo, a constante de Hubble e outras quantidades que se "conjuram" para permitir a vida. Uma forma mais forte do Princípio Antrópico é ainda possível, na qual *"o Universo é o que é* para que nós estejamos aqui para *observá-lo e estudá-lo"*. Esta mudança é importante, já que atribui um *propósito* para o Universo, reintroduzindo a teleologia no debate científico. Esta é uma das razões pela qual a forma forte tem muito poucos adeptos, e boa parte deles está no campo religioso.

Independentemente de preferências pessoais, devemos reconhecer que o Princípio Antrópico *sempre* levou a respostas corretas quando aplicado, e é bem possível que possa ser empregado para compreender uma parte considerável da Cosmologia atual e futura, sendo incorporado como ferramenta válida nas pesquisas. A microfísica também foi desenvolvida ao longo de linhas antrópicas de raciocínio [Barrow e Tipler 1986], e pode vir a sê-lo mais ainda no futuro.

Estamos no meio de uma mudança de paradigma? A Matéria Escura e a Energia Escura como anomalias kuhnianas [Horvath 2009]

Vimos anteriormente a evidência coletada de uma variedade de sistemas astronômicos que indicam que há mais matéria da que vemos (ou como diria F. Zwicky, falta a luz correspondente à massa estimada). Isto constitui o que T. Kuhn chamou de *anomalia* científica. Houve uma considerável demora da comunidade em aceitar esta discrepância (cerca de 40 anos), mas desde a década de 1970 a Matéria Escura foi dicutida sem preconceitos, e consideraram-se várias soluções possíveis.

As soluções poderiam ser classificadas como "físicas", "astronômicas" ou ainda como "outra classe de novidades". As soluções no primeiro grupo consistem em procurar partícula(s) desconhecidas mas dentro do Modelo Padrão, ou uma extensão deste, tipicamente supersimetria. Ou seja, muitos físicos veem a Matéria Escura (e às vezes a Energia Escura) como algo que ainda não compreendemos, mas que pertence ao mundo microfísico embora ainda não identificadas. Já a Energia Escura foi repetidamente associada à microfísica, ou *flutuações do vácuo* (Capítulo 4) que produziriam uma "constante cosmológica". Ninguém consegui explicar convincentemente o valor numérico, ordens de grandeza menor que a predição de Zel'dovich e outros.

Enquanto isso os astrônomos têm uma tendência a pensar que a Matéria Escura é algum tipo de objeto astronômico macroscópico (buraco negro, etc.) que foi produzido no Universo jovem e faz parte das galáxias e o resto desde então. Ou seja, os astrônomos procuram uma solução *astronômica*, sem grande sucesso até agora, diga-se de passagem.

Por último, na categoria de "outra classe de novidades" existem muitas propostas, algumas muito ousadas. Aqui podemos mencionar uma gravitação heterodoxa, projeções de dimensões extra na nossa "brana" e muitas outras. A extensão das teorias conhecidas é substancial e imprescindível neste grupo.

A questão da Energia Escura, e sua solução mais simples, a existência de uma "constante cosmológica" merece aqui um aparte. Como afirmado anteriormente, até agora uma análise cuidadosa das evidências observacionais de supernovas e radiação cósmica de fundo em micro-ondas sugere que a "antiga" ideia einsteniana de apenas um termo constante nas equações de campo não é descartada e até pode ser útil como um modelo realista. No entanto, quando olhamos mais de perto, o conceito einsteniano da constante cosmológica, na verdade, bem diferente do atual. Enquanto Einstein cogitou a ideia de um termo como uma simples possibilidade permitida por critérios de simetria (e, portanto, foi "inventado" nesse sentido, em bases teóricas), podemos argumentar que efeitos de algo como a constante cosmológica foram "descobertos" em dados contemporâneos. A afirmação de Einstein era permitir um termo desse tipo no lado esquerdo das suas equações (portanto, ligado ao conteúdo geométrico), em vez de inventar algum tipo de fluido contribuindo com o mesmo termo para o lado direito das equações de Einstein (isto é, um componente do Universo como pretendem os físicos [Turner e Huterer 2007]).

As palavras "invenção" e "descoberta" são justamente as mesmas empregadas por Kuhn [2003] em sua definição de ambos os conceitos, exemplificado pela polêmica entre Steele, Priestley e Lavoisier pela prioridade na descoberta/entendimento do oxigênio. Esta observação leva a questionar qual é o estado real de modelos mais complexos que vão além da constante cosmológica mais simples, tais como os *campos de quintessência*. Os campos de quintessência nada mais são do que uma tentativa fenomenológica de introduzir alguma componente dinâmica que possa atuar como um agente acelerador, produzindo efetivamente uma relação negativa entre pressão e densidade de energia como resultado de sua ação. O nome escolhido está, é claro, diretamente relacionado ao conceito aristotélico da composição do mundo revivido nesta virada inesperada.

Independentemente destas tentativas de classificação, podemos nos perguntar pela situação da ME/EE desde o ponto de vista kuhniano. Aderindo estritamente à formulação de Kuhn [2003] do caráter de uma anomalia, três resultados possíveis são por ele previstos. Segundo Kuhn, a anomalia é i) resolvida pela Ciência normal, ii) declarada impossível de resolver (porque resistiu a todas as abordagens radicais) e deixada de lado para uma geração futura; ou iii) desencadeia o surgimento de um novo paradigma e se resolve dentro dele, tornando-se a "Ciência normal" para a próxima geração.

É óbvio que o problema combinado de ME/EE *não foi* resolvido pela Ciência normal (isso é impressionante, mesmo considerando as escalas de tempo muito diferentes como anomalias reconhecidas, a ME já fai fazer 1 século). Não está claro se a segunda alternativa pode ser realmente executada em uma escala de tempo *finita*, de fato, o caso da Matéria Escura resistiu a algumas gerações de cientistas sem ser "deixado de lado" de forma alguma, antes muito pelo contrário, hoje é consenso absoluto que a Matéria Escura existe e determina uma série de fenômenos observados. Acreditamos que há boas razões para que a terceira alternativa seja considerada e examinada de perto por epistemólogos, filósofos da Ciência e cosmólogos/físicos de partículas.

Podemos também legitimamente perguntar se as características sugeridas por Kuhn como indicativas do *estado anterior* a uma mudança de paradigma também estão presentes na Física contemporânea.

- Em primeiro lugar, conseguiu-se o isolamento e caracterização da Matéria Escura por meio de exames minuciosos, resultando em uma opinião consensual ampla sobre as *escalas* em que esta última está presente (galáxias, aglomerados, etc.); e regiões excluídas/permitidas no plano da massa vs. seção de choque massa, e regiões de exclusão para corpos astronômicos. Os esforços para fazer o mesmo com a muito "mais nova" Energia Escura já resultaram em limites observacionais destinados a identificar sua equação de estado e sua possível evolução temporal. Estes últimos também constituem exemplos evidentes de processos de isolamento/caracterização "em ação" [Kuhn 2003], atraindo muita atenção e trabalho. As regiões excluídas/permitidas e a "equação de estado" são abordagens claramente bem definidas e aceitáveis dentro da ideia de Matéria Escura + Energia Escura sendo apenas novos componentes, conforme esperado da estrutura existente para analisar os dados. A Fig. 6.20 serve aqui para apoiar nossa visão de forma bastante direta.

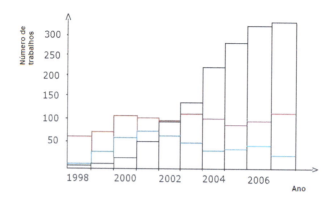

Figura 6.20. O número de trabalhos que mencionam «Matéria Escura» ou «Energia Escura na década posterior ao anúncio da aceleração do Universo. O número atual está entre 300 e 400 trabalhos por ano.

- Uma segunda característica considerada indicativa de um estado anterior a uma mudança de paradigma é o florescimento da análise filosófica/metodológica. Um olhar na literatura especializada confirma amplamente a ocorrência dessa característica. Isso contrasta fortemente com a maioria das disciplinas e, mais importante, com o status anterior a 1998, reforçando nossas afirmações anteriores.

- Pensa-se que um terceiro sinal seja a *proliferação de alternativas*, fato também bastante evidente na literatura. Acrescemos ainda que é também notória a aceleração desta proliferação, embora muito difícil de acompanhar devidamente. Turner e Huterer [2007] analisaram algumas das principais soluções atuais, e é importante observar que todas elas foram elaboradas *depois de 1998*, na tentativa de esclarecer a situação. Além disso, poucas pessoas defendem cada uma dessas soluções, como esperado para explicações que ainda precisam provar sua consistência e poder preditivo.

As duas características restantes explicitamente discutidas por Kuhn como um prelúdio para uma mudança de paradigma são de natureza puramente psicológica e refletem a atitude da comunidade em relação aos fatos. Eles são *desespero* e *desconforto explícito*. Ambos são difíceis de quantificar e muitas vezes expressados apenas em particular (conversas em reuniões especializadas, por exemplo). No entanto, alguns exemplos explícitos não são muito difíceis de encontrar na literatura escrita Por exemplo, a situação foi qualificada como "embaraçosa" por M. Rees (Cambridge) e denominada "o reino da ignorância total" pelo cosmólogo Ademir Sales de Lima (IAG-USP), entre outras definições igualmente significativas pelos principais cosmólogos contemporâneos. Essas deficiências são, na verdade, em parte mitigadas pelo visível avanço do conhecimento dos parâmetros fundamentais ($\Omega_{tot} = 1$, o valor da constante de Hubble, etc., veja as contribuições relativas dos componentes do Universo na Fig. 5.33, que supõe um "padrão" de cosmologia de Friedmann-Lemaître-Robertson-Walker), e também pelo aproveitamento de uma grande oportunidade de dar uma contribuição relevante para a área (sendo isso em si um fator psicológico), mas não deixam de ser muito significativos. De modo geral, não temos por que duvidar de que todas as características propostas por Kuhn como indicativas de um terreno fértil para uma mudança de paradigma se cumprem amplamente nos dias de hoje.

Não se sabe atualmente se os "problemas" da Matéria Escura e da Energia Escura são apenas um ou muitos. A possibilidade de resolvê-los inserindo algum componente alienígena na cosmologia de Friedmann-Lemaître-Robertson-Walker + Modelo Padrão da Física de partículas ainda está aberta, embora essa solução por si só exija uma modificação da maneira como pensamos e entendemos o conteúdo e a evolução do Universo, o que seria em si uma revolução "menor" para a Cosmologia, pelo menos, mas um grande evento para a Física de partículas. Ainda não há nenhuma indicação firme da física medida sobre partículas de "Matéria Escura" ou "Energia Escura", e sua existência abriria toda uma nova Física afetando profundamente a visão existente do mundo microfísico. O fato de que, de acordo com essa possibilidade, podemos estar ignorando a *composição principal* de nosso Universo, e a implicação direta de que *não somos feitos do mesmo material* que a maior parte do Universo deve ser seriamente considerada.

Em vez disso, podemos estar bem dentro de uma verdadeira *grande revolução científica* na própria Cosmologia e, portanto, nossa visão do problema ainda está turva por causa disso. Este seria o caso se fosse necessária uma revisão completa da maneira como olhamos para a física gravitacional (esperando que a Matéria Escura + a Energia Escura desapareçam como ingredientes estranhos), conforme defendido por alguns. A Física de partículas permaneceria praticamente inalterada, mas esse resultado seria comparável à mudança newtoniana ⊠ relativística na virada do século XX que, por exemplo, eliminou explicações *ad hoc* para a precessão do periélio de Mercúrio.

Em ambos os casos será necessária uma importante mudança de paradigma e, de fato, argumentamos aqui que todas as características deles, conforme prescrito por Kuhn [2003], estão sendo claramente vistas (propostas selvagens, jovens pesquisadores fora da Cosmologia aproveitando a oportunidade para contribuir, um desconforto dentro da comunidade cosmológica, etc.). Acreditamos também que esse comportamento "ortodoxo" (no sentido de Kuhn) é bastante marcante, pois verdadeiras revoluções científicas são fenômenos complexos para os quais o trabalho original de descrição de Kuhn pode não ser totalmente adequado. Ao acompanhar esses e outros sinais, poderemos testemunhar e apreciar um dos maiores e mais raros eventos considerados como o próprio motor da Ciência Ocidental em ação.

Os novos olhos para enxergar o Universo: a detecção das ondas gravitacionais

O quê são as ondas gravitacionais?

A Física conhece e lida com os fenômenos das ondas em geral há muito tempo. De fato, os cursos de Física apresentam uma variedade de tratamentos de ondas em fluidos, ondas eletromagnéticas e assuntos relacionados. Uma equação de onda pode conter uma variedade de termos, mas dois ingredientes principais obrigatórios são a segunda derivada temporal e a segunda derivada espacial de alguma variável dinâmica a ser determinada. A equação da onda trata da mesma forma o tempo e as coordenadas espaciais.

No caso bem conhecido das ondas eletromagnéticas, o campo elétrico satisfazem as equações de onda no vácuo, e se propagam com a velocidade da luz c, quando produzidas por cargas elétricas aceleradas. A radiação eletromagnética pode sempre ser escrita em uma série de multipolos, sendo o dipolo o mais baixo que produz as ondas, pelo menos na zona bem distante das cargas que a originaram.

Na teoria da gravitação, a possibilidade de haver ondas gravitacionais foi considerada por Einstein, como vimos no Capítulo anterior. A fonte destas ondas, segundo a teoria, seria a *aceleração da massa-energia* (as massas ou energias desempenham o papel de "carga" do campo gravitacional, pois este se origina dessas fontes), mas enquanto os campos elétrico e magnético são vetores, possuindo uma direção e um módulo, a gravitação é descrita por um objeto matemático mais complexo, um tensor, que pode ser representado por uma matriz em um determinado sistema de coordenadas e que chamaremos $h_{\mu\nu}$ (não precisamos entrar nos detalhes matemáticos, somente lembrar que esta quantidade $h_{\mu\nu}$ é muito pequena e representa as perturbações análogas a uma onda na água, Figura 6.21). Enquanto as cargas elétricas opostas formam um *dipolo*, isso não existe na gravitação porque a massa (ou energia) tem apenas um sinal. Assim, podemos passar ao sistema de centro de massa e, devido ao sinal igual da massa-energia, o dipolo será zero. Não pode haver radiação gravitacional dipolar, e o modo mais baixo deve ser o o seguinte, ou quadrupolo. Em outras palavras, as massas devem ter uma assimetria variável no tempo e um quadrupolo variável, como uma "ameba" para radiar perturbações no espaço-tempo [Horvath 2020].

Figura 6.21. Um lago perturbado (por exemplo, com a queda de uma pedra) propaga ondas na superfície de forma conceitualmente análoga às ondas gravitacionais.

A forma usual de escrever uma equação de onda para o campo gravitacional é a de colocar uma perturbação (tensor $h_{\mu\nu}$) que descreve as deformações do espaço-tempo em um fundo gravitacional fixo representado pelo chamado tensor de Minkowski $\eta_{\mu\nu}$, que é a solução do gravitacional campo na ausência de matéria-energia, manter somente os termos lineares e chegar a (de novo em uma dimensão espacial *x*)

$$\left(\frac{\partial^2}{\partial t^2} - \frac{1}{c^2}\frac{\partial^2}{\partial x^2}\right)h_{\mu\nu} = 0 \quad , \tag{6.7}$$

que tem a forma de uma equação de onda para a quantidade $h_{\mu\nu}$, deformação que se propaga com a velocidade da luz c transversalmente à direção da onda [Matzner 2010].

Em 1918, Einstein seguiu a derivação da equação dinâmica para a quantidade $h_{\mu\nu}$ esboçada acima e mostrou ainda que isso é proporcional à segunda derivada temporal do momento quadrupolar Q de uma distribuição de massa $h_{\mu\nu} \propto \ddot{Q}$. Portanto, a potência (ou luminosidade) emitida em ondas gravitacionais é proporcional à terceira derivada temporal do Q.

$$L_{GW} \propto \dddot{Q} \quad, \tag{6.8}$$

mesmo que, como dissemos, tenha havido dúvidas por anos sobre a realidade desse resultado. Houve uma intensa discussão sobre se a perturbação pode desaparecer com uma mudança de coordenada apropriada, ou seja, se a solução da onda perturbativa foi espúria decorrente da seleção de um sistema de coordenadas. Por volta de 1950 já havia sido demonstrada a realidade teórica das ondas, mas as perspectivas para sua detecção eram consideradas remotas.

Como sugerido nas perturbações da Fig. 6.21, é o movimento de grandes massas em alta velocidade é o que perturba o espaço-tempo e produz ondas (desde que exista um quadrupolo variável). Para um sistema com uma frequência característica própria $v = 2\pi/\tau = 2\pi f$, podemos estimar a luminosidade resultante como

$$L_{GW} \sim \frac{G^4}{c^5}\left(\frac{M}{R}\right)^5 \sim \frac{G}{c^5}\left(\frac{M}{R}\right)^2 v^6 \sim \frac{c^5}{G}\left(\frac{R_S}{R}\right)^2\left(\frac{v}{c}\right)^6, \tag{6.9}$$

onde temos introduzido o raio de Schwarzschild $R_S = 2GM/c^2$ como escala de distância. A partir desta fórmula fica evidente que as maiores luminosidades serão produzidas por objetos compactos ($R \approx R_S$) movendo-se em velocidades relativísticas ($v \approx c$). Devemos agora estudar os tipos de eventos em sistemas astrofísicos reais que podem ser os melhores candidatos para a detecção de ondas gravitacionais.

Dois tipos básicos de fontes foram estudados a fundo, os sistemas binários com estrelas compactas (estrelas de nêutrons e buracos negros) e colapsos de supernovas. Com estes trabalhos ficou cada vez mais claro que os primeiros eram muito mais interessantes, e que as supernovas dificilmente seriam assimétricas o suficiente quanto para produzir ondas gravitacionais.

Para uma binária a uma distância r, com o mesmo grau de aproximação de antes, o valor dessa amplitude é

$$h \approx \frac{G}{c^4}\frac{E_{NE}}{r} \approx \frac{G}{c^4}\frac{\epsilon E_K}{r} \approx 10^{-22}\left(\frac{E_{GW}}{10^{-4}M_\odot c^2}\right)^{1/2}\left(\frac{1\,kHz}{f_{GW}}\right)\left(\frac{\tau}{1\,ms}\right)^{-1/2}\left(\frac{15\,Mpc}{r}\right) \quad , (6.10)$$

com ε a fração da energia cinética E_k efetivamente emitida nas ondas. Esse escalonamento numérico de uma distância r =15 Mpc não é arbitrário: corresponde à distância média ao aglomerado de galáxias de Virgo, onde residem >10 000 galáxias. Esse aglomerado de galáxias deveria produzir ~ dezenas de eventos por ano do tipo colapso gravitacional não esférico (desde que a deformação não esférica na fonte seja grande o suficiente...), pelo menos essa era a visão original dos pesquisadores que começaram pensar na construção de detectores de ondas gravitacionais (GWs, em inglês) [Thorne 1980].

Um cálculo simples, supondo massas pontuais e a Terceira Lei de Kepler $\Omega^2 = GM/a^3$ (observe-se que a frequência do quadrupolo é o dobro da frequência orbital) permite obter a luminosidade (energia por unidade de tempo) levada pelas ondas da binária

$$L_{GW} = -\frac{dE}{dt} = \frac{32}{5}\frac{G}{c^5}\frac{M^3\mu^2}{a^5} \quad . \quad (6.11)$$

E que indica que a emissão cresce enormemente quando o semi-eixo encolhe, nos estágios avançados antes da fusão final, que são os que podem ser detectados com amplitude suficiente. A energia total do sistema é

$$E = -\frac{1}{2}\frac{G\mu M}{a} \quad , \quad (6.12)$$

com $\mu = \frac{M_1 M_2}{M_1+M_2} \equiv \frac{M_1 M_2}{M}$ a combinação chamada de *massa reduzida*. Ao passar do tempo, a radiação gravitacional faz a órbita encolher a uma taxa

$$\frac{dE}{dt} = \frac{G\mu M}{2a^2}\frac{da}{dt} \rightarrow \frac{da}{dt} = -\frac{64}{5}\frac{G^3}{c^5}\frac{\mu M}{a^3} \quad , \quad (6.13)$$

usando novamente a Terceira Lei de Kepler. Como a frequência orbital aumenta de acordo com $\frac{3}{2}\frac{\dot{a}}{a}$, podemos integrar a Eq. (6.13) no tempo para encontrar o tempo necessário para o binária coalescer a partir de um semi-eixo inicial, com o resultado

$$\tau_C = \frac{5}{256} \frac{c^5}{G^3} \frac{a_0^4}{\mu M^4} \qquad . \qquad (6.14)$$

Finalmente a amplitude adimensional das ondas produzidas será

$$h \approx 5 \times 10^{-22} \left(\frac{M}{2,8\,M_\odot}\right)^{2/3} \left(\frac{\mu}{0,7\,M_\odot}\right) \left(\frac{f_{GW}}{100\,Hz}\right)^{2/3} \left(\frac{15\,Mpc}{r}\right) , (6.15)$$

onde os números correspondem a um binário simétrico de duas massas de $1,4\,M_\odot$, como é comum em estrelas binárias de nêutrons (e embora saibamos hoje que há muito mais e muito menos massivas). Uma binária coalescente localizada em uma das galáxias do aglomerado de Virgo produziria um sinal intenso, mas o tempo de espera seria longo. Assim, se apoiando no encolhimento da órbita Eq. (6.13), Hulse e Taylor conseguram demonstrar que as ondas existem (embora indiretamente) estudando o pulsar binário 1913+16, o que levou ao Prêmio Nobel de Física em 1993, segundo descrito a seguir.

O pulsar binário PSR 1913+16 e as ondas gravitacionais

Os pesquisadores J. Taylor e R. Hulse descobriram em 1974 um sistema binário muito particular: enquanto um dos componentes é um pulsar, o outro também é um objeto compacto de massa semelhante, finalmente identificado como outra estrela de nêutrons. A binária foi observado com alta precisão, primeiro para determinar a chamada *função de massa*

$$f_M = \frac{(M_2 \operatorname{sen} i)^3}{(M_1 + M_2)^2} = \frac{4\pi^2 X^2}{T_\odot P_{orb}^2} \qquad , \qquad (6.16)$$

com $P_{orb} = 2.79 \times 10^4\,s$, X o semi-eixo da órbita projetada no céu e $T_\odot = \frac{GM_\odot}{c^3} = 4.925490947\,\mu s$ uma constante com dimensões de tempo. Uma vez que todas as grandezas à direita da Eq. (6.16) são medidas com muita precisão, e também os pulsos são avançados ou atrasados dependendo se o pulsar se aproxima ou se afasta dos observadores, a velocidade radial também é

O Século 21 e além

conhecida (o efeito Doppler nos pulsos). A modelagem do campo gravitacional do companheiro permite uma determinação completa de todo o sistema. A órbita é bastante excêntrica e inclinada ~45° em relação à linha de visada (o ângulo i na Eq. 6.16). Este sistema é um "relógio" (o pulsar) muito preciso orbitando uma companheira com campo gravitacional forte e, portanto, uma série de efeitos da Relatividade Geral são detectados e permitem um conhecimento preciso do sistema. Uma representação de PSR 1913+16 é mostrado na Fig. 6.22 [Weisberg e Taylor 2005].

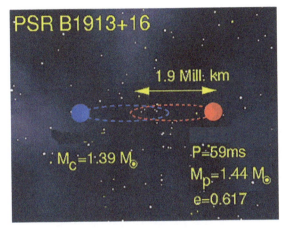

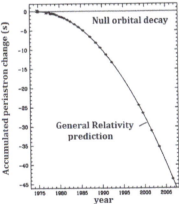

Figura 6.22. Acima: uma representação de PSR 1913+16 e sua companheira, outra estrela de nêutrons. Os parâmetros orbitais inferidos e as massas são indicados em amarelo. Abaixo: os dados medidos (pontos) comparados com a previsão da Relatividade Geral (curva cheia), mostrando que o periastro acumulado após ~ 20 anos está de acordo com o primeiro em ~0,1%, bem distante da linha horizontal que indicaria decaimento inexistente (obviamente desfavorecido pelos dados).

Agora, com a ajuda da expressão Eq. (6.11), podemos obter imediatamente a radiação gravitacional emitida com frequência $f_{GW} = 1.1 \times 10^{-5}\, Hz$ (muito baixa e impossível de ser detectada diretamente nos instrumentos atuais) e amplitude $h \sim 10^{-23}$. Aqui o cerne do trabalho: como o sistema é medido com muita precisão, a Eq. (6.13) permite calcular a taxa de variação do semi-eixo, e com ela a variação resultante da passagem da estrela de nêutrons pelo periastro (análoga à famosa precessão do periélio de Mercúrio...), que resulta em uma diminuição do período orbital de

$$\Delta P_{orb} = -7.6 \times 10^{-5}\, s/ano \qquad , \qquad (6.17)$$

um valor muito maior do que a precisão atingida nas medições, incluindo erros e incertezas de várias origens. Portanto, o monitoramento do pulsar binário permitiu uma determinação da variação acumulada e uma comparação com a equação da previsão (Eq. 6.13), conforme mostrado na Fig. 6.22 (abaixo).

A concordância do decaimento da órbita com as previsões da Relatividade Geral, confirmou indiretamente que a radiação gravitacional está sendo emitida do sistema. Desvios da Relatividade Geral menores que 0,1% ainda são possíveis, mostrando que há pouco espaço para teorias alternativas da gravitação, pelo menos do ponto de vista da emissão de radiação gravitacional produzida neste tipo de binários. Esses resultados foram ainda aprimorados por uma análise do sistema PSR J0737-3039A/B em 2003, no qual dois pulsares se movem com um período orbital de 2,4 horas. O decaimento da órbita desse sistema foi medido e está de acordo com a Relatividade Geral com uma precisão de ~0,01%.

Detectores de ondas gravitacionais

Os dois tipos de detectores: interferômetros e massas ressonantes

Depois de haver consenso em que as binárias compactas são as principais fontes das ondas gravitacionais, e confirmar sua existência com a análise do pulsar binário 1913+16, o desafio da segunda metade do século XX foi o de construir detectores que as enxergassem de forma direta. Basicamente existem duas formas de detectar diretamente a passagem das ondas (reforçamos novamente que o decaimento da órbita do sistema PSR 1913+16 é uma forma indireta): a primeira é medir a deposição de energia transportada pelas ondas em um massa, através de uma medição de suas oscilações mecânicas induzidas (Fig. 6.23). A outra é monitorar as massas que são perturbadas pela passagem das ondas, sem que haja deposição de energia. Os detectores são chamados de massas ressonantes e interferômetros, respectivamente.

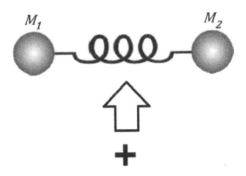

Figura 6.23. Um detector idealizado de ondas gravitacionais. As massas M_1 e M_2 oscilarão quando a onda representada com a flecha passe, a questão é que a amplitude seria muito pequena e a detecção requer sensibilidades extremas.

As primeiras tentativas de construir um detector ressonante ocorreram na década de 1960, na forma de barras de alumínio de alto Q que tinham uma frequência própria típica $\omega_0 \approx 1650$ Hz, atingindo um nível de sensibilidade $h \approx 10^{-15}$. Este último valor é surpreendentemente bom (equivalente à detecção de uma amplitude da ordem do raio do próton com uma barra de $L \sim 1,5\ m$!), mas ainda insuficiente para observar eventos naturais reais. A operação dos detectores acontecia em temperatura ambiente e o ruído térmico muito difícil de controlar, acabando por limitar a sensibilidade das antenas. Algumas vezes, o pioneiro desses esforços J. Weber, da Universidade de Maryland (EUA), afirmou ter detecções positivas que não puderam ser confirmadas por outros grupos, e que teriam implicado enormes energias canalizadas em ondas gravitacionais em cada suposto evento. No entanto, seu trabalho pioneiro permitiu mais tarde a construção de detectores avançados com sensibilidade muito melhorada (Fig. 6.24). Contemporaneamente, propõe-se até mesmo a instalação de um observatório sísmico na Lua para detectar modos ressonantes causados pela passagem de ondas gravitacionais, a Lunar Gravitational-Wave Antenna, tratando todo o astro como um gigante detector.

Figura 6.24. Esquerda: Joe Weber trabalhando com uma de suas barras ressonantes por volta de 1965. Direita: imagem do detector Nautilus, na Itália, uma das barras operadas 30 anos depois, com melhorias na transdução eletromecânica, suspensão e supressão de calor ruído devido à operação criogênica em $T \ll 1\ K$, atingindo sensibilidades de até $h \approx 10^{-19}$. no centro da (estreita) banda de operação.

A construção de interferômetros de banda larga, por outro lado, teve que superar diversos desafios tecnológicos e demorou para se tornar realidade. Como o princípio básico é monitorar a posição relativa das massas, espelhos foram fixados a eles e luz laser feita para iluminar os espelhos e retornar. O feixe de luz original é dividido em dois que seguem caminhos ortogonais (Fig. 6.25). Ao retornar, as frentes de onda do laser são feitas para interferir e, se os espelhos oscilarem devido à passagem de uma onda gravitacional, um padrão de interferência variável é observado nos fotodetectores. Um avanço importante, que de fato permitiu detecções reais (veja abaixo) foi a configuração de duas cavidades Fabry-Perot, uma em cada braço do interferômetro. Desta forma, a luz do laser é feita para viajar para frente e para trás um grande número de vezes, aumentando o comprimento efetivo do braço bem além do tamanho físico real de ~ 4 km, alcançando comprimentos efetivos acima de 1000 km (isso é semelhante aos espelhos das casas de parques de diversões, nas quais as imagens são multiplicadas usando a mesma configuração de espelhos paralelos, [Saulson 2018]).

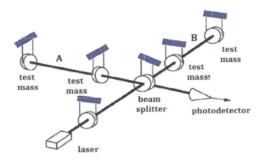

Figura 6.25. Configuração moderna de um interferômetro. O laser da parte inferior da figura emite um feixe que é dividido pelo divisor de feixe ao centro, as massas (discos) são penduradas e carregam espelhos que ajudam a reciclar a luz (nos braços A e B), até que sejam feito para interferir no fotodetector à direita.

Esta técnica interferométrica pode detectar oscilações extremamente pequenas, de fato a amplitude no centro da banda é $\Delta L = h \approx 10^{-17}\,cm$ (!) para um comprimento de braço de 4 km. Isso é equivalente a 0,0001 *do diâmetro de um próton*. Como afirmado anteriormente, os interferômetros são sensíveis a todas as formas de onda que chegam, mas em cada faixa de frequências o ruído dominante que dificulta a detecção tem origens diferentes mas compreendidas em essência

De nossa discussão anterior sobre binários, podemos ver na Eq. (6.11) que a luminosidade emitida em ondas gravitacionais é proporcional ao inverso do semi-eixo elevado à quinta potência. Isso significa que a maioria dos sistemas binários estará, em geral, longe da fusão e emitirá baixas frequências (lembre-se da Terceira Lei de Kepler $\Omega^2 = \frac{GM}{a^3}$). Uma detecção bem-sucedida desses sistemas usando um interferômetro precisaria de braços extremamente longos (lembre-se de que a frequência de oscilação é inversamente proporcional ao comprimento do braço) e perturbações de ruído muito baixas. Para "enxergar" as binárias que estão longe da fusão final, a melhor solução parece ser a construção de um interferômetro espacial. Estas são as características do projeto eLISA (Evolved Laser Interferometer Space Antenna) em estudo pela Agência Espacial Européia. Um interferômetro com um satélite "mãe" e dois "filhos" dispostos em um triângulo equilátero com ~1 milhão de km de tamanho orbitando a 50 milhões de km da Terra será capaz de detectar binários com emissão centrada em torno de $\approx 10^{-2}$ Hz monitorando as posições relativas das três espaçonaves com o tempo, se uma variedade de perturbações como o vento solar puder ser controlada. A precisão necessária para essas medições requer a medição da posição de cada satélite com um erro de $\approx 10^{-14}$ cm, o que nos parece impossível mas é razoável com a tecnologia existente.

A detecção de fusões de BHs e NSs: o início da Astronomia de Ondas Gravitacionais

O primeiro evento de fusão de buracos negros GW150914

Figura 6.26. Vistas aéreas dos interferômetros LIGO em Livingston (Louisiana) e Hanford (Washington), à esquerda e à direita nas fotos superiores. Abaixo, o interferômetro VIRGO em Cascina (Itália).

A operação inicial dos dois interferômetros gêmeos LIGO e, posteriormente, a adição do projeto franco-italiano Virgo (Fig. 6.26) levantou expectativas porque as curvas iniciais de sensibilidade eram encorajadoras para a detecção de eventos, desde que estes ocorressem durante as tomadas dos dados e com intensidade suficiente. O tão esperado dia 14 de setembro de 2015 chegou, quando os dois interferômetros do LIGO que estavam operando detectaram um sinal simultâneo, o primeiro identificado como tal, descartando uma origem de ruído, e iniciando a Era da Astrofísica de Ondas Gravitacionais

[Abbott et al. 2016]. A Fig. 6.27 mostra os dados. A probabilidade de uma mera coincidência (ou seja, uma flutuação aleatória, e não um evento real), é extremamente baixa, com uma confiança >99,99994% (mais de 5σ de significância estatística).

Embora não houvesse dúvidas de que o evento foi originado de uma fusão binária, uma comparação com modelos de forma de onda simulados teoricamente foi realizada para extrair os parâmetros dos membros individuais e do evento em geral. A interpretação é que o evento foi produzido pela fusão de dois buracos negros de massa estelar, dando origem a um objeto mais massivo e irradiando o excesso de energia principalmente na forma de ondas gravitacionais. Esta é a conclusão da análise da forma de onda gravitacional no estágio de aproximação, produzindo a quantidade conhecida como *chirp mass* $\mathcal{M}$, uma combinação das massas individuais M_1 e M_2 da forma

$$\mathcal{M} = \frac{(M_1 M_2)^{3/5}}{(M_1 + M_2)^{1/5}} = \frac{c^3}{G}\left[\frac{5}{96}\frac{\dot{f}}{\pi^{8/3} f^{11/3}}\right]^{3/5}. \quad (6.18)$$

A partir dos dados deste primeiro evento GW150914, $\mathcal{M} \approx 30\, M_\odot$, e por outro lado, a soma das massas $M_1 + M_2 > 70\, M_\odot$ para corresponder ao estágio pós-fusão com precisão. As massas individuais chegaram a $M_1 = 36^{+5}_{-4} M_\odot$ e $M_2 = 29^{+4}_{-4} M_\odot$. Apenas dois buracos negros poderiam ter produzido esse evento. Mais tarde foram detectados outros eventos semelhantes (por exemplo, GW151226 na Fig. 6.27) e, em devido tempo, é atualmente possível monitorizar uma população de buracos negros binários a fundir-se a distâncias cosmológicas.

Da mesma análise da forma de onda infere-se que o produto da colisão tem uma massa de $M_{final} = 62^{+4}_{-4} M_\odot$ e, portanto, $3^{+0,5}_{-0,5} M_\odot$ foram irradiados em ondas gravitacionais. Finalmente concluiu-se que o *spin* do buraco negro formado resultou ~2/3 do valor máximo possível, uma provável consequência da transferência parcial do momento angular orbital dos buracos negros progenitores. Um buraco negro de Schwarzschild sem rotação não corresponderia à forma de onda observada. A velocidade espacial dos buracos negros em colisão perto do tempo de fusão foi > 1/2 c. Por fim, a partir da luminosidade observada foi possível calcular a distância-luminosidade ao evento, com o resultado $440^{+180}_{-160}\, Mpc$, ou seja, uma escala de distância cosmológica. Ainda que este tenha sido o primeiro evento deste tipo registrado na história da Astrofísica moderna, os resultados mostraram que a visibilidade desta classe de fusões atinge uma fração considerável de todo o Universo observável.

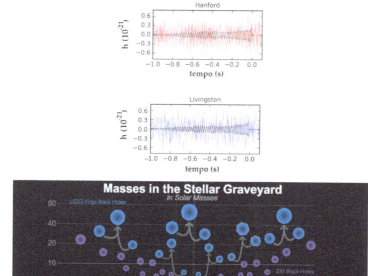

Figura 6.27. Superior: Os sinais registrados em Hanford (acima) e Livingston (abaixo) coincidem com o segundo evento de fusão de dois buracos negros, GW151226, bastante semelhante ao primeiro GW150914. O estágio de aproximação (inspiral), a fusão (fusão, acontecendo em "0.0") e a vibração do objeto formado (ringdown) à direita, após a fusão, são claramente observados. Inferior: Um mapa dos eventos detectados pela colaboração LIGO/Virgo no final de 2018. o primeiro anunciado GW150914 é o primeiro em azul à esquerda. Observe a diferença das massas típicas de buracos negros em sistemas binários em nossa galáxia (pontos roxos).

Com a continuidade das observações não foi surpreendente a detecção de outros eventos semelhantes ao GW150914. A Fig. 6.27 inferior retrata esse conjunto por volta do final de 2018. Não apenas não se esperava que a fusão de buracos negros fosse frequente, na verdade a aposta mais forte da comunidade era detectar primeiro a fusão de duas estrelas de nêutrons, mas também vale a pena notar que as massas individuais dos buracos negros em sistemas de fusão são muito maiores do que as inferidas para esses objetos em sistemas binários próximos (ver Fig. 6.27). De fato, as massas individuais em colisão são em média $> 20\, M_\odot$. Este fato levou a pensar que no Universo primitivo as estrelas que originaram esta população deveriam ter grandes massas, o que é consistente com as previsões da Evolução Estelar que prevêem $M > 100\, M_\odot$ sempre que a metalicidade é muito baixa. Esta observação mostra o quão importante é a abertura de uma nova janela para o Universo, que começou com a detecção do GW150914 aqui discutido.

A sequência esperada: uma fusão de estrelas de nêutrons em GW170817

Após a confirmação dos eventos discutidos acima, é legítimo perguntar onde estavam os eventos "mais prováveis" esperados na comunidade, ou seja, a fusão de um binário estrela de nêutrons-estrela de nêutrons. Antes das primeiras corridas científicas, a grande maioria dos astrofísicos acreditava fortemente que sua detecção era iminente, mas não foi isso que aconteceu. No entanto, quase dois anos após a detecção de GW150914, foi registrado um evento mostrando as características de uma fusão NS-NS [Abbott et al., 2017a]. Se julgada do ponto de vista das consequências de longo alcance de observações múltiplas simultâneas, valia a pena esperar, como veremos.

Em 17 de agosto de 2017, todos os três interferômetros LIGO/Virgo em operação detectaram simultaneamente um sinal forte. Além disso, os satélites de raios gama FERMI e INTEGRAL detectaram uma curta explosão gama de ~2 s localizada na periferia da galáxia NGC 4993. A partir das medições da forma de onda de foi inferido que dois objetos compactos com massa total massa $M_1 + M_2 = 2{,}74^{+0{,}04}_{-0{,}01}\, M_\odot$, colidiram e se fundiram, mas as massas individuais não puderam ser determinadas. No entanto, usando a mesma forma de onda e modelagem numérica, foi possível determinar que cada componente pertencia aos intervalos $M_2 = [1{,}17\, M_\odot, 1{,}36\, M_\odot]$ e $M_2 = [1{,}36\, M_\odot, 1{,}6\, M_\odot]$, ignorando os efeitos de spin (a forma de onda não indica nenhuma evidência de spin diferente de zero). Observe que, mesmo que não seja obrigatório, é provável que ambas as massas individuais sejam iguais, com valor de $1{,}36\, M_\odot$. O mesmo tipo de análise mostrou que o evento é consistente com a fusão de duas estrelas de nêutrons, mas não com outro tipo de evento como a fusão NS-BH.

O evento GW170817 foi um marco extraordinário para a detecção de ondas gravitacionais, mas também para outras áreas da Astrofísica. O satélite

FERMI detectou uma curta explosão de raios gama em coincidência 1,74 ±0,05 s após o "zero" da fusão gravitacional, com uma duração de ~2 s, confirmando assim que a fusão de estrelas de nêutrons são fontes de GRBs "curtos". Outros instrumentos monitoraram a rajada em frequências mais baixas, até o infravermelho óptico. É interessante que as linhas de absorção vistas no infravermelho estivessem associadas à formação de lantanídeos produzindo alta opacidade no material ejetado [Covino et al. 2017], culpados pelo comportamento temporal da curva de luz. Este último é consistente com a injeção de energia devido ao decaimento de elementos pesados, formado pela rápida captura de nêutrons (*r-process*) na região dos actinídeos. Uma estimativa de 1.6×10^4 vezes a massa da Terra na síntese desses elementos pesados foi calculada, incluindo cerca de 10 massas terrestres de ouro e platina. Isso suporta fortemente a hipótese de que as fusões NS-NS são o local preferido onde os elementos pesados da Tabela Periódica com $A \sim 200$ são formados no Universo.

Figura 6.28. À esquerda: o sinal detectado do evento GW170817 (acima) e a localização do mesmo em raios gama (centro), acompanhado das detecções no UV, infravermelho e rádio (abaixo) realizadas por mais de 60 instrumentos. Direita: imagens ópticas obtidas pelo Telescópio Espacial Hubble nos dias 22, 26 e 28 de agosto de 2017, mostrando o esmaecimento da magnitude óptica do transitório associado.

Cabem algumas considerações finais para ressaltar a importância desse evento. A galáxia hospedeira, NGC 4993, tem uma distância medida de ~ 40 *Mpc*, vista de seu desvio para o vermelho de 0,0099. Portanto, ficou provado que qualquer evento que ocorra no aglomerado de galáxias de Virgem, residindo a metade dessa distância, será detectável no futuro. Como eventos desse tipo também devem acontecer a distâncias maiores, será possível determinar independentemente a constante de Hubble H_0 com uma incerteza <2% em 5-10 anos. Outros testes de gravitação, inclusive aqueles que visam detectar efeitos de teorias alternativas de gravitação nas ondas também são possíveis. Por fim, o estudo do ato de fusão pode trazer novas informações deste evento e de eventos futuros, pois a observação de um sinal diferente de zero quase 2s após o momento da fusão, mostrou que a formação de um buraco negro não foi imediata. A existência de um estado transitório intermediário, possivelmente uma estrela de nêutrons supermassiva mantida por alta rotação e viscosidade, traz a oportunidade de estudar o comportamento da matéria neste regime extremo.

Em suma, fomos recentemente testemunhas de uma revolução na Astrofísica, com perspectivas muito animadoras nestes campos de estudos num futuro próximo. Enquanto a Astrofísica de Neutrinos já tinha sido iniciada com os detectores-tanques que capturavam poucos neutrinos por mês chegados do Sol em 1975 (vide a seguir), a Astrofísica de Ondas Gravitacionais inaugurada em 2015 enxerga o Universo violento que seria invisível de outras formas. Longe ficaram os tempos onde a Astronomia consistia em um astrônomo solitário olhando por uma luneta, de fato desde Hubble e seu icônico cachimbo, um século atrás, isto é uma mera imagem romântica. Times de centenas de astrônomos de todos os cantos do planeta se associam para desvendar mistérios que pairam há décadas e outros que surgem permenentemente, a fim de compreendermos o Universo em que vivemos.

Os neutrinos na Astrofísica contemporânea

Os neutrinos e sua detecção

A construção de um modelo viável para as interações fracas e posterior descoberta dos neutrinos postulados por W. Pauli tinha por objetivo entender o que acontecia no núcleo, mas essa partícula "fantasma" que pode ser pensada como um *quantum* de momento angular tem um interesse hoje que era impossível de prever. Como a emissão de neutrinos/antineutrinos (decaimento β e β-inverso respectivamente) são frequentes nas Altas Energias em uma variedade de situações, sua detecção e utilização para estudos em Astrofísica começou a ser cogitada. Um problema sério, muito enfatizado na literatura, é que a seção de choque típica dos neutrinos é 20 ordens de grandeza menor que a das interações eletromagnéticas. Assim, para obter uma taxa mensurável, não cabe outra solução que a de aumentar o número de alvos. Esta possibilidade levantada nos começos do século 20 levou sucesso da nascente *Astrofísica de neutrinos* [Waxman 2007].

Os experimentos em laboratório na década de 1970 confirmaram a existência de 3 tipos de neutrinos (e seus respectivos antineutrinos, um por cada geração do Modelo Padrão ν_e, ν_μ e ν_τ). Se tão somente prótons e nêutrons estão envolvidos interagindo com energias baixas, devemos esperar detectar principalmente os neutrinos/antineutrinos do elétron, mas se as temperaturas/densidades forem muito altas, é possível esperar que *todos* os tipos sejam emitidos. Veremos que este último caso é o do colapso gravitacional nas supernovas.

A quantidade fundamental para sabermos como detectarmos os neutrinos produzidos é a seção de choque, ou seja, uma medida da área efetiva onde um neutrino interage com a matéria ordinária. Os decaimentos beta e beta inverso sugerem que os "alvos" adequados devem ser prótons e nêutrons. Estas seções de choque têm a forma genérica

$$\sigma_{\nu p}\big|_{baixa} \sim \sigma_0 \left(\frac{E_\nu}{E_0}\right)^2 \qquad (6.19)$$

$$\sigma_{\nu p}\big|_{alta} \sim \sigma_0 \left(\frac{E_\nu}{E_0}\right) \qquad (6.20)$$

onde $\sigma_0 \sim 10^{-44} cm^2$, ou seja quase 20 ordens de grandeza menor que a seção de choque eletromagnética como afirmado. Isto justifica o nome de "interações fracas" e permite inferir que a taxa de eventos, será maior quanto maior for a energia dos neutrinos. Os neutrinos mais energéticos são os que têm a maior probabilidade de interagir.

Há dois tipos básicos de interação que podem levar à detecção: o primeiro é uma interação onde um neutrino *provoca uma reação*, e com ela uma mudança em algum elemento (a Alquimia em ação !). Um exemplo de reação deste tipo é

$$\nu_e + {}^{37}Cl \rightarrow e^- + {}^{37}Ar \qquad (6.21)$$

o átomo "filho" é quimicamente diferente e pode, em princípio, ser separado. A contagem de produtos contém informação da taxa de neutrinos que incide e participa. O segundo tipo seria uma reação de *espalhamento*, do tipo

$$\nu_e + e^- \rightarrow \nu_e + e^- \tag{6.22}$$

onde não há "transformação" do alvo. Aqui a partícula carregada (elétron) pode depois ser detectada, por exemplo, pela radiação Cherenkov que produz quando atravessa água ou outro líquido, e com ela a energia e outros parâmetros dos neutrinos podem ser obtidos.

A Fig. 6.29 mostra uma estimativa realista da seção de choque dos neutrinos esperados de diversas fontes cuja energia E_ν é estimada. Desde os neutrinos "relíquia" do Big Bang (análogos aos fótons da radiação de fundo) até o final do espectro, incluindo uma possível ressonância devida à massa finita do neutrino, as predições são de valores muito baixos, embora crescentes com a energia. Na figura podemos observar a mudança na inclinação que corresponde à transição "baixa" → "alta" energia das Eqs. (6.19-6.20) por volta de $E_0 \approx 10^5$ *MeV*.

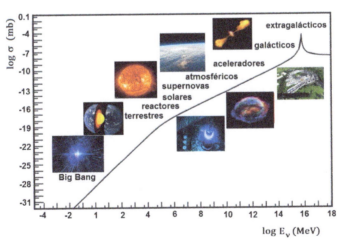

Fig. 6.29. O logaritmo da seção de choque esperada para neutrinos de energia E_ν (eixo horizontal). As fontes para cada faixa de energia é indicado. O desenho do experimento requer também uma boa estimativa do *fluxo* esperado [Bahcall, 1989].

Da teoria cinética elementar podemos calcular a taxa de eventos, que será proporcional ao fluxo e a seção de choque σ, de tal forma que o número total de eventos esperado por unidade de tempo é

$$N_t = \sigma n_\nu n_N \, A \, c \, l \qquad (6.23)$$

onde n_ν é a densidade de neutrinos que incide com velocidade c, n_N é a densidade de núcleons no alvo fixo do experimento. Agora, uma fonte de neutrinos que queremos detectar pode produzir um fluxo *contínuo* (constante no tempo) ou *pulsado* (duração limitada). O Sol corresponde ao primeiro tipo de fonte, onde é possível integrar em um tempo longo para calcular fluxos e outros parâmetros dos neutrinos incidentes e da fonte. As supernovas de colapso são do segundo tipo: produzem um "surto" de neutrinos em alguns segundos com uma luminosidade enorme, e logo depois o fluxo cai para níveis indetectáveis. Os dois tipos de fontes já foram detectadas e estudadas.

Os neutrinos solares

Depois da Segunda Guerra Mundial as técnicas de detecção e tecnologias afins tinham avançado até o ponto de começar a ser possível pensar em experimentos para detectar neutrinos diretamente. Também as ideias teóricas a respeito tinham se consolidado, e as estimativas astrofísicas melhoraram muito, em especial a das taxas das reações nucleares que liberam energia e produzem neutrinos, agora caracterizados melhor para cada energia, estes últimos com energias fixas ("monocromáticos") ou distribuições que têm um máximo de energia devido à cinemática ("contínuo"). A Fig. 6.30 mostra os estágios das reações onde os neutrinos são emitidos e escapam do Sol.

$$
\begin{aligned}
p + p &\to d + e^+ + \nu_e & (E_\nu < 0.42 \text{ MeV}) \\
p + e + p &\to d + \nu_e & (E_\nu = 1.44 \text{ MeV}) \\
e + {}^7\text{Be} &\to {}^7\text{Li} + \nu_e & (E_\nu = 0.86 \text{ MeV } (90\%),\ 0.38 \text{ MeV } (10\%)) \\
{}^8\text{B} &\to {}^8\text{Be}^* + e^+ + \nu_e & (E_\nu < 15 \text{ MeV}) \\
{}^3\text{He} + p &\to {}^4\text{He} + e^+ + \nu_e & (E_\nu < 18.8 \text{ MeV})
\end{aligned}
$$

Fig. 6.30. O ciclo p-p produz neutrinos em cada estágio da reação pertencente. Entre parênteses, as energias relevantes.

Em posse de um modelo completo do Sol, é possível calcular ainda os fluxos emitidos para cada reação [Bahcall, Serenelli e Basu 2005]. O valor do fluxo total, a soma de todos fluxos mostrados na Fig. 6.31, é de aproximadamente 7×10^{10} *neutrinos cm^{-2}s^{-1}*. Este número diz que *mais de 1000 bilhões de neutrinos* atravessam uma mão humana estendida ao Sol cada segundo! Mas como a seção de choque é minúscula, essencialmente todos eles passam sem interagir com a matéria da mão.

Um dos pioneiros que dedicou um grande esforço para estas questões foi o norte-americano Ray Davies Jr., quem foi o primeiro em liderar a construção de um experimento para medir os neutrinos solares.

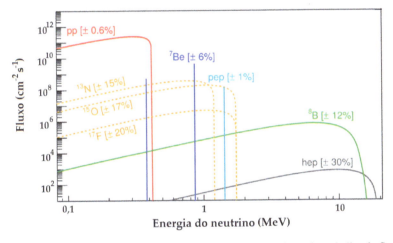

Fig. 6.31. As predições para os fluxos e espectros dos neutrinos solares do trabalho de Serenelli *et al.* [2017]. Note-se a indicação dos erros estimados em cima das curvas.

O experimento de Davies foi montado em 1970 na mina Homestake nos Estados Unidos. A escolha da localização subterrânea é para manter um reduzido número de interações espúrias, ou seja, permitia a redução da contagem que *não* esteja relacionada com os neutrinos solares. O experimento de Davies consistia em um grande tanque de 380 m^3 de percloroetileno C_2Cl_4, onde os núcleos de ^{37}Cl serviam como alvos aos neutrinos, se transformando em ^{37}Ar como indicado na reação da Eq. (6.21). Depois de algumas semanas, o argônio produzido era separado por meio da passagem de hélio no tanque, e contava-se os decaimentos do ^{37}Ar radioativo para medir o número de neutrinos. Este procedimento parece simples, mas precisa de cuidados extremos para obter algumas dezenas de ^{37}Ar a cada vez, mantendo uma eficiência alta na separação química. Por causa dos baixos valores em consideração, acharam conveniente por definir uma unidade *sui generis* para comparar os dados com as predições. Esta é a chamada SNU (Solar Neutrino Unit), e equivale a 10^{-36} capturas/átomo/segundo.

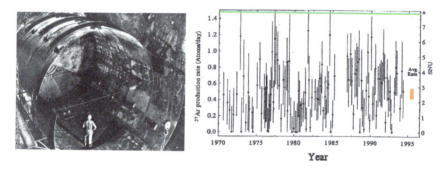

Fig. 6.32. O experimento de Davies na mina de Homestake (esquerda) e os resultados obtidos na operação (dados até 1994). A linha verde é o valor esperado, a média desses 24 anos de operação está no retângulo laranja ($\sim \frac{1}{3}$ do esperado).

A Fig. 6.32 mostra que todo ano a contagem do experimento ficou *aquém* da predição dos modelos solares. Enquanto os cálculos indicavam que deviam ser medidas umas 8 SNU, a média das medidas tomadas nos 40 anos de operação foi de 2.56 ± 0.16 (*sistemático*) ± 0.16 (*estatístico*) SNU. Evidentemente, esta diferença entre teoria e experimento precisava de uma exploração extensiva. Mas quando uma nova série de experimentos, desta vez utilizando tanques de gálio para medir os neutrinos nas reações (colaborações SAGE e Gallex)

$$\nu_e + {}^{71}Ga \rightarrow e^- + {}^{71}Ge \tag{6.24}$$

foi possível enxergar *um ramo principal* da cadeia p-p responsável pela maior parte da produção da energia no interior solar. Mas a falta de neutrinos foi confirmada. Finalmente foi possível medir os neutrinos de energias maiores, os quais embora minoritários respeito daqueles da reação p-p, ofereceram um elemento chave para entender a situação.

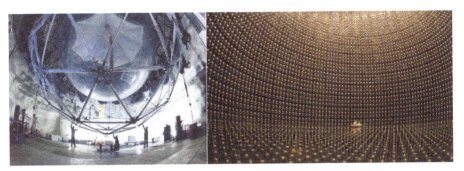

Fig. 6.33. Os experimentos SNO (esquerda) e Super-Kamiokande (direita). Note-se a escala evidenciada pela presença dos operadores humanos abaixo da estrutura e no bote inflável.

Os experimentos de maior relevância são mostrados na Fig. 6.33. O primeiro é o *Sudbury Neutrino Observatory* (SNO) um enorme tanque que recolheu (por empréstimo) toda a água pesada do Canadá. A água pesada tem deutério, não hidrogênio, na sua composição e o deutério apresenta reações que permitem detectar não tão somente os neutrinos do elétron v_e, mas também os tipos associados ao múon e à tau. As reações básicas detectáveis na água pesada são

$$v_e + d \rightarrow p + p + e^- \tag{6.25}$$
$$v_x + d \rightarrow p + n + v_x \tag{6.26}$$
$$v_x + e^- \rightarrow v_x + e^- \tag{6.27}$$

onde v_x simboliza qualquer um dos neutrinos v_μ, v_τ. A água pesada enxerga *todos* os neutrinos e assim o fluxo total e as contribuições parciais podem ser medidas, embora somente nas energias mais altas. O outro experimento mostrado à direita na Fig. 6.33 é o *Super-Kamiokande*, consiste em um tanque cilíndrico com 50.000 toneladas de água pura, rodeado de fotomultiplicadores (visíveis na imagem). Esta configuração é sensível somente aos neutrinos eletrônicos, mas com duas características importantes: a radiação Cherenkov permite determinar a *energia* nas reações, e os fotomultiplicadores, com precisão razoável, a *direção* do neutrino incidente.

O resumo de todas estas observações é que o fluxo total medido de neutrinos estava correto, mas enquanto as reações produzem neutrinos eletrônicos, a contagem na Terra é muito mais abundante nos neutrinos do múon e a tau. Os neutrinos "mudam de identidade" ao longo do caminho.

Na verdade o físico italiano B. Pontecorvo havia sugerido em 1958 a *oscilação* de neutrinos entre os vários tipos, mecanismo que pode mudar o fluxo emergente. Mas para isto o neutrino deve ter uma *massa*. Minúscula, mas não pode ser zero. Mais ainda: a oscilação (mudança de tipo) não pode acontecer no espaço, mas onde a matéria está presente como no interior solar. Esta conversão dos neutrinos é induzida pela matéria.

Um engenhoso experimento (chamado de *KamLAND*) foi montado, utilizando neutrinos produzidos nos reatores terrestres, os quais atravessaram a Terra, para serem detectados no *Super-Kamiokande* no Japão, e confirmou que a massa dos neutrinos precisa ser da ordem de $10^{-2}eV$, umas 10 000 vezes menor que a do elétron. Mas o Sol parece que funciona como a Evolução Estelar tinha calculado, e a origem da falta de neutrinos está nas propriedades dos próprios neutrinos.

Atualmente o experimento *Hyper-Kamiokande* (em andamento, vide http://www.hyper-k.org/en/physics/phys-hierarchy.html) e o DUNE (Fig. 6.34) poderão coletar dados suficientes para esclarecer as massa dos neutrinos e outros fenômenos em poucos anos.

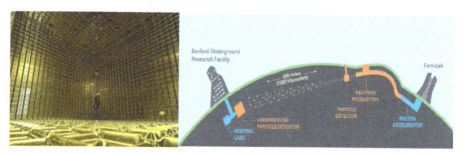

Fig. 6.34. O protótipo do detector DUNE (esquerda), cujo esquema se mostra à direita. No FERMILAB em Chicago haverá a produção de neutrinos usando um acelerador de prótons, os neutrinos atravessarão a Terra uns 1300 km e serão detectados em Sanford, onde medidas muito precisas dos fluxos e da conversão poderão ser efetuadas. O experimento conta com vários colaboradores do Brasil na equipe.

A supernova SN1987A

A seqüência de eventos que levam à implosão e posterior explosão das estrelas de grande massa tem como protagonista fundamental o caroço de "Fe" produzido durante os estágios prévios. O caroço implode quando não pode ser mais sustentado e se transforma no que chamamos de estrela de nêutrons. Para isto, é mandatório a compactação desde a configuração original até a final, passando por um estágio intermediário (a proto-estrela de nêutrons) onde essa diferença de energia que precisa ser radiada está escoando do objeto (Fig. 6.35)

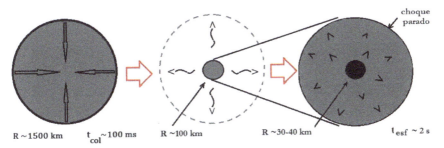

Fig. 6.35. A implosão do núcleo de "Fe" de uma estrela massiva é rápida e neutroniza todo o seu conteúdo, dissolvendo a estrutura nuclear (esquerda). Um choque se forma no chamado ponto sônico do caroço e avança até 100-200 km quando as perdas o fazem parar (região cinza no centro). A proto-estrela de nêutrons tem um raio maior que aquele que terá quando os neutrinos acabarem de sair, possivelmente reenergizando o choque em escalas da difusão (1-2 s, direita). Estes neutrinos que carregam a energia de ligação são os detectáveis na Terra.

A origem e sequência temporal dos neutrinos no colapso merece destaque. Na implosão à esquerda da Fig. 6.35 acontece a *neutronização* da matéria, ao longo do colapso, na qual os elétrons são "forçados" a se combinarem com os prótons, na reação β inversa

$$p^+ + e^- \to \nu + n \tag{6.28}$$

Mas as energias são muito altas, e assim, em vez de esfriar por meio de fótons, resulta mais efetivo emitir *neutrinos* do interior do que fótons da superfície. Estes neutrinos *não são* os mesmos que saíram no "surto" da neutronização (6.28) enquanto acontecia a implosão, mas antes produto da aniquilação de partículas-antipartículas do tipo $e^+ + e^- \to \nu + \bar{\nu}$ e processos similares, tais como o *bremsstrahlung* de núcleons $n + n \to n + n + \nu + \bar{\nu}$ posteriores. Pela sua origem, os neutrinos a serem radiados se denominam às vezes de *térmicos* [Horvath 2011].

Estas ideias foram colocadas a prova em Fevereiro de 1987, quando a supernova 1987A foi identificada em uma observação começada 24.06 UT pelo astrônomo Ian Shelton (Observatório Las Campanas, Chile). A estrela progenitora (identificada com o nome de catálogo Sanduleak -69 202) deve ter residido na Sequência Principal por 10^7 *anos*, exaurido o hidrogênio no caroço há uns 700 000 anos, passado por um estágio de Cefeida e se estabelecido na "Sequência Principal do hélio" há 650 000 anos, para sair dela há 45 000 anos e continuar seu caminho aceleradamente: ignição de carbono há 10 000 anos, neônio em 1971, oxigênio em 1983, silício no dia 13 de fevereiro de 1987 para finalmente explodir 10 dias depois. Sua temperatura efetiva na maior parte da sua existência foi de > 30 000 *K*. A SN1987A foi a supernova mais próxima em quase 400 anos, e permitiu estudar a curva de luz e outras características em detalhe, mas o mais importante aqui foi que pela primeira vez na história os detectores de neutrinos estavam funcionando e puderam contribuir de forma notável para o conhecimento do interior do colapso.

Na época havia vários detectores em operação (Kamiokande, Baksan, IMB) que conseguiram obter evidência clara da existência do surto nos seus dados, anteriores ao tempo da detecção óptica da explosão (os neutrinos precedem em várias horas o *breakout* do choque observado por Shelton, que precisa chegar até a superfície). Porém, a distância à Grande Nuvem de Magalhães é grande, e somente 21 neutrinos foram definitivamente associados ao evento (Fig. 6.36), dado que a análise a análise dessas detecções apontavam para a Grande Nuvem. Com eles, procedeu-se a tentar a "reconstrução" das características físicas da supernova, já que a temperatura, energia emitida e outras quantidades importantes podem ser inferidas desses dados (Fig. 6.36).

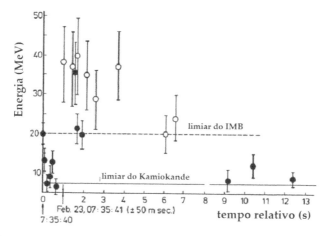

Fig. 6.36. Os neutrinos da Supernova 1987A registrados pelos detectores IMB (EUA) Kamiokande (Japão) e Baksan (Rússia) num intervalo pouco maior de 10 s. Os eixos horizontais foram iniciados com o primeiro neutrino de cada detector, embora há uma incerteza relativa de quase 1 minuto entre os detectores. Os neutrinos detectados em Baksan não aparecem na figura.

As energias, temperaturas da emissão dos neutrinos ($T_\nu = 4.2^{+1.2}_{-0.8}$ $MeV \sim 10^{10}$ K) e outras quantidades ficaram em bom acordo com os modelos mais simples.

Temos como certo que a explosão da SN1987A foi um evento fundamental para a Astronomia de neutrinos, já que até esse momento somente o Sol tinha sido detectado inequivocamente. A supernova produziu, como vimos, informação importante a respeito de um dos fenômenos mais extremos do Universo atual, mas é preciso destacar que, embora tenha deixado entrever muitos detalhes fundamentais da teoria do colapso/explosão, não permitiu identificar o mecanismo da explosão em si. E apesar de inúmeras tentativas de observação posteriores, o objeto compacto que nasceu na explosão da supernova 1987A (que resultou a fonte dos neutrinos observados, ou seja, a transformação do caroço de ferro em estrela de nêutrons) nunca foi observado, adicionando uma dose de mistério a este problema, de fato levando a alguns pesquisadores a sugerir a formação tardia de um buraco negro.

O resumo desta seção mostra que de uma hipótese um tanto arrojada de Pauli até hoje, os neutrinos entraram de vez no escopo da Ciência. Além de entendermos sua natureza e propriedades, temos hoje ferramentas já prontas e/ou em rápido desenvolvimento para estudar o Universo. Os neutrinos já entraram na categoria de "janela de observação" há uns 50 anos e complementam muito bem com o resto dos recursos que temos para avançar na tarefa, embora nunca sejam a primeira coisa que vêm à cabeça quando falamos de informação que chega dos objetos mais distantes.

Referências ao Capítulo 6

1. M. Esfeld, *The primitive ontology of quantum physics: Guidelines for an assessment of the proposals*. Studies in History and Philosophy of Science B, **47**, 99 (2014)

2. F. Tovar Falciano, *Grupo de Poincaré* (2023)
https://www.cbpf.br › images › grupopoincare

3. J. Baez, *Noether's Theorem in a Nutshell* (2023)
https://math.ucr.edu/home/baez/noether.html

4. J.E. Horvath. *Which is the Ontology of Dark Matter and Dark Energy?* Cosmos & History **17**, 1 (2021)

https://www.cosmosandhistory.org/index.php/journal/article/view/876

5. V. Allori, *Primitive Ontology and the Classical World*, em: Quantum Structural Studies (World Scientific, Singapore 2017)

6. A. Salam, *The Electroweak Force, Grand Unification and Superunification*. Physica Scripta **20**, 216 (1979)

7. J.E. Horvath et al. *opus citatum* Capítulo 4.

8. N. Berkovits, *O que é a Teoria das Supercordas ?*(2020) http://www.sbfisica.org.br › images › fisicaaovivo

9. S. Weinberg, *Dreams of a Final Theory: The Scientist's Search for the Ultimate Laws of Nature.* (Vintage, NY, 1994)

10. P. Horava and E. Witten, *Eleven-Dimensional Supergravity on a Manifold with Boundary*, Nucl. Phys. B **475**, 94 (1996)

11. L. Randall and R. Sundrum,*A Large Mass Hierarchy from a Small Extra Dimension*, Phys. Rev. Lett. **83**, 3370 (1999)

12. A. Corichi, *Loop quantum geometry: A Primer.*J.Phys.Conf.Ser.**24**, 1 (2005)

13. C. Rovelli, *Spin networks: the quantum structure of spacetime from Penrose's intuition to Loop Quantum Gravity* https://www.maths.ox.ac.uk/node/33086

14. M. Gasperini and S. Nicotri, *Observable (?) cosmological signature of superstrings in pre-Big Bang models of Inflation* .Phys. Lett. B **633**, 155 (2006).

15. N. Pinto Neto, *Bouncing Quantum Cosmology*, Universe **7**, 110 (2021)

16. G. S. Vicente, Rudnei O. Ramos, Vitória N. Magalhães, *Bouncing and inflationary dynamics in quantum cosmology in the de Broglie-Bohm interpretation.* arXiv:2304.13059 (2023)

17. M. Heidegger. *Ser e tempo* (Ed. Vozes, Petrópolis RJ, 1998)

18. L.D. Davis. *The First Seven Ecumenical Councils (325-787)* (Liturgical Press, Collegeville USA, 1983)

19. M. Tegmark, *Our mathematical Universe,* (Knopf Publishing Group, USA 2014)

20. S. Wolfram, *A new kind of science* (Wolfram Media, USA, 2022)

21. G. Chaitin, *Meta Math!: The Quest for Omega* (Vintage Books USA, 2006)

22. G. Chaitin, Epistemology as Information Theory: From Leibniz to arXiv:math/0506552v2 (2005)

23. B. Carter, *Large Number Coincidences and the Anthropic Principle in Cosmology,* in: *Confrontation of Cosmological Theories with Observational Data,* M. S. Longair, ed. (Reidel, Dordrecht, 1974), p. 291

24. B.J. Carr and M.J. Rees, *The anthropic principle and the structure of the physical world,* Nature **278**, 605 (1979)

25. J.D. Barrow and F. Tipler, *The Anthropic Cosmological Principle* (Oxford University Press, UK, 1986)

26. J.E. Horvath. *Dark Matter, Dark Energy and Modern Cosmology: The Case For a Kuhnian Paradigm Shift.* Cosmos & History **5**, 287 (2009)

27. M.S. Turner and D. Huterer, *Cosmic Acceleration, Dark Energy and Fundamental Physics,* Journal of the Physical Society of Japan **76**, 111015 (2007)

28. T. Kuhn. *opus citatum* Capítulo 4.

29. J.E. Horvath. *Astrofísica de Altas Eenergias* (Edusp, São Paulo, 2020)

30. R. Matzner. *Introduction to Gravitational Waves* (Springer, Amsterdam, 2010).

31. K.S. Thorne. *Multipole Expansions of Gravitational Radiation.* Reviews of Modern Physics **52**, 299 (1980).

32. J.M. Weisberg and J.H. Taylor. *The Relativistic Binary Pulsar B1913+16:Thirty Years of Observations and Analysis.* Astronomical Society of the Pacific Conference Series **328**, 25 (2005).

33. B.P. Abbott et al. *Observation of Gravitational Waves from a Binary BlackHole Merger.* Physical Review Letters **116**, ID 061102 (2016).

34. B.P. Abbott et al. *GW 170817: Observation of Gravitational Waves from a Binary Neutron Star Inspiral*. Physical Review Letters **119**, ID 161101 (2017a)

35. S. Covino et al. *The Unpolarized Macronova Associated with the Gravitational Wave Event GW 170817*. Nature Astronomy **1**, 791 (2017).

36. E. Waxman, *Science* **315,** 63 (2007)

37. J. Bahcall, *Neutrino Astrophysics*. (Cambridge University Press, Cambridge, 1989)

38. J. Bahcall, A. Serenelli e S. Basu, *Astrophys. J. Lett.* **621,** L85 (2005)

39. J.E. Horvath, *op. citatum* (2011).

Apêndice 1

Os físicos e a percepção da Realidade
(versão séria, *ma non troppo*)

Este antigo rabisco foi achado por acaso, e pretende mostrar a visão dos físicos do mundo que os rodeia dependendo, claro, da sua própia perspectiva disciplinar...

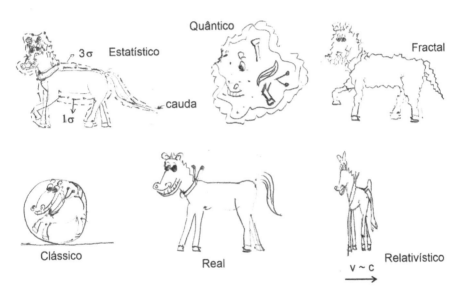

Figura A1. Um cavalo segundo as descrições físicas mais comuns (Jorge Horvath, *circa* 2008)

Finale

Revisitamos nas páginas destes livros 25 séculos de pensamento Ocidental e algumas de suas influências externas, nas quais, com diversos graus de detalhamento, procuramos colocar e discutir as ideias fundamentais que levaram ao atual conhecimento do Universo e seu conteúdo. Uma breve reflexão a respeito nos convencerá que a tarefa é infindável, e que novos desafios aparecem a cada época, enquanto assuntos antigos reaparecem transformados e reciclados para originar outras visões que chamamos de "contemporâneas", mas que geralmente têm bases e fundamentos identificáveis no passado.

Nossa esperança é que, ao longo da narrativa, tenhamos demonstrado que esse ciclo de nascimento, elaboração e re-elaboração de ideias é uma característica intrínseca do desenvolvimento das Ciências. Desde o caráter especulativo da Filosofia Natural, onde Atomismo e Alquimia, Astronomia e Astrologia, podiam desfrutar de *status* similar; até o rigor matemático e experimental da Física, onde Atomismo e a Astronomia são sustentados com evidências empíricas, enquanto Alquimia e Astrologia são finalmente identificadas como superstições, esperamos que o leitor tenha aprofundado seu entendimento sobre como a Ciência é capaz de determinar a mais provável dentre diversas hipóteses e teorias, pelo menos de forma provisória e sempre procurando uma abrangência e uma profundidade maiores.

Nesse caminho, esperamos também ter indicado a relação próxima que nunca deixou de existir entre as diferentes faces da Ciência. Enquanto tanto as Ciências Naturais quanto as Humanas estiveram explicitamente atadas sob a tutela da Filosofia, vimos em diversos momentos históricos como perspectivas e opiniões, coletivas e individuais, continuam a influenciar indiretamente o fazer científico – influência que a Ciência, por construção, visa mitigar e compensar, mas que não pode ser ignorada.

Contudo, mesmo com tantas voltas, podemos sim falar em "progresso", especialmente no que diz aos *fatos* e *observações* da micro e da macro Física. A estrutura da matéria e do Universo deixou há tempos de ser uma atividade especulativa, e versa sobre assuntos comprováveis e mensuráveis. A Natureza mostra seus segredos e cabe a nós decifrarmos o livro no qual estão escritos (Galileu *dixit*).

Os autores
São Paulo, Julho de 2023

Os autores

Jorge Ernesto Horvath

Doutor em Ciencias Exatas (1989) na *Universidad Nacional de La Plata* (Argentina). Atualmente é Professor Titular da Universidade de São Paulo e Coordenador responsável do *Grupo de Astrofísica Relativística e Desastres Estelares* (GARDEL). Fundador e Co-editor da *Revista Latino-Americana de Educação em Astronomia* (RELEA) desde 2003. Coordenou de 2011 até 2021 o *Núcleo de Pesquisas em Astrobiologia* da USP. Pesquisador nas áreas de Astrofísica Relativística, Evolução Estelar, Supernovas/GRBs, Astrobiologia e Filosofia da Ciência. Torcedor fiel de River Plate e jogador de basquete aposentado.

Lucas Marcelo de Sá Marques dos Santos

Lucas de Sá é Bacharel em Física pelo IFSC/USP e atual doutorando em Astronomia no IAG/USP. Seus interesses são buracos negros e estrelas de nêutrons, sua formação e evolução, e sua detecção gravitacional. No tempo livre gosta de escrever, praticar violão clássico e guitarra, e ouvir *podcasts* de História.

Rodrigo Rosas Fernandes

Rodrigo Rosas Fernandes, Doutor em Filosofia pela PUC/SP e com Mestrado Profissional em Ensino da Astronomia (IAG-USP). Aluno dileto do eminente Prof. Leucipo de Abdera, Rodrigo tem insistido em um ensino interdisciplinar que abranja as três grandes áreas do saber, com diversão, música e arte.

Os autores

Lívia Silva Rocha

Lívia Silva Rocha, possui Bacharelado em Física pela Universidade de Goiás (2017) e Doutorado em Astronomia pela Universidade de São Paulo (2023). Seu trabalho tem como ênfase o estudo das estrelas de nêutrons (ENs) com interesse particular na investigação da possível formação de ENs de massa extrema.

Riis Rhavia Assis Bachega

Riis Rhavia Assis Bachega, natural de Belém-PA, possui graduação em física pela UFPA (2012), Mestrado (2014) e Doutorado (2019) pela USP. Tem interesse em Cosmologia, ondas gravitacionais, algoritmos de IA e questões fundamentais da Ciência.

Lucas Gadelha Barão

Lucas Gadelha Barão, graduando em Astronomia pelo IAG-USP (2021) e integrante do Grupo GARDEL. Apreciador do Cosmos e do vinho, em igual medida.